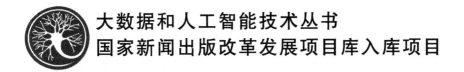

大数据和人工智能技术丛书
国家新闻出版改革发展项目库入库项目

智能算法及应用

张洪光　编著

北京邮电大学出版社
www.buptpress.com

内 容 简 介

本书以人工智能理论和应用智能为出发点,对人工智能理论领域内经典且实用的算法进行简明扼要的讲解,力争勾勒出人工智能领域的算法形态和知识架构。迄今为止,人类距离实现广义且通用的类人智能,还有很远很远的路。目前,人工智能理论的算法常常是在具体的行业或领域里率先开花结果。为此,本书突出了应用智能的实例讲解,这些实例是根据多年科研经验改编的小例子。这些例子虽小,但却是全面的、小而精致的、通俗易懂的应用案例,可以作为行业工程师、"大学生创新创业训练计划项目"学生的参考实例。本书阐述了人工智能理论的宏观架构,给出了人工智能的微观应用实例,争取形成一本可以让人一口气读完的且没有感到阻力的基础性书籍。本书共11章,每一章彼此独立、学习时不存在依赖关系。

本书是介绍智能算法的入门书,适合于高等学校本科生、研究生和相关技术人员阅读。

图书在版编目(CIP)数据

智能算法及应用 / 张洪光编著. -- 北京:北京邮电大学出版社,2022.1(2023.8重印)
ISBN 978-7-5635-5180-4

Ⅰ.①智… Ⅱ.①张… Ⅲ.①人工智能—算法 Ⅳ.①TP18

中国版本图书馆 CIP 数据核字(2021)第 262946 号

策划编辑:姚 顺 刘纳新　　**责任编辑:**刘 颖　　**封面设计:**七星博纳

出版发行: 北京邮电大学出版社
社　　址: 北京市海淀区西土城路 10 号
邮政编码: 100876
发 行 部: 电话:010-62282185　传真:010-62283578
E-mail: publish@bupt.edu.cn
经　　销: 各地新华书店
印　　刷: 唐山玺诚印务有限公司
开　　本: 787 mm×1 092 mm　1/16
印　　张: 16.25
字　　数: 373 千字
版　　次: 2022 年 1 月第 1 版
印　　次: 2023 年 8 月第 2 次印刷

ISBN 978-7-5635-5180-4　　　　　　　　　　　　　　　　**定价:48.00 元**

➢ **算法感悟**

每一种智能算法都是一种解决问题的思路，学习一种智能算法就是理解它的思路、实现它的思路，探索一种新的智能算法就是去寻找一种新的解决问题的思路。

➢ **大背景**

人工智能正在逐渐重塑很多行业模式，未来的应用价值越来越不容忽视。人工智能的发展给我们的日常生活带来很多益处，也引出很多新问题、新争论。无论是从新问题、新争论的角度，还是从未来发展蓝图的角度，智能算法都是人工智能主要的实施形式。作为一本智能算法的入门书，本书可以帮助初学者、算法工程师直观地看到每一种智能算法的肖像，深入地学到每一种智能算法的特色、应用和扩展知识。

➢ **本书初衷**

在硕士和博士研究生阶段，作者就开始做人工智能方面的研究，至今已二十余年。在此期间，始终想写点东西，但又经常被打断。现将本书的编写初衷和概况分享给大家，希望可以帮助读者更好地理解这本书。

书籍可以传承文明与精神，同样我希望这部书也可以传承一点东西。智能算法涉及的范围很大，所以本书选择的那些智能算法均已经历过多次迭代更新。每一种智能算法进入本书的原因各不相同，有的是因其短小精悍、适用面广，有的是因其未来发展前景明确可期。

阅读书籍的过程是快乐的，同样我希望读者阅读本书时也是快乐的，而且是兴致盎然、不费力气地一口气读完的。我们在编写每一章的提纲时反复迭代，其中包括每一章内容的选取、难易程度的斟酌，包括从读者视角选择每一章的切入点，包括使用思维导图让每一章整体框架浓缩于一幅图、实例均有源码、习题代表性强、实例可以帮助读者举一反三、阅读材料可以让读者深入探索每一种智能算法。

➢ **本书内容**

本书适合于高等学校本科生、研究生和相关技术人员阅读。读者需要有一些程序设计基础知识和数学能力。本书每一章彼此独立、自成一体，学习时不必担心章节之间的依赖关系，可以根据需要和兴趣阅读。为了加深对每一种智能算法的理解，建议大家研读每一章的主体内容和应用实例源码，并扩展阅读相关材料，这些对于深入地理解和掌握一种智能算法是必需的；而且，每一种闪光背后都是辛勤的汗水，这些努力是值得的，是掌握和实践每种智能算法思路的捷径之一。

全书共 11 章：第 1 章"拍卖算法及应用"是博弈论的重要缩影之一；第 2 章"元胞自动机"理念历久弥新、适用性广；第 3 章"决策树"始终是生命力很强的经典决策理论；第 4 章"路径规划问题"是起源很早、始终研究、始终没有被放弃的研究热点；第 5 章、第 6 章"组合优化问题"和"实数编码优化问题"是经典问题，却始终有新的研究成果不断涌现；第 7 章"模糊推理系统"用模糊集理论打开一扇可以模拟类人推理的大门；第 8 章"支持向量机"是解决非线性分类问题的有力工具；第 9 章"神经网络"是智能算法发展最快的领域，也是未来模拟人类大脑机理的重要雏形之一；第 10 章"强化学习"是可以与复杂外界环境互换，并模拟生物智能的学习算法；第 11 章"迁移学习"是新兴的、未来很有潜力的学习算法。

➤ **代码和其他材料**

本书每一章应用实例都提供了源代码，可使用北邮智信 app 扫描本书封底的二维码下载，也可发送邮件到邮箱 aialgorithm@163.com 获取。如果发现代码中存在问题，欢迎读者通过 aialgorithm@163.com 给予指正。

➤ **致谢和不足**

本书的写作得到了很多师生的帮助，感谢同仁们参与讨论，提出了非常有价值的思路和建设性意见；感谢学生们投入了大量精力，为本书的编写提供帮助，参与的学生有张莹、金冠宇、汤梦珍、张青松、刘亭亭、吕秀莎、邹新颖、王涛、渠宇霄、李翔，上述排名不分先后，向大家辛勤的工作表示感谢。感谢北京邮电大学出版社的工作人员，在出版方面提出了专业性的建议，特别感谢姚顺编辑参与全书架构和细节的讨论与推敲，使得本书的章节布局和质量有了很大的提升。最后，感谢我的父亲、母亲、妻子和孩子，感谢他们的理解与支持。

智能算法的发展日新月异，本书一定有不少缺点和不足，希望读者，特别是同行专家予以批评指正。

目　录

第 1 章
拍卖算法及应用

1.1　拍卖算法概述

　　拍卖是一种市场机制,以参与人的出价作为基础,来决定资源的分配与价格,其起源可以追溯到公元前 500 年的中亚巴比伦[1]。而作为一个理论出现是在 1961 年,威廉·维克瑞(William Vickrey)发现拍卖的核心思想就是博弈,因此尝试运用博弈论知识解决拍卖问题,并提出拍卖理论的基本研究思想及方法[2]。经过 60 多年的研究,拍卖理论形成了完整的理论体系,在商业等领域发挥着重要作用,从电信频段的分配,到搜索引擎的竞价拍卖,从电力资源的调配,到倒闭企业的破产重组,都离不开拍卖博弈[3]。2020 年诺贝尔经济学奖更是被分别授予对拍卖理论做出突出贡献的保罗·米尔格罗姆(Paul R. Milgrom)和罗伯特·B. 威尔逊(Robert B. Wilson)两位斯坦福大学教授。

　　拍卖算法就是建立在拍卖理论的基础上,通过仿真实际的拍卖过程来求解指派问题,它最早由 Bertsekas 于 1979 年提出[4]。在拍卖算法执行过程中,投标人对目标物品进行出价,提高物品价格,拍卖师根据投标人的出价,将物品分配给投出最高出价的投标人。拍卖算法属于分布式算法,与集中式算法相比,对中心节点的依赖性小,拥有更好的可扩展性和鲁棒性[5]。如今拍卖算法已发展为一种综合性算法,用于求解指派问题、最小费用流问题、最短路径问题等。

1.2　拍卖算法基本术语和思维导图

　　拍卖算法是一种分布式算法,其各个阶段都具有高度的并行性,可以选择同步或者异步实现,非常灵活,同时相比于其他算法,其运行效率高,计算复杂度低[6]。因此拍卖算法适用于组合优化算法的多种变体,可以解决分配问题以及具有线性成本和凸成本/非线性成本的网络优化问题[7]。

1.2.1 基本术语

拍卖算法及应用的基本术语如表 1-1 所示。

表 1-1　拍卖算法及应用的基本术语

术　语	解　释
投标人	通过对想要的物品出价来竞争物品的所有权的实际个体或虚拟个体
价值	物品可以带给投标人的收益
价格	投标人的出价
净利润	投标人最终的收益，等于价值减去价格
价格向量	所有物品的价格所组成的向量
分配问题	也称作指派问题，是一种整数规划问题，要求为 n 个人分配 n 项任务，人和任务必须一一对应，寻找一种分配方式使完成 n 项任务的总效率最高
指派	投标人和物品的二元对所构成的集合
可行指派	如果每个投标人和物品都被指派，则称为可行指派
部分指派	如果存在未被指派的投标人和物品，则称为部分指派

1.2.2 思维导图

拍卖算法思维导图如图 1-1 所示。

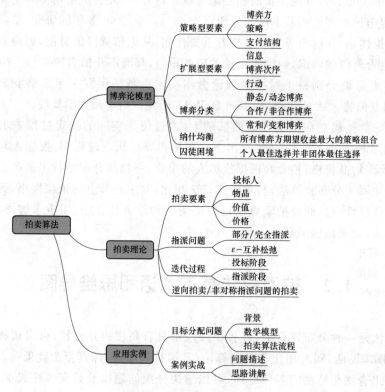

图 1-1　拍卖算法思维导图

1.3　拍卖的博弈论模型

1.3.1　拍卖与博弈论

拍卖本身就是一个博弈的过程。博弈的基本假设包括：每个博弈方充分了解整个博弈结构；每个博弈方都是充分理性的；每个博弈方的决策是独立的。而拍卖中的基本假设包括：每个投标人对拍卖物都有一个固定的估值；在竞拍过程中，如果竞拍的价格低于投标人的估值，则投标人继续竞拍直到中标，如果竞拍的价格高于投标人的估值，则退出竞拍。博弈论的三个基本要素为：博弈方、策略和收益。而在拍卖中，投标人就是博弈方，策略是竞拍者在固有估值下竞拍过程中的出价，如果中标，则收益是估值减去中标时的出价，如果没有中标，则收益为零。

在博弈论中，博弈方通过选择有限的策略，来达到自己最优的收益。在拍卖中，竞拍者通过在固定估值下的出价，为自己带来最优的回报。不同的选择，带来不同的收益。在经典博弈中，通过损益矩阵、纳什均衡、严格占优策略来帮助博弈方分析博弈，从而更好的做出选择。在拍卖中，相比经典博弈更加复杂，因为出价既跟策略相关，也跟回报相关。出价高，则回报低，但中标的概率大；出价低，则回报高，但中标的概率小[8]。

因此为了学习拍卖算法了解博弈论知识是有必要的，下面介绍博弈论的相关知识。

1.3.2　博弈论的发展历程

1. 博弈论的起源

博弈原始思想的起源可以追溯到两千多年前。例如，《史记》中记载的"田忌与齐王赛马"就是一个典型的博弈案例，还有春秋战国时期出现的围棋、六博等博弈游戏。国外的《梨俱吠陀》《圣经》《摩诃婆罗多》等书中也详细记载了骰子游戏等博弈案例[9]。

2. 现代博弈论理论的建立

诺伊曼和摩根斯坦 1944 年合著的《博弈论与经济行为》可以称为现代博弈论的开端，此书认为在所有的二人零和博弈中，如果允许使用混合策略，必然存在一个理性的决策规则解，该解中所有博弈方都将采用最小最大化策略。但是他们并没有将研究拓展到两人博弈、零和博弈之外，同时他们的"最小最大定理"不但迷惑了许多博弈论学者，也束缚了博弈思维在其他社会科学领域的延伸。尽管如此，他们的分析方式仍然成为一种研究规则：即将一个经济问题表示为一种博弈，求解其博弈论解，最后再对该解赋予经济学意义的解释。

3. 博弈论的发展

到了 20 世纪中叶，塔克、纳什等人相继提出了囚徒困境、纳什均衡等概念，博弈论才开始真正发展。塔克定义的囚徒困境，将博弈论分析扩展到了非零和博弈，促进了后续非合作博弈的出现。之后他的学生纳什在《N 人博弈的均衡点》和《非合作博弈》两篇论文中，从囚徒困境发展出了后来被称为"纳什均衡"的概念，同时证明了有限博弈中纳什均衡的存在性定理。从此，纳什均衡成为现代主流博弈论和经济理论的重要基础。与此同时，合作博弈领域也出现了许多成果，例如夏普利(Shapley)和纳什提出的经典"讨价还价"模型，以及夏普利和吉利斯(Gillies)提出的合作博弈中的"核"(Core)的概念[10]。

1.3.3 博弈的相关概念

1. 博弈的定义

博弈是指个人、团队或其他组织，面对特定的环境及规则，同时或先后，一次或多次，选择并实施可行策略，获得相应结果的过程。

2. 策略型博弈的基本要素

基本的静态博弈我们常常用策略型(标准型)博弈结构来表示。博弈的策略型表述的基本因素包括：博弈方、每个博弈方可行的策略、得益函数。博弈方、行动和结果可以统称为"博弈规则"。

(1) 博弈方：在博弈中所有具备决策权的参与者都称为博弈方。

(2) 策略：可供博弈方选择的一个可行的全局行动方案。

(3) 支付结构：对应所有选择的策略组合所产生的固定收益或期望效益。

(4) 策略型或标准型：反映了所有可能的策略组合所产生的支付情况，主要包括博弈方集合、博弈方策略组合空间以及得益函数。

(5) 损益矩阵：反映所有可能的行动组合给博弈方带来的损益情况的矩阵，通常用来表示有限双人博弈的标准型。

3. 扩展型博弈的基本要素

当博弈是动态的或者信息不完全时，通常用扩展型博弈结构表示。扩展型博弈的构成是在策略型博弈的基础上增加博弈的先后顺序，以及博弈方在行动时掌握的信息。

(1) 信息：博弈方有关博弈的知识，由博弈方特征、策略空间以及支付结构等组成。

(2) 博弈次序：在涉及多个独立博弈方时，需要考虑行动的先后顺序问题。

(3) 展开型和博弈树：相对于策略型为静态博弈的表达式，展开型为动态博弈的表达方式，且常用博弈树来形象化表示，包括节点、路径、信息集等要素。

(4) 行动和行为：博弈方在博弈的某一阶段的决策变量。

4. 其他概念

除上述两类博弈的表达式外，还有一些概念是博弈论中经常用到的，也是博弈理论的基本概念[11]。

(1) 均衡：策略组合中的策略均为博弈方的最佳策略。

(2) 均衡策略：博弈方在最大化各自支付时所选取的策略。

(3) 共同知识：通常假设博弈的结构、博弈方的理性以及得益函数等都是共同知识，即对所有博弈方而言都是常识。

(4) 可理性化策略：符合可理性化要求的策略称为可理性化策略，即理性的博弈方清楚其他博弈方的收益以及他们是理性的,因此不能随意相信他们的策略。

5.分类

可以根据不同分类依据将博弈进行分类:根据博弈方数量可分为单人博弈、两人博弈以及多人博弈;根据策略数量可分为有限博弈、无限博弈;根据收益结构可分为常和博弈和变和博弈;根据博弈次序可分为静态博弈、动态博弈以及重复博弈;根据信息状态可分为完全信息博弈和不完全信息博弈,以及完美信息博弈和不完美信息博弈;根据行为出发点可分为非合作博弈和合作博弈。

1.3.4　纳什均衡

1.概念

对于一个策略组合来说,在不改变其他博弈方策略的情况下,如果没有任何博弈方可以通过选择其他策略来获得更多的利益,就被称为纳什均衡。

2.智猪博弈例子

为了理解纳什均衡的概念,我们以"智猪博弈"为例。假设猪圈中有一大一小两只充分理性的猪,猪圈两边分别是投食口和控制饲料供给的踏板。踩下踏板会在投食口落下10份饲料,但踩下踏板的猪会在移动过程中消耗2份饲料的体力,且失去率先进食的机会。如果两头猪同时踩下踏板后跑向投食口,则大猪和小猪分别吃进7份和3份饲料,收益分别为5份和1份;如果大猪踩下踏板,小猪抢先吃完4份,大猪随后吃进6份,收益为4份;如果小猪踩下踏板,大猪抢先吃完9份,小猪只能吃到1份,收益为−1份;如果双方都不踩下踏板,则收益都为0。对小猪来说,无论大猪是否去踩踏板,选择等待都是收益更高的策略;而对大猪来说,在知道小猪不会去踩踏板的前提下,最优策略是选择去踩踏板。因此对大猪和小猪来说,该博弈的纳什均衡是(踩踏板,等待)[12],损益矩阵如表1-2所示。"智猪博弈"告诉我们,在公平合理的竞争环境中,有时优势方可能需要付出更多,而弱势方可能"搭便车"。现实中,金融证券市场、企业经营等领域都存在这种现象。

表1-2　智猪博弈的损益矩阵

	小猪踩下踏板	小猪选择等待
大猪踩下踏板	大猪收益为5份,小猪收益为1份	大猪收益为4份,小猪收益为4份
大猪选择等待	大猪收益为9份,小猪收益为−1份	双方收益都为0

1.3.5　囚徒困境

1.问题描述

囚徒困境是非零和博弈中的一个经典案例,1950年由美国数学家阿尔伯特·塔克(Albert Tucker)提出。阿尔伯特·塔克的初衷是向其他心理学家解释博弈论,之后囚徒困境成为博弈论中最著名的例子。囚徒困境说的是,嫌疑犯A和B在作案后被逮捕并隔离审问,对此警方采取"坦白从宽,抗拒从严"的政策,即:如果两人都坦白罪行,则二人各自服刑 8 年;如果一人揭发而另一人保持沉默,则直接释放揭发的嫌疑犯,保持沉默的嫌疑犯将被判 10 年;如果二人都保持沉默则将因证据不足各自判 1 年。其损益矩阵如表 1-3 所示。

表 1-3　囚徒困境损益矩阵

	B 沉默	B 揭发
A 沉默	二人各自服刑 1 年	A 服刑 10 年,B 立即获释
A 揭发	A 立即获释,B 服刑 10 年	二人各自服刑 8 年

2. 问题分析

囚徒困境中两名囚徒相互分开,无法获知彼此的想法,而即便可以互相交流,也不能完全相信对方。从个人理性出发,揭发对方的刑量总是少于保持沉默的刑量。所以二人根据理性都会选择揭发。因此,该博弈中的纳什均衡就是双方均选择揭发。

显然从全体利益来讲,该博弈的纳什均衡并不是帕累托最优方案,如果双方都选择沉默不揭发,每个人只会被判 1 年,更利于总体利益。然而由于理性,双方选择了自身利益而揭发对方,最终都得到了更高的刑期,不利于总体利益,这就是"困境"所在[13]。

1.4　理论和实例

1.4.1　原理

1. 拍卖问题

现在面临这样一个问题:有甲、乙、丙三个人和 A、B、C 三件物品,需要将物品分别分给每个人,且每个人对每个物品有着不同程度的喜好,如何分配才能使所有人的总满意度达到最高?这就涉及一个分配问题[14]。

分配问题在实际生活中广泛存在。例如,给一组机器人分配任务,或者在战场上分配进攻目标等。分配过程中往往会达到某个目的,例如针对不同机器人的特点分配相应的任务,使机器人能高效地完成任务;或者将距离最近的进攻目标分配给相应的作战小组,能迅速地结束战斗。如何分配来达到这些目的,就是分配问题的解。

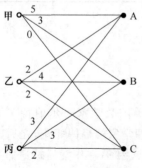

图 1-2　投标人打分情况

拍卖算法就是一种求解这类问题的经典算法,其灵感来源于现实中的拍卖,通过有限次的迭代得到最优分配。在上面的例子中甲、乙、丙三个人就是拍卖算法中的投标人,分别对物品 A、B、C 进行出价。根据每个投标人对不同物品的喜爱程度,分别进行打分,例如甲对物品 A、B、C 的打分为 5、3、0。在这里打分实行最简单的规则:投标人得到某件物品的愿望越强烈,打分越高。同样,根据其他两名投标人对不同物品的喜好,可以得到图 1-2。

图中线上的数字代表投标人对某件物品的打分,而从物品的角度来说,这个数字表示如果该物体被分配给了某个投标人,可以给这个投标人带来多少利益〔即价值(value),常用 a_{ij} 表示物品 j 分配给投标人 i 的价值〕。

为了使分配的总体满意度最大化,三个投标人一起竞争物品的归属。根据商业原则,当投标人和对手同时竞争一件物品时,必须付出更多的钱〔即价格(price),常用 p_j 表示物品 j 的价格〕,才能得到物品的所属权。于是三个投标人开始对物品报价。

在首次出价前,三个物品的起拍价都是 0。首先从甲开始出价,由于此时三个物品的价格都是 0,如果甲选择购买物品 A,就能花费 0 元获得 5 元的价值,甲的收益(即净利润 profit)为 $5-0=5$。收益计算公式为

$$\text{profit} = \text{value} - \text{price} \qquad (1\text{-}1)$$

甲购买物品 A、B、C 的收益分别为 5、3、0。算法假设每个人都具有自利性,即选择对自己收益最高的物品,这也是算法最后能获得最优解的重要保证。根据自利性,甲选择了物品 A 并报价,使它的价格上升。价格上升的幅度限制在 ε 和 $\pi+\varepsilon$ 之间,即每次报价最少比原价高 ε,最多比原价高 $\pi+\varepsilon$(详细解释将在下文中给出,这里选取 $\varepsilon=0.3$)。报价计算公式如下:

$$\text{price}_{\text{old}} + \varepsilon \leqslant \text{price}_{\text{new}} \leqslant \text{price}_{\text{old}} + \pi + \varepsilon \qquad (1\text{-}2)$$

甲的报价使物品 A 的价格提高到 $2+\varepsilon$,此时拍卖情况如图 1-3 所示。

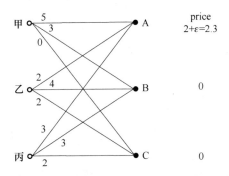

图 1-3　甲出价情况

乙开始报价,他购买 A、B、C 的收益分别为 2、4、2。由于甲的提价,A 的价格已经高于 A 对乙的价值,因此乙会放弃 A,而选择收益最高的 B 并报价,使 B 的价格提升至 $2+\varepsilon$,如图 1-4 所示。

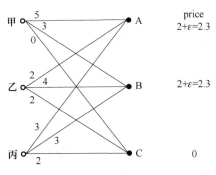

图 1-4　乙出价情况

同样地,丙选择 C 并报价,C 的价格被提升为 $1.3+\varepsilon$,如图 1-5 所示。

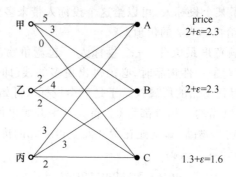

图 1-5　丙出价情况

这样所有物品和投标人完成分配,算法终止,总体满意度为 $5+4+2=11$,在所有分配方案中总体满意度最高。拍卖算法的中止条件为所有投标人都分配到物品或者所有物品无法对投标人产生大于 0 的收益。

同时还有一个问题就是如何控制报价的增长,如果报价增长幅度过低,会导致价格提升得很慢,影响拍卖的效率;如果报价增长幅度过高,一次报价就可能使物品的价格超过价值,无法参与后续拍卖。因此需要对报价增幅的上下限加以限制。

对于 n 个人 n 件物品的分配,当价值 a_{ij} 为整数时,若

$$\varepsilon < \frac{1}{n} \tag{1-3}$$

则算法结束时获得最优解。

在上例中,有 3 个投标人参与分配,$n=3$,因此选取 $\varepsilon = 0.3 < \frac{1}{3}$。

如果除当前要提价的 j 物品外,没有其他能够提供正收益的物品,则

$$\pi = a_{ij} - p_j \tag{1-4}$$

如果除当前要提价的 j 物品外,还有一个物品 k,购买它产生的收益仅次于物品 j,则

$$\pi = a_{ij} - p_j - (a_{ik} - p_k) \tag{1-5}$$

例如,第一步中甲开始出价时,物品的价格都为 0,所以物品对甲的价值即为收益,A 带来的收益最高,其次是 B,由式(1-5)可以得到 $\pi = 5-0-(3-0) = 2$。同时在限制范围内尽量增大提价幅度,可以加快算法速度,因此选择上限值 $\pi + \varepsilon$ 作为提价幅度。

2. 数学模型

对于 n 个人 n 件物品的分配问题,即指派问题,拍卖算法的目的就是获得最大的总收益[15]:

$$\max \sum_{(i,j) \in A} a_{ij} x_{ij}$$

$$\text{s.t.} \sum_{\{j \mid (i,j) \in A\}} x_{ij} = 1, \quad \forall\, i = 1, \cdots, n$$

$$\sum_{\{i \mid (i,j) \in A\}} x_{ij} = 1, \quad \forall\, j = 1, \cdots, n \tag{1-6}$$

$$x_{ij} = 0, 1 \qquad \forall\, (i,j) \in A$$

其中,投标人 i 与物品 j 匹配的利益为 a_{ij},x_{ij} 表示物品 j 是否被指派给投标人 i,$x_{ij}=1$ 表示物品 j 被指派给投标人 i,$x_{ij}=0$ 表示物品 j 未被指派给投标人 i。(i,j) 为投标人和物品构成的二元对。

记 $A(i)$ 为所有可以指派给投标人 i 的物品所构成的集合

$$A(i)=\{j\mid(i,j)\in A\} \tag{1-7}$$

记 A 为所有可能指派的二元对所构成的集合

$$A=\{(i,j)\mid j\in A(i),\quad i=1,2,\cdots,n\} \tag{1-8}$$

在隐含的指派图中,A 为边的集合,且元素的数量记为 $|A|$。

指派 S 是由投标人-物品的二元对 (i,j) 构成的集合,该集合可能为空集。它满足:对于所有 $(i,j)\in S$ 都存在 $j\in A(i)$;对于每个投标人 i 最多存在一对 $(i,j)\in S$;对于每个物品 j 最多存在一对 $(i,j)\in S$。给定指派 S,如果存在二元对 $(i,j)\in S$,则称物品 j 或投标人 i 被指派,否则称物品 j 或投标人 i 未被指派,如果所有投标人和物品都被指派,则称为可行或完全指派,否则称为部分指派[16]。

假设物品 j 的价格为 p_j,则物品 j 对买家 i 的净利润为 $a_{ij}-p_j$,显然每个人都希望获得具有最大净利润的物品 j_i,即

$$a_{ij_i}-p_{j_i}=\max_{j\in A(i)}\{a_{ij}-p_j\} \tag{1-9}$$

当这个条件对所有的投标人都成立时,称价格向量 $\boldsymbol{p}=(p_1,\cdots,p_n)$ 满足互补松弛条件。

如果对每对 $(i,j)\in S$,物品 j 都是投标人 i 在 ε 范围内的最优物品,即

$$a_{ij}-p_j\geqslant\max_{k\in A(i)}\{a_{ik}-p_k\}-\varepsilon,\quad\forall(i,j)\in S \tag{1-10}$$

则称指派 S 和 $\boldsymbol{p}$ 满足 ε-互补松弛条件,简写为 ε-CS。

3. 迭代过程

拍卖算法在执行过程中不断迭代,最终获取完全指派。每次迭代前都需要一个部分指派 S 和符合 ε-CS 条件的 $\boldsymbol{p}$。将符合 ε-CS 条件的空指派以及任意一个价格向量作为初始参数,在迭代过程它们将始终符合 ε-CS 条件。

(1) 投标阶段

用 I 来表示给定的部分指派 S 中未被指派的投标人构成的非空集合,则对于每一个投标人 $i\in I$ 有如下步骤。

步骤一:找到收益最大的物品 j_i,即

$$j_i=\arg\max_{j\in A(i)}\{a_{ij}-p_i\} \tag{1-11}$$

并计算其收益

$$v_i=\max_{j\in A(i)}\{a_{ij}-p_i\} \tag{1-12}$$

以及除物品 j_i 外其他物品能提供的最大收益

$$u_i=\max_{j\in A(i),j\neq j_i}\{a_{ij}-p_j\} \tag{1-13}$$

注意:如果 j_i 为 $A(i)$ 中的唯一物品,定义 u_i 为 $-\infty$。

步骤二:计算投标人 i 对物品 j_i 进行投标,且物品 j_i 收到的投标人 i 的投标

$$b_{ij_i}=p_{j_i}+v_i-u_i+\varepsilon=a_{ij_i}-u_i+\varepsilon \tag{1-14}$$

（2）指派阶段

对于每一个物品 j，令 $P(j)$ 为投标阶段对物品 j 投标的投标人组成的集合。若 $P(j)$ 非空，则将 p_j 提高至最高投标价格

$$p_j = \max_{i \in P(j)} b_{ij} \qquad (1\text{-}15)$$

指派 S 除去投标人-物品的二元对 (i, j)，并加入新的二元对 (i_j, j)，其中 i_j 是 $P(j)$ 中给出最大投标的投标人。

1.4.2 拍卖算法的实现

下面给出拍卖算法实现的伪码。

拍卖算法

输入： 投标人和物品组成的二元对的集合 A

　　　　未被指派的投标人组成的非空集合 I

　　　　未被指派的物品组成的非空集合 J

　　　　投标阶段对物品 j 投标的投标人组成的集合 $P(j)$

　　　　价格向量 $\boldsymbol{p}$

输出： 完全指派 S

过程：

　　　　选择符合 $\varepsilon\text{-}CS$ 条件的空指派 S 和任意价格向量 $\boldsymbol{p}$

　　repeat

　　　　for 每一个投标人 $i \in I$

　　　　　　确定具有最大收益的物品 j_i 及其收益 v_i

　　　　　　确定除 j_i 外其他物品能提供的最大收益 u_i

　　　　　　计算投标人 i 对物品 j_i 投标，且物品 j_i 收到投标人 i 的投标 b_{ij_i}

　　　　　　for 每一个物品 $j \in J$

　　　　　　　　将 p_j 提高至最高投标价格

　　　　　　end

　　　　　　更新指派 S

　　　　end

　　until 指派 S 为完全指派

1.4.3 实例：基于拍卖算法的目标分配问题优化

1. 问题概述

该实例的应用背景是地面防空系统，即防空火力点（由不同类型的高炮、防空导弹等组成）如何应对空袭兵器（由不同类型的巡航导弹、飞机等组成），可以使用拍卖算法实现

火力点和空袭目标的最佳匹配,来实现最大化的收益[17]。

对该实例中的目标分配问题进行数学描述:

(1) 已知空袭兵器的类型、速度等数据和地面防空火力的类型、数量等数据。

(2) 设 n 个地面防空火力点为物品集合,m 个空袭目标为投标人集合,其中 m 与 n 的关系未知。

(3) 若火力点 j 可以拦截来袭目标 i,则 (i,j) 为可行的二元对。

(4) 根据 i 对 j 的威胁程度和 j 对 i 的拦截条件来计算 i 与 j 匹配的利益 a_{ij}。拦截条件越好,威胁程度越大,a_{ij} 就越大。若 j 无法拦截 i,则 $a_{ij}=0$。

(5) 在具备拦截条件的情况下,实现完全匹配,注意在该问题中,所有目标必须都被分配,而一个火力点可以被分配到多个目标。

基于以上的条件,寻找总收益最大的匹配来实现对来袭目标的总体优化分配。

2. 方法

对于 $m=n$ 的情况,其分配流程如下。

步骤一:所有目标进入未被指派集 I,将 j 的当前价格 p_j 全部初始化为 0。

步骤二:如果 I 为空,则跳转到步骤四,否则,未分配集中的目标确定最大收益的火力点 j_i 及其收益 v_i,以及除 j_i 之外其他火力点能提供的最大收益 u_i,每轮对 1 个未分配目标出价,给出 j_i 的投标 b_{ij_i},若 b_{ij_i} 超过了当前的价格 p_j,则将 (i,j_i) 作为暂时分配的结果,并使 $p_j=b_{ij_i}$。若 i 对 j_i 的出价 b_{ij_i} 在所有出价中最高,则将 j_i 分配给 i,并将 i 放入已分配集。

步骤三:重复步骤二。

步骤四:获得最终的分配结果。

可以用如图 1-6 所示流程图表示该过程。

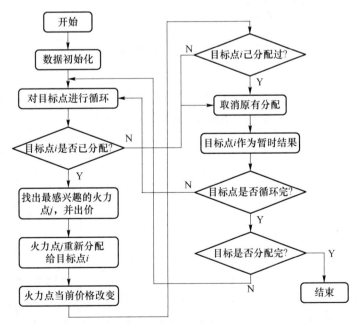

图 1-6　n 对 n 型目标分配流程图

对于 $m>n$ 的情况,火力点少于空袭目标,无法拦截所有目标。此时应按照威胁程度的顺序依次拦截,优先拦截威胁程度高的目标。可以引入 $m-n$ 个虚拟火力点,对于威胁度较小或无法拦截的目标,可以分配给虚拟火力点。

对于 $m<n$ 的情况,火力点多于空袭目标,则由指挥中心决定是否使用所有火力点。引入 $n-m$ 个虚拟目标,若决定使用所有火力点,则在分配结束后,需要找出威胁程度较大的空袭目标,确保它们被分配给了具有拦截条件的火力点,如果没有则需要重新进行分配。

对于 $m\neq n$ 的情况,其流程图如图 1-7 所示。

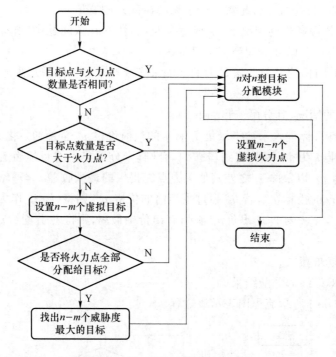

图 1-7　m 对 n 型目标分配流程图

3. 算例

设存在 7 个火力点和 7 个目标点,并得到火力点与目标点之间的权值如表 1-4 所示。

表 1-4　目标点与火力点对应权重表

火力点	目标点						
	1	2	3	4	5	6	7
a	4	16	0	0	12	13	0
b	18	0	12	8	0	5	6
c	4	0	17	0	12	15	7
d	9	7	5	14	13	0	7
e	0	10	6	18	11	21	6
f	0	13	0	19	21	12	13
g	11	7	15	0	4	0	17

取 ε 为最小权值的 $1/10$，使用拍卖算法得到如表 1-5 所示结果。

表 1-5　目标分配结果

目标点	1	2	3	4	5	6	7
火力点	b	a	c	d	f	e	g

（扫描封底二维码获取相关代码。）

1.5　习题与实例精讲

1.5.1　习题

【习题一[18]】

A、B 企业使用广告进行竞争。如果 A、B 都做广告，则 A、B 的利润分别为 30 万元、10 万元；如果 A 企业做广告，B 企业不做广告，则 A、B 的利润分别为 40 万元、5 万元；如果 A 企业不做广告，B 企业做广告，则 A、B 企业的利润分别为 8 万元、15 万元；如果 A、B 企业都不做广告，则 A、B 企业的利润分别为 45 万元、12 万元。

（1）给出 A、B 企业的损益矩阵。

（2）求纳什均衡。

【习题二[19]】

航空公司 A 和 B 竞争同一市场。如果二者选择合作，则双方将共同垄断市场，各自获得六百万元的利润；但如果不断进行价格战，则都将只能获得五十万元的利润；如果一方选择合作而另一方却选择降低价格，则合作的厂商获利为零，降低价格的一方则将获利八百万元。

（1）用囚徒困境的博弈表示这一例子。

（2）求纳什均衡。

【习题三】

对于图 1-8 中的例子，试用拍卖算法算出所有分配方案中总体满意度最高的方案。

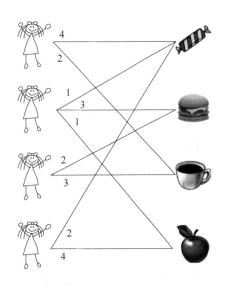

图 1-8　习题三图

【习题四】

对于以下例子,试用拍卖算法编一个程序,计算出所有分配方案中总体满意度最高的方案。

表 1-6　习题四表

人物	物品					
	1	2	3	4	5	6
A	10	18	11	18	33	4
B	4	31	33	32	26	23
C	3	3	14	9	22	19
D	1	17	23	12	17	12
E	20	2	14	15	24	17
F	31	3	13	21	23	4

【习题五】

图 1-9 中的圆圈代表地点,试用拍卖算法计算出 1 节点到 8 节点的最短路径。

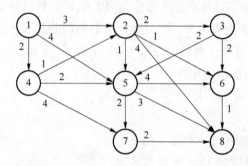

图 1-9　习题五图

1.5.2　案例实战

1. 最短路径拍卖算法[20]

💡 问题描述

最短路径拍卖算法属于分配问题拍卖算法的变形,可以转化为等价的分配问题。

给定一个有向网络 $D(N, A)$,N 和 A 分别表示 D 的点集合和弧集合,弧 (i, j) 的长度为 a_{ij}。这里只考虑单起点、单终点的例子,且做以下假设:

(1)网络中只含有"正圈";

(2)除终点外的任何节点都应该至少存在一条前向弧,否则添加一条指向终点的弧长很长的弧;

(3)在同一个方向上,两个节点间至多存在一条连接的弧。

起点和终点分别标记为 1 和 t，一条路径可以标记为 $(i_1, i_2, \cdots, i_k)$，其中 (i_m, i_{m+1}) 表示弧 $(m=1, \cdots, k-1)$。如果 $i_1, i_2, \cdots, i_k$ 各不相同，则 $(i_1, i_2, \cdots, i_k)$ 被称为初等路，节点 i_k 为路的终点，路径的长度即为路径上各个弧的弧长之和。

在迭代过程中，令路 $P = (i_1, i_2, \cdots, i_k)$ 一直为初等路，并不断地进行延伸和收缩。如果 i_{k+1} 不属于路 $P = (i_1, i_2, \cdots, i_k)$，同时 (i_k, i_{k+1}) 是一条弧，则将 i_{k+1} 添加到 P 中，使其变为 $(i_1, i_2, \cdots, i_k, i_{k+1})$，来实现延伸；在 P 包含起点 1 以外的节点时，删除 P 中的最后一个节点，使其变为 $(i_1, i_2, \cdots, i_{k-1})$，来达到收缩的效果。

在迭代过程中，价格矢量 p 要满足以下 ε-CS 条件：

$$p_{ij} \leqslant a_{ij} + p_j, \quad \forall (i,j) \in A$$
$$p_{ij} = a_{ij} + p_j, \quad 对于路 P 上所有连续的节点对$$

(1-16)

一般使用以下默认初始解作为满足 ε-CS 条件的初始解 (P, p)：

$$P = (1), \quad p_i = 0, \quad \forall i$$

(1-17)

本例中的网络如图 1-10 所示，需要求出节点 1 到节点 4 的最短路径，弧上的数字代表弧长。

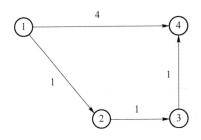

图 1-10　网络示例

💡 解题思路

从初始解开始迭代，根据满足 ε-CS 条件的一组 (P, p) 得到另一组满足 ε-CS 条件的解。在每次迭代中，路径 P 或者增加一个新的节点来延伸，或者减少最后一个节点来收缩。当 P 收缩时，最后节点的价格严格增加。当 P 中只存在起始节点 1 时，称为退化解，此时路径或者是延伸，如果收缩则节点保持不变，只有 p_1 会变大。迭代过程如下。

用 i 表示路径 P 的最后一个节点。如果 $p_i < \min\limits_{(i,j) \in A} \{a_{ij} + p_j\}$，转到步骤一，否则进入步骤二。

步骤一：收缩路径，令 $p_i = \min\limits_{(i,j) \in A} \{a_{ij} + p_j\}$，如果 $i \neq 1$，收缩 P。转入下一个迭代过程。

步骤二：延伸路径，通过节点 j_i 来延伸 P，$j_i = \arg\min\limits_{(i,j) \in A} \{a_{ij} + p_j\}$。如果 j_i 是终点 t，则迭代终止，P 就是求解的最短路径；否则，进入下一次迭代。

具体过程如表 1-7 所示。

表 1-7　拍卖算法迭代过程

迭 代	迭代前的 P	迭代前的 p	操 作
1	(1)	(0,0,0,0)	在 1 收缩
2	(1)	(1,0,0,0)	延伸到 2
3	(1,2)	(1,0,0,0)	在 2 收缩
4	(1)	(1,1,0,0)	在 1 收缩
5	(1)	(2,1,0,0)	延伸到 2
6	(1,2)	(2,1,0,0)	延伸到 3
7	(1,2,3)	(2,1,0,0)	在 3 收缩
8	(1,2)	(2,1,1,0)	在 2 收缩
9	(1)	(2,2,1,0)	在 1 收缩
10	(1)	(3,2,1,0)	延伸到 2
11	(1,2)	(3,2,1,0)	延伸到 3
12	(1,2,3)	(3,2,1,0)	延伸到 4
13	(1,2,3,4)	(3,2,1,0)	停止

2. 多机器人任务分配拍卖[21]

问题描述

本实例研究的问题为如何将任务分配给一组机器人,以最小化代价函数。使用的具体成本函数是最大完工时间(即最后一个机器人完成其最后任务的时间)。假设一个非空的机器人集 R 和一个非空的任务集 T。考虑所有的任务都是预先已知的。

使用一个拍卖师负责将任务传达给机器人,接收它们的出价,决定分配,并将它们传达给机器人。虽然拍卖师作为中心点可能出现故障,但是它简化了机器人之间的通信,并可以维护单个分配的全局视图。与集中式分配方法相比,拍卖的优点是将投标计算分散给机器人,这样当机器人失灵或失去通信时,任务仍然可以进行。

机器人充当投标人。每个机器人根据其私人计划计算执行每项任务的成本。因此,底层优化函数通过将其分解成机器人独立解决的问题,以分散的方式进行求解。

解题思路

拍卖开始时,拍卖师从每个机器人接收一个出价向量(使用 receiveBid 函数)。拍卖师选择出价最小的任务(t_{min})并将任务分配给相应的机器人。拍卖师使用 sendWinner 函数通知所有成功拍下任务的机器人(Winner)相应的任务分配,无法完成的任务将添加到未分配任务集($T_{unalloc}$)。然后开始下一轮的拍卖,直到任务集 T 为空。

当每个机器人 r 收到任务列表时,将使用 computeBid 函数计算每个任务的成本(例如最大完工时间)作为出价,然后将每个任务的出价添加到其出价向量($\boldsymbol{b}_T^r$)中,使用 sendBid 函数将其发送给拍卖师。当一个机器人被通知拍下了一个任务,将该任务添加到计划列表 $\overline{T}_r$ 中。

多机器人任务分配拍卖算法中拍卖师

输入:机器人集合 R,任务集 T
输出:最终任务调度结果
过程:
  初始化 $T_{unalloc}$ 为空集
  while T 不为空集
    for $r \in R$ do
      sendTasks(r,T);
    end
    for $r \in R$ do
      $\boldsymbol{Q}_T^r =$ receiveBid(r);
    end
    (winner,t_{min},minBidOverall) $=$ (null,null,∞);
    for $r \in R$ do
      minBid$_r$;$t =$ arg $\min\limits_{r,t} \boldsymbol{Q}_T^r$
      if minBid$_r <$ minBidOverall then
        winner $= r$; $t_{min} = t$;
        minBidOverall $=$ minBid$_r$;
      else if $t_{min} ==$ null then
        $t_{min} = t$;
      end if
    end
    if winner$\neq$null then
      sendWinner$(R$;winner;$t_{min})$;
    else
      $T_{unalloc} = T_{unalloc} \bigcup \{t_{min}\}$;
    end if
    $T = T - \{t_{min}\}$;
  end while

多机器人任务分配拍卖算法中机器人

输入:任务集 T,机器人 r 的任务 $\overline{T}_r$ 的部分调度
输出:$\overline{T}_r$
过程:

$\boldsymbol{b}_T^r = \{\cdots, \delta_r^t, \cdots\}\ \forall\, t \in T$,其中 $\delta_r^t = \text{computBid}(t, \overline{T}_r)$;

$\text{sendBid}(\boldsymbol{b}_r^t)$;

$\text{receiveWinner}(R; \text{winner}; t_{\min})$;

if winner $==$ r then

    r 将 $t_{\min}$ 加入 $\overline{T}_r$ 中;

end if

3. 基于逆向拍卖的资源分配算法[22]

💡 问题描述

传统的定价策略一般是固定价格,即在资源分配时就已预先确定价格,这导致资源的价格不能实时反映市场的真实情况。逆向拍卖的定价策略,是利用计算经济理论来控制资源的供需平衡。当供不应求时,提高资源价格来增加资源供应商并减少用户,达到平衡;当供过于求时,降低资源价格来减少资源供应商并增加用户,实现总体的平衡。本实例中商品价格是根据市场资源的实际情况动态确定的:首先确定每个商品的初始价格,然后在每一轮拍卖中,未分配的资源按一定比例降价,增加被分配的概率。

在逆向拍卖中,根据上一轮的结果来调整资源价格。上一轮赢下拍卖的供应商保持资源价格不变,而没有赢下拍卖的供应商将按照一定比例降低资源价格,但不能低于资源事先规定的最低价,如式(1-18)所示。

$$p_A^{\text{cur}'} = \begin{cases} p_A^{\text{cur}}, & A \text{ 是赢家} \\ p_A^{\text{cur}}(1-\gamma), & A \text{ 是赢家},\text{且 } p_A^{\text{cur}}\gamma > p_A^{\text{res}} \\ p_A^{\text{res}}, & A \text{ 是赢家},\text{且 } p_A^{\text{cur}}\gamma < p_A^{\text{res}} \end{cases} \tag{1-18}$$

其中,p^{cur} 和 $p^{\text{cur}'}$ 分别为资源调整前后的价格,p^{res} 是规定的最低价,γ 表示价格的降低率。

💡 解题思路

逆向拍卖算法的具体步骤如下。

步骤一:用户向拍卖师提交需要资源的信息。

步骤二:拍卖师处理接收到的信息,并将其发送给供应商进行拍卖。

步骤三:供应商根据自己的资源状态将与资源相关的信息发送给拍卖师进行竞价。

步骤四:拍卖师根据所有参与投标的供应商提供的资源信息,选出价格最低的供应商作为这一轮拍卖的赢家。

步骤五:拍卖师将本轮拍卖结果分别发送给用户和供应商,并让赢家为相应的用户提供资源。

步骤六:对于赢家,其资源价格不变。对于输家,其资源价格将按照一定比例降低,

根据式(1-18)可知,调整后的价格为 $p_A^{cur} \cdot (1-\gamma)$。但如果价格降低到低于规定的最低价,资源的价格就保持在最低价。

步骤七:根据步骤二规定的顺序,循环执行第二到第六步,直到满足所有用户的资源需求。

1.6　结 束 语

本书对拍卖算法的介绍仅仅是冰山一角。拍卖算法作为一种模拟现实拍卖过程的分布式算法,除用于解决指派问题、最小费用流问题等各种常规线性网络流问题外,还可以用于其他算法难以解决的分布式问题、动态不确定性问题,进行尝试和探索。拍卖算法运行效率高,计算复杂度低,使用灵活,可以很好地适应各种问题,因此需要对拍卖算法进行更加深入的研究。[23]

1.7　阅 读 材 料

1. 重要书籍

(1)《博弈论教程》(肯·宾默尔著)

此书为博弈论的经典书籍,介绍了博弈论的各种基本原理、模型、方法和经典例子,以及博弈论的争论和悖论。

(2)《网络优化:连续和离散模型》(Dimitri P. Bertsekas 著)

此书对线性、非线性和离散网络优化问题提供了全面的介绍,同时从介绍指派问题的拍卖算法开始,进而说明了如何将拍卖算法推广到更加复杂的问题。

2. 重要论文

(1)"A distributed algorithm for the assignement problem"

首次提出了拍卖算法。

(2)"An auction algorithm for shortest paths"

提出了拍卖算法的最新变体,解决了最短路径问题。

(3)"Group buying spectrum auction algorithm for fractional frequency reuse cognitive cellular systems"

将拍卖算法应用于频谱拍卖。

本章参考文献

[1]　金蓓. DPDI 动态拍卖机制的研究与算法实现[D]. 上海:华东师范大学,2012.

[2]　薛晓斌. 混合型多属性组合拍卖模型研究[D]. 厦门:厦门大学,2009.

［3］ 蔡恩泽. 拍卖理论对现实经济的指导意义［N］. 中国审计报,2020-10-19(005).

［4］ Bertsekas D P. Auction algorithms for network flow problems:a tutorial introduction［J］. Computational Optimization and Applications,1992(1):7-66.

［5］ 许可,宫华,秦新立,等. 基于分布式拍卖算法的多无人机分组任务分配［J］. 信息与控制, 2018, 47(03):341-346.

［6］ Bertselas D P. Encyclopedia of Optimization［M］. Boston,MA:Springer VS, 2001:73-77.

［7］ Bertsekas D P, D El Baz. Distributed asynchronous relaxation methods for convex networkflow problems［J］. SIAM J. Control and Opt,1987,25(1):74-85.

［8］ 网络群体与市场. 拍卖中的博弈论［EB/OL］. (2013-04-11)［2021-03-19］. http://blog.sina.com.cn/s/blog_c2e02d1d01018dni.html.

［9］ 张向明,申佳. 博弈论发展历程浅析［J］. 商情,2013(015):155.

［10］ 朱富强. 博弈论［M］. 北京:经济管理出版社,2013:45-46.

［11］ 拉斯穆森. 博弈与信息博弈论概论［M］. 4 版. 北京:中国人民大学出版社, 2009:21.

［12］ 王则柯. 博弈论平话［M］. 北京:中信出版社,2011:71.

［13］ MBA 智库. 囚徒困境［EB/OL］. (2015-07-14)［2021-04-12］. https://wiki.mbalib.com/wiki/%E5%9B%9A%E5%BE%92%E5%9B%B0%E5%A2%83.

［14］ Anker_Evans. 最优分配问题—拍卖算法［EB/OL］. (2020-06-04)［2021-02-22］. https://blog.csdn.net/anker_evans/article/details/106539488.

［15］ 田苗状. 拍卖算法研究及其应用［D］. 青岛:青岛大学,2015.

［16］ 谢安石,李一军. 拍卖理论的研究内容、方法与展望［J］. 管理学报,2004,001 (001):46-52.

［17］ 柳鹏,高杰,刘扬. 基于拍卖算法的目标分配问题优化［J］. 兵工自动化,2008,27 (009):22-24.

［18］ 陈承明,方东风,唐钰蔚. 西方经济学习题集［M］. 2 版. 上海:上海财经大学出版社,2015:72.

［19］ 李锡玲. 经济学原理［M］. 北京:北京邮电大学出版社,2012:111.

［20］ 王京元,程琳. 最短路拍卖算法在交通分配中的应用［J］. 交通运输系统工程与信息,2006(06):79-82.

［21］ Nunes E, Gini M. Multi-Robot Auctions for Allocation of Tasks with Temporal Constraints［J］. Proceedings of the Twenty-Ninth AAAI Conference on Artificial Intelligence,2015,3:2110-2116.

［22］ 刘祥俊. 云工作流系统中基于组合反向拍卖的资源分配机制研究［D］. 合肥:安徽大学,2016.

［23］ 谢安石,李一军,尚维,等. 拍卖理论的最新进展——多属性网上拍卖研究［J］. 管理工程学报,2006(03):17-22.

第2章

元胞自动机

2.1 概　　述

元胞自动机概念的出现可以追溯到20世纪40年代,有"现代计算机之父"之称的冯·诺伊曼在研究一种可以进行元素本身自我迭代的自动机时,参照生命体的个体自繁殖原理,提出了元胞自动机的概念[1]。

元胞自动机是一个时间和空间都离散的动力系统,由分布在空间中的具有有限状态的元胞构成,每个元胞的状态都随着时间的推进而进行动态演化,从而形成一个时变的动力系统,演化过程中每个元胞同时根据状态转换规则更新状态取值,且该更新过程只与相应元胞的邻居元胞相关[2]。元胞自动机自产生以来,被广泛地应用于经济、疾病传播等领域。例如,使用元胞自动机对复杂情形下的疾病传播进行模拟,用元胞模拟个体的潜伏期、感染、参与治疗等状态,并根据现实中的疾病传播规律来制定演化规则,研究不同控制策略对疾病控制的影响,用来应对可能出现的像SARS、新型冠状病毒肺炎一样的严重疫情[3]。

2.2 目　　的

元胞自动机方法是一个从实用主义出发的模拟思想体系,其模拟的要点是突出研究现象的基本特性。在实际应用中,可以根据现实的建模情景需要来赋予元胞自动机中的每个元胞以特定的物理意义,并为其中的每个元胞设置相关状态及状态的转换规则,来研究通信、计算、构造、信息传递、生长、复制、竞争与进化等现象[4]。同时它为动力学系统理论的研究提供了一个有效的模型工具,用于分析秩序、紊动、混沌、非对称、分形等系统整体行为与复杂现象[5,6]。

2.2.1　基本术语

表 2-1　列出了本章用到的基本术语。

表 2-1　元胞自动机基本术语

术　语	解　释
动力系统	模拟物理系统按一定规则随时间演化的过程的数学模型(微分或离散方程)
仿真时间	用来模拟元胞自动机在时间维度的演化过程,仿真时间的每次推进都会使元胞自动机的状态发生变化
元胞	元胞就是分布在空间中的网格,元胞按照一定的分布规则在一维、二维或高维的有向空间中按照一定顺序进行排列
状态	某一时刻某个元胞的一个取值,这个取值能够表示元胞在该时刻的属性,通常为一组有限的离散集合,元胞状态可以在设定的状态间转换
元胞空间	元胞自动机这个系统中所有元胞按一定顺序分布所占用的空间位置
单元划分	根据实际模型指定元胞空间中每个元胞的形态
边界处理	对于处在元胞空间中边缘位置的元胞进行状态处理的方式
构形	在某一特定的时刻,元胞空间中的元胞因在设定的状态集合中存在多个状态取值,从而元胞会呈现出多种多样的状态组合方式
邻居	邻居也称为邻域,指所有可能直接影响到当前元胞状态的元胞。元胞状态在每次更新时发生的变化只与我们所定义的该元胞的邻居元胞有关
邻居半径	定义一个邻居半径,则邻居元胞的范围是在元胞空间中与中心元胞距离小于或等于该值的所有元胞
演化规则	演化规则描述了每个元胞在下一个时刻其状态如何变化,演化规则只由当前时刻该元胞及其邻居的元胞状态决定
初等元胞自动机	也称为 Wolfram 的元胞自动机,指状态集只有两个元素 $\{S_1, S_2\}$,邻居半径为 1 的一维元胞自动机
NaSch 模型	一种用于模拟道路交通的理论模型。本质上,这是一种简单的交通流量元胞自动机模型,可以重现交通拥堵的过程
康威生命游戏	一种由三种基本规则构成的二维元胞自动机,每个元胞有生和死两种状态,分布在二维网格中,因为模拟和显示的图像看起来颇似生命的出生和繁衍过程而得名

2.2.2　思维导图

元胞自动机思维导图如图 2-1 所示。

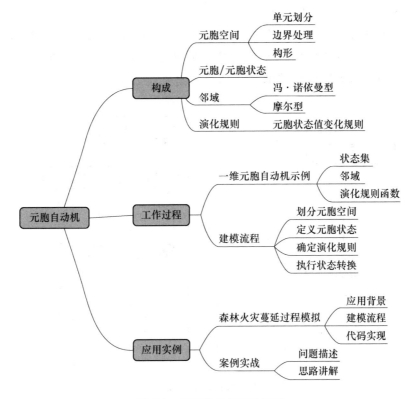

图 2-1　元胞自动机思维导图

2.3　理论和实例

2.3.1　原理

元胞自动机的定义需满足以下三个要求[2]。

（1）空间要求：按照一定规则排列而形成的元胞网格覆盖 d 维欧几里得空间的一部分。

（2）状态要求：当处于不同的时刻 $t=0,1,2,3,\cdots$ 时，我们需要表示出每个元胞在该时刻的局部状态，这一状态可表示为与每个元胞 r 和时间 t 相关的一组布尔类型的函数：

$$\phi(r,t)=\{\phi_1(r,t),\phi_2(r,t),\cdots,\phi_m(r,t)\} \tag{2-1}$$

（3）演化要求：我们可以给出一组状态演化规则的集合 $R=\{R_1,R_2,\cdots,R_m\}$，在某一时刻元胞的状态值可表示为 $\phi(r,t)$，则该元胞自动机在一个时间间隔内的演化流程可做出如下的表示方法：

$$\phi_j(r,t+1)=R_j[\phi(r,t),\phi(r+\delta_1,t),\phi(r+\delta_2,t),\cdots,\phi(r+\delta_q,t)] \tag{2-2}$$

其中,$r+\delta_k$ 表示元胞 r 的邻居元胞。

元胞自动机由元胞空间(网格区域)、元胞(每个网格单位)、邻居(影响当前元胞状态的邻近元胞)、元胞的演化规则(元胞状态从一个值变为另一个值的转换方法)和元胞状态(有限集合)这五种元素构成,如图 2-2 所示[3]。

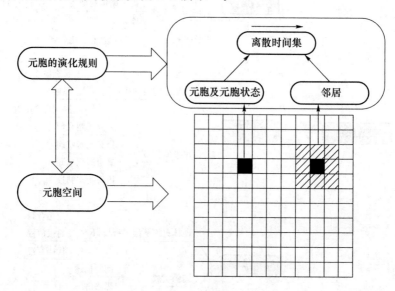

图 2-2　元胞自动机构成示意图

1. 元胞空间

元胞空间是指元胞自动机这个系统中所有元胞按一定顺序分布所占用的空间位置。确定一个元胞空间需要确定其单元划分、边界处理、构形方法三个因素。

(1)元胞空间的单元划分

元胞空间的单元划分是指根据实际模型指定元胞空间中每个元胞的形态。通常,每个元胞的形态并没有严格的要求,只要是使用空间中有规则(如三角形、正方形等)的形状作为元胞单元的形态就可以。对于一维的元胞自动机来说,其单元划分的形状只能是某个元胞左右各连接一个元胞而构成的线性形状。而对于那些不是一维的其他元胞自动机(也就是存在于二维空间甚至三维或更高维空间的元胞自动机)来说,对于元胞形态的划分就不是唯一的了。目前,建模过程中二维元胞自动机应用较多。如图 2-3 所示,在二维空间中,元胞空间的元胞单位分别可以呈现出三角形、四边形、六边形划分方式[3],其中四边形网格直观且简单,在编程时能够轻易使用二维矩阵进行表示,因此四边形网格是最常见的网格划分方法。但根据计算机设备性能及实际模拟的精度需求,三角形、六边形或其他的单元划分方法近年来也逐渐被不同领域的研究人员重视,并且在各个领域都有所应用。

(2)边界处理

边界处理是指对于处在元胞空间中边缘位置的元胞进行状态处理。在直观上,这些元胞与内部元胞相比,其邻居元胞数量不同;在理论上,以空间的角度来看元胞空间其实是不存在边界的,但显然因为计算机运算能力的局限性以及实际情况中建模的需求,我

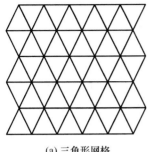

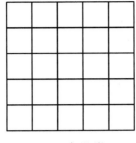

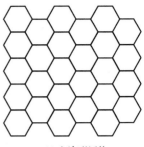

(a) 三角形网格　　　　　　(b) 四边形网格　　　　　　(c) 六边形网格

图 2-3　二维元胞自动机的三种单元划分

们并不能制造出一个没有边界的元胞空间,因此需要针对实际情况规定这些直观上处于边缘的元胞的邻居处理方式及其自身状态的处理方式。常见的边界处理方法可分为如下三种[2]。

① 循环型:指将空间中作为对边的两条边缘的元胞相互作为邻居的处理方法。在一维元胞自动机中,使用循环型方法进行边界处理可以使得当前的一维直线空间转换为一个首尾互相接合的环状。而在二维的元胞自动机中,则使得相应二维长方形平面的对边两两相连接。

② 镜面型:假设在元胞空间的边界竖起一面镜子,则原本有限的空间经过镜面投射后就可以看成是无限的空间,从而边界元胞的取值也可以确定,这种边界处理方法即是镜面型处理方法。

③ 常态型:假设在现有元胞空间的边缘基础上再围绕一圈新的元胞,这圈新的元胞的状态取值为一提前确定的常态值且不会发生改变,从而可以确定原来作为边界的元胞的状态值,这种边界处理方法即是常态型处理方法。

以上三种边界处理方式可以在同一元胞自动机中混合使用。

(3) 构形方法

在某一特定时刻,元胞空间中的元胞因在设定的状态集合中存在多个状态取值,而呈现出多种多样的状态组合方式,若想将这些状态组合方式用数学符号表示出来,可以表示为一个高维整数矩阵 $\mathbf{Z}^d$,其中 $\mathbf{Z}$ 为所有整数的集合,d 为元胞空间维度。即在 d 维元胞空间中可以用 d 维的整数矩阵表示所有元胞的所有状态可能排列组合的位置[2]。

2. 元胞及元胞状态

元胞,也称为细胞、基元、单元,是元胞自动机最基本的组成部分。从直观上看,元胞就是分布在空间中的网格,元胞按照一定的分布规则在一维、二维、高维的有向空间中按照一定顺序排列。每个元胞都包含状态、邻居和转换规则三个属性。

元胞状态是指在具体的某一时刻某个元胞的一个取值。这个取值能够表示元胞在该时刻的属性特点,同时该取值通常是从一组提前定义好的离散集中去选取,元胞状态则可以在提前设定好的几个状态间进行转换。每个元胞的状态值,可以设置为二进制的或者多进制的,二进制的元胞状态有{有,无}、{开,关}、{黑,白}等,而多进制的元胞状态有{1,2,…,n}这类整数形式的有限的离散集合,或者{红色,黄色,蓝色}这类有具体意义的有限数量的集合。在大多数的情境下,每个元胞在某一时刻可取的状态值是唯一的,但也应具体情况具体分析,在一些特殊的建模情境下,每个元胞在某一时刻代表该元胞特征及意义的状态值也可以有多个。

3. 邻域

邻域也称为邻居,元胞自动机中的每个元胞都拥有一定数量的邻居,邻居就是指当前的元胞空间中所有可能直接影响到当前元胞状态的元胞,在通常情况下我们将一个元胞的周边的几个元胞定义为该选定元胞的邻居,元胞状态值的变化只与该元胞的邻居元胞有关。

在元胞自动机中,每个元胞所取的状态值并不是一直静止不变的,而是会随着时间的推进而根据状态转换规则发生相应的动态改变,动态改变的方式是由演化规则进行定义的,而演化规则并不是与元胞空间中的所有元胞都相关,而是只与相应元胞周围的一部分元胞有关系,这些影响当前元胞状态的周围部分元胞可以称为当前元胞的邻居元胞。因此在构造元胞状态机时,我们需先定义邻居的概念,明确哪些元胞可以视为当前中心元胞的"周围元胞",对于元胞只分布在直线上的线性单维情况,定义邻居只需定义一个半径长度,则该元胞的邻居元胞就是在元胞空间中与该元胞距离小于或等于我们定义的半径长度的所有元胞。而对于多维的情况,常见的邻居元胞的关系定义有以下几种[3]。

(1)冯·诺依曼(Von Neumann)型

冯·诺依曼型邻居的定义:某一元胞上方、下方、左侧、右侧共计 4 个元胞称为该元胞的邻居元胞。二维平面中这 4 个元胞所在的位置称为中心元胞的四邻域,如图 2-4(a)所示。

(2)摩尔(Moore)型

摩尔型邻居的定义:某一元胞左上、上、右上、左、右、左下、下、右下共计 8 个元胞称为该元胞的邻居元胞。二维平面中这 8 个元胞所在的位置称为中心元胞的八邻域,如图 2-4(b)所示。

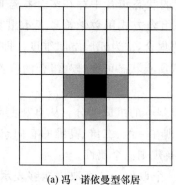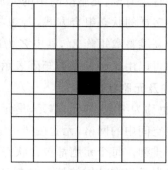

(a)冯·诺依曼型邻居   (b)摩尔型邻居

图 2-4　冯·诺依曼型邻居和摩尔型邻居

(3)扩展的摩尔型

摩尔型规则定义邻居元胞为中心元胞周边的 8 个元胞,也就是说,元胞半径为 1 个元胞的距离,而扩展的摩尔型邻居是在摩尔型邻居基础上的扩展,扩展的摩尔型邻居的元胞半径为大于 1 个元胞距离的整数个元胞距离,如 2 个元胞或 3 个元胞的距离等。扩展的摩尔型邻居在元胞空间上直观地表现为某一元胞周围几圈的元胞都是该元胞的邻居元胞,如图 2-5 所示。

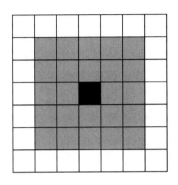

图 2-5　扩展的摩尔型邻居

（4）马格勒斯(Margolis)型

马格勒斯型邻居使用两个 2×2 的元胞重叠构成,如图 2-6 所示。马格勒斯型邻居在偶数与奇数时刻的邻居定义是不同的,图中实线方框所框选的 4 个单元格是指在任一偶数的时刻所代表的邻居。而虚线方框所框选的 4 个单元格是指在任一奇数的时刻所代表的邻居。可以看到,两种情况下中心元胞都为图中标有"lr"的元胞。在这种邻居类型情况下,在偶数时间步与在奇数时间步对于邻居的定义是不一样的,每一时刻,邻居元胞的定义都会相应发生位置的翻转。如图 2-6 所示,单元块内各元胞分别记作 ul(左上)、ur(右上)、ll(左下)和 lr(右下),在下一时刻,因分块方式改变,图中标为 lr 的元胞将变成 ul,整个邻居元胞区域将沿着原中心元胞 lr 向右下方向翻转[7]。

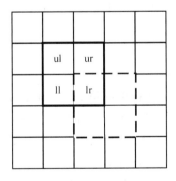

图 2-6　马格勒斯型邻居

4. 演化规则

演化规则描述了每个元胞在下一个时间间隔内其状态取值如何变化,在任一时刻,某一个元胞的状态变化方法并不是与元胞空间中所有元胞都有关系,而是只与该元胞相邻的几个邻居元胞相关,由当前时刻的状态计算下一时刻的状态的计算过程可表示为一个状态转换函数[2]:

$$f: S_i^{t+1} = f(S_i^t, S_N^t) \tag{2-3}$$

其中，f 为状态转移函数，S_i^t 为 t 时刻元胞 i 的状态，S_N^t 为 t 时刻元胞 i 邻居元胞的状态。随着时间的推进，元胞自动机的物理组织结构是静态不变的，而内部元胞的状态是时变的。元胞自动机可使用数学公式表述如下：

$$C = (B_d, Z, R, f) \tag{2-4}$$

其中：C 表示我们根据真实建模情景所构建的一个完备的元胞自动机模型；B_d 表示根据实际的建模需要而定义的展示出来的元胞空间的范围，d 为建模的空间的实际维数；Z 表示根据实际情景下每个单位可能出现的状态定义出状态集后，元胞自动机中所有元胞所有可能出现的状态值所取值情况的集合；R 表示定义出元胞的邻居后，对于每个元胞，包括该元胞在内的邻居半径范围内所有的邻居元胞集；f 为控制元胞状态变化的状态转移函数。演化规则需要根据我们要模拟的现实系统进行提取总结，是元胞自动机设计的核心，因为其反映了系统内部的运行规则，系统运行得正确与否直接取决于演化规则设计得正确与否。

5. 工作过程

前文对元胞自动机的数学定义及结构作了初步的介绍，下面以一个直线上的一维元胞自动机为例介绍元胞自动机的运行流程[3]。设想存在一个如图 2-7 所示的一维元胞自动机，该元胞自动机中所有元胞都排列在一条直线上，在该元胞自动机中，每个元胞的状态离散集合中有 k 个值，分别为 S_i。时间为 $\cdots, t-1, t, t+1, \cdots$，时间依次向前推进。则此时元胞空间和时间均可离散地进行表示，如图 2-7 所示。

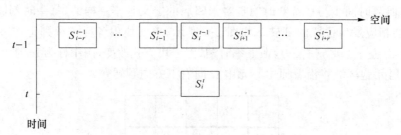

图 2-7　一维元胞自动机工作过程

当时间到达 $t-1$ 时，元胞自动机中的第 i 个元胞必定呈现出状态集合中的一个状态，该状态记为 S_i^{t-1}，同时定义其左、右各有 r 个邻居元胞，分别记为 $S_{i-1}^{t-1}, S_{i-2}^{t-1}, \cdots, S_{i-r}^{t-1}$ 和 $S_{i+1}^{t-1}, S_{i+2}^{t-1}, \cdots, S_{i+r}^{t-1}$，则元胞 S_i^{t-1} 的下一个状态 S_i^t 可表示如下[8]：

$$S_i^t = f(S_{i-r}^{t-1}, \cdots, S_{i-1}^{t-1}, S_i^{t-1}, S_{i+1}^{t-1}, \cdots, S_{i+r}^{t-1}) \tag{2-5}$$

这里考虑 $k=2$ 的最简单的情景，即状态集合为 $\{S_1, S_2\}$，为了编程方便，可将其记为 $\{0, 1\}$；同时定义邻居半径 $r=1$，即该元胞自动机中任何一个元胞的邻居为所选定的元胞左边和右边距离为 1 个元胞长度的两个元胞。当时间由 $t-1$ 推进到 t 时，元胞空间中每个元胞状态的变化是仅由该元胞自身的状态以及该元胞的邻居元胞的状态共同确定的：

$$S_i^t = f(S_{i-1}^{t-1}, S_i^{t-1}, S_{i+1}^{t-1}) \tag{2-6}$$

因此，要确定 1 个元胞自动机，只需要 3 个因素：状态集 S、邻居 r 和演化规则的函数

f。按照上述假设,演化规则的函数中含有 3 个需要我们确认的输入变量,而这 3 个变量都和状态取值相关,且每个状态变量的可取值仅有 2 个,所有状态变量总共的排列组合方式有 $2^3 = 8$ 种,因此,只要为这 8 种组合状态通过函数 f 建立到新状态的映射,函数 f 便可被确定。除本书介绍的一维元胞自动机外,根据元胞空间维数还可以建立二维、三维和更高维的元胞自动机,且它们都是按照相同的方法建立的。

6. 建模流程

基于元胞自动机对物理学、生物学、社会学等现象进行建模是元胞自动机的主要应用,因此,在掌握其理论基础后,我们将重点介绍如何根据实际情景使用元胞自动机的架构进行场景仿真,也就是建模。元胞自动机的建模过程可分为以下 4 步[3,9]:

- 划分元胞空间,根据实际建模对象确定元胞空间含义,将模拟空间划分为离散区域;
- 定义元胞状态,使用数字量定义每个元胞的状态变量;
- 确定演化规则,定义局部邻居规则和演化规则,表示相邻元胞状态变量之间的局部相互作用;
- 执行状态转换,对于每个元胞,根据局部邻居的演化规则,对时间进行更新,同时根据状态转换规则执行元胞的状态转换[9]。

基于以上四个步骤,我们将详细叙述使用元胞自动机进行建模时每一步需考虑的因素。

(1) 划分元胞空间

该步骤需确定出元胞空间及元胞表示的意义、元胞空间的大小、元胞空间的几何划分方式及邻居模式。

划分元胞空间就是确定模拟空间的意义后,将模拟空间划分成为离散区域,将每个区域抽象成一个元胞。首先,根据要模拟的实际对象,确定元胞空间及每个元胞所代表的实际意义。例如,进行水面仿真时,元胞空间表示一块水面区域,每个元胞表示一个水分子;进行森林火灾蔓延模拟时,元胞空间表示要模拟的地图区域,每个元胞表示一小块林地。其次,元胞空间网格的大小及形状应根据真实的模拟精度需求以及计算机性能确定。确定元胞空间后,应定义与中心元胞相互作用的邻居元胞,以保证中心元胞与其邻居元胞能够形成简单的局部规则。完成划分元胞空间后,元胞空间及元胞表示的意义、元胞空间的大小、元胞空间的几何划分方式及邻居模式便已确定[9]。

(2) 定义元胞状态

该步骤需确定元胞的状态集合及初始状态。

定义元胞状态是指定义每个元胞能够表示的特征集合,编程时可以使用数字量表示相应的状态变量,将数字量与真实模型的元素状态一一对应,元胞状态的定义需具有代表性和全面性,要能够直接反映建模目的。例如,进行森林火灾蔓延模拟时,元胞状态集合可定义为{不含可燃物,含尚未点燃的可燃物,含正在燃烧的可燃物,含已燃烧完毕的可燃物},在编程时,则使用整数集合{1, 2, 3, 4}分别对应 4 种状态。

初始状态是指 $t = 0$ 时,元胞空间中每个元胞所取的状态值,即元胞自动机在进行动态演化之前每个元胞的最初状态取值。初始状态是元胞自动机执行动态演进的"种子",

决定了其演化方向,这是影响元胞自动机系统演化的最终结果的一个要素。通常应根据真实模型的实际情况确定符合建模条件的初始状态。

元胞状态定义完成后,每个元胞可取的状态集合以及元胞空间中每个元胞的初始状态便已确定。

(3)确定演化规则

该步骤定义元胞的状态转换规则和演化时间的处理方式,以使得随着时间的前进,每个元胞与邻居元胞进行局部相互作用而实现动态演化。

首先,要根据建模场景确定元胞进行每一项状态转换所依据的规则。当前元胞在下一时刻的状态要根据转换规则重新计算,而与这一计算过程相关的只有该元胞本身在上一时刻的状态以及邻居元胞在上一时刻的状态。因此设计演化规则时,我们只需要考虑与选定元胞相邻的邻居元胞的状态,同时应保证邻居元胞的所有可能状态与元胞的状态变化呈映射关系。也就是说,不论该中心元胞以及其邻居元胞的状态是怎样排列组合的,这一组合都能在转换规则中找到一条能与之对应的规则。

其次,要考虑演化过程的时间处理。元胞自动机中每次元胞状态的更新频率与时间的推进是息息相关的,仿真钟每前进一次,需要对元胞自动机中的每个元胞都执行一次状态取值的更新。模拟时间钟来实现时间的仿真,一般情况下,我们设置时间的初始值 $t=0$,时间步的步长为1,时间每更新一次,表示当前模拟仿真的时间向前走了一个时间单位,元胞自动机中的每个元胞在相应时刻都应该依据与邻居相关的状态转换函数统一执行一次状态更新。

演化规则确定完成后,元胞状态的转换规则以及时间处理方式便已确定。

(4)执行状态转换

该步骤在离散时间集上执行元胞状态转换,直至达到演化停止条件。

在完成划分元胞空间、定义元胞状态、确定演化规则这三个步骤后,与我们根据真实情景所进行建模的元胞自动机系统相关的所有因素都已确定,下一步即是在离散时间集上执行状态转换模拟。执行状态转换时,需在每个时间间隔内遍历每个元胞,根据每个元胞在上一时间步结束时该元胞自身的状态值取值以及邻居元胞的状态值取值,找到相应演化规则更新该元胞的状态取值,在更新完每个元胞状态后则视为完成了一个时间步的状态更新,迭代执行该更新过程直至达到由用户设定的演化停止条件。虽然在程序实现的过程中,在每个时间步,元胞自动机中的每个元胞的状态的取值都是根据转换规则依次进行更新的,但在实际意义上,每个元胞的状态值其实是在一个时间步内以上一次时间步结束时的元胞的状态取值为基础,同时更新的,并没有先后顺序。

2.3.2 实现

梳理上述四个建模步骤,可得如图2-8所示元胞自动机实现框图。图2-8给出了元胞自动机模型代码编写的流程,流程图的右侧给出了每个步骤的详细解释。

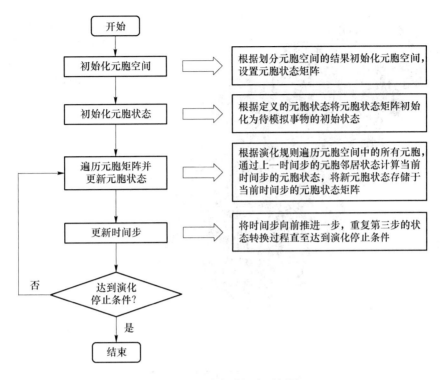

图 2-8　元胞自动机实现框图

2.3.3　实例:森林火灾蔓延建模

上文介绍了使用元胞自动机进行建模的流程,本小节将基于这些知识介绍一个基于元胞自动机进行建模的实例,这个实例通过使用元胞自动机作为建模框架,实现了对真实地理场景下森林火灾蔓延过程的模拟[10,11]。

1. 问题描述

本实例采用希腊斯佩察岛的地图进行森林火灾模拟。1990 年一场森林大火席卷斯佩察岛,摧毁了该岛几乎一半的森林。斯佩察岛是萨罗尼克群岛中的一座岛屿,该岛屿大部分区域被林地覆盖,而且树木生长旺盛,是国际旅游度假胜地。图 2-9 展示了斯佩察岛的植被密度分布情况,在本案例中,我们将该地区的区域分为 250×250 的二维元胞网格,其中该区域中的每个元胞代表 $20\text{m} \times 20\text{m}$ 的真实地图区域,并且本案例不考虑海拔的影响。

2. 建模流程

(1) 划分元胞空间

在森林火灾建模中,每个地理区域的燃烧状态与周围区域的状态及该区域的环境因素相关,即每个元胞的燃烧状态只与周围元胞的状态及元胞自身环境因素相关。可将整个森林区域作为二维元胞空间,使用二维网格将森林区域细分为多个单元,每个单元代表一小片土地,每个单元的形状为正方形,确定 8 个可能的火势蔓延方向(如图 2-10 所示)。

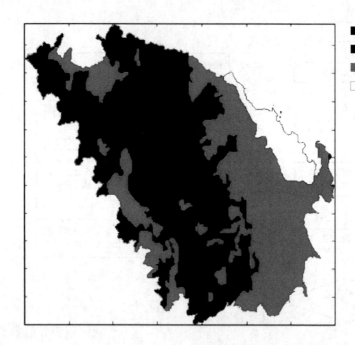

| 茂密植被密度区域 |
| 正常植被密度区域 |
| 稀疏植被密度区域 |
| 无植被区域 |

图 2-9 斯佩察岛植被密度分布图

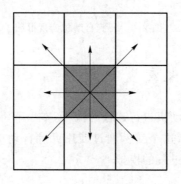

图 2-10 8个可能的火势蔓延方向

（2）定义元胞状态

在该场景中，元胞自动机中的每个元胞作为一小片林地，都包含能表现其特征的状态集，而且该状态集中有能体现森林火灾蔓延局部特征的有限个状态取值，每个元胞的状态取值在离散时间内演化。每个元胞可能的状态如表 2-2 所示。

表 2-2 元胞状态

状 态	解 释
S_1	该元胞不包含可燃物。此状态可以表示森林中没有植被的区域。我们假设处于这种状态的元胞无法燃烧
S_2	该元胞包含尚未点燃的可燃物
S_3	该元胞包含正在燃烧的可燃物
S_4	该元胞包含已燃烧完毕的可燃物

然后,将每个元胞状态编码为矩阵 S 的元素,称为状态矩阵。图 2-11 展示了如何以矩阵形式对具有随机状态的 16 个元胞区域进行编码。

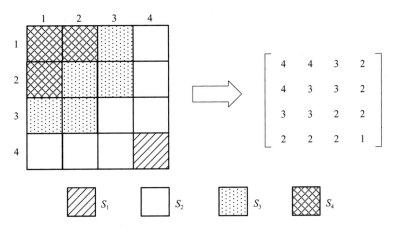

图 2-11　以矩阵形式对元胞进行编码

在本实例中,当 $t<0$ 时,每个元胞的状态值均为 S_1 或 S_2。

(3) 确定演化规则

在每个时刻 t 处,表 2-3 中的演化规则将被应用于状态矩阵 S 的每个元素。

表 2-3　森林火灾蔓延的演化规则

规　则	内　容	解　释
R1	IF State $(i,j,t) = S_1$ THEN State $(i,j, t+1) = S_1$.	该规则意味着没有可燃物的元胞状态保持不变,即无法被点燃
R2	IF State $(i,j,t) = S_3$ THEN State $(i,j, t+1) = S_4$.	该规则意味着当前时间步的正在燃烧的元胞将在下一个时间步燃烧完毕(烧毁)
R3	IF State $(i,j,t) = S_4$ THEN State $(i,j, t+1) = S_4$.	该规则意味着在上一时间步中已烧毁的元胞的状态保持不变
R4	IF State$(i,j,t) = S_3$ THEN 有 P_{burn} 的概率使得 State $(i \pm 1, j \pm 1, t+1) = S_3$	该规则意味着当前时间步的正在燃烧的元胞有 P_{burn} 的概率将火蔓延到邻居元胞,其中 P_{burn} 为引燃概率

图 2-12 展示了演化规则中各个状态间的转换过程。

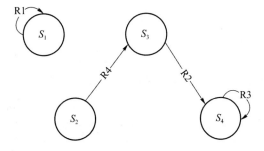

图 2-12　演化规则中状态转换过程

在森林火灾蔓延模型中,引燃概率 p_{burn} 可定义为:

$$p_{burn} = p_h(1+p_{veg})(1+p_{den})p_w p_s \qquad (2-7)$$

其中,p_h 是常态引燃概率,该概率是在风速为 0 m/s 而且处于平坦地势的位置由经验而得的常数,在该仿真中我们设置 $p_h = 0.58$,该参数的意义是当一个元胞处于燃烧状态且当前环境风速为 0 m/s 且当前位置的地势平坦时,该燃烧元胞将周围元胞点燃的概率。p_{veg} 为当前森林中可燃物密度对引燃概率的影响因子,p_{den} 为当前森林中的可燃物类型对引燃概率的影响因子,p_w 为当前环境下风速对引燃概率的影响因子,p_s 为当前环境的地势坡度对引燃概率的影响因子。接下来解释这些参数的详细含义。

① 植被对引燃概率的影响(包括可燃物类型和可燃物密度)

在引燃概率的定义中,我们使用参数 p_{veg} 来表示森林可燃物类型对火灾引燃概率的影响因子,用参数 p_{den} 来表示森林可燃物密度对引燃概率的影响因子。其中可燃物类型可分为农业种植区、代表低矮的可燃物的丛林区和代表高大的可燃物的树林区 3 种。当某元胞代表农业种植区时,p_{veg} 取 -0.3;当某元胞代表低矮的可燃物丛林区时,p_{veg} 取 0;当某元胞代表高大的可燃物树林区时,p_{veg} 取 0.4。对于可燃物密度,当某元胞所在位置为稀疏的可燃物区域时,p_{den} 取 -0.4;当某元胞所在的位置为普通的可燃物区域时,p_{den} 取 0;当某元胞所在的位置为稠密的可燃物区域时,p_{den} 取 0.3。

② 风对引燃概率的影响(包括风速和风向)

森林火灾蔓延时,风对火灾的蔓延影响很大,因此风速和风向的影响在我们进行森林火灾蔓延建模时是不可忽略的,风速和风向对森林火灾中火灾蔓延的影响如下:

$$p_w = \exp(c_1 V)f_t \qquad (2-8)$$

$$f_t = \exp(Vc_2(\cos\theta - 1)) \qquad (2-9)$$

其中:$c_1 = 0.045$;$c_2 = 0.131$;θ 是森林火灾在元胞区域间进行蔓延时,火灾的蔓延方向与风向之间的夹角,这个角度可以是 0°到 360°的任意值;V 是风速。

③ 地势(即相对海拔)对引燃概率的影响

海拔对火灾蔓延概率的影响 p_s 可写为 $p_s = \exp(a\theta_s)$,其中,a 是一个设置的常量参数(令 $a = 0.078$),θ_s 是坡度角。当两个元胞相邻时,θ_s 可写为 $\theta_s = \tan^{-1}((E_1 - E_2)/l)$。其中,$E_1$ 和 E_2 是两个元胞的海拔,l 是正方形元胞的边长。当两个元胞处于对角线位置时,θ_s 可写为 $\theta_s = \tan^{-1}((E_1 - E_2)/1.414l)$。本案例不考虑海拔的影响。

(4)执行状态转换

根据确定出的转换规则,仿真模拟在一组离散的时间步上进行,当区域中某个指定的元胞在当前的时间步被点燃时,该元胞中的火势可以在下一个时间步以 P_{burn} 的概率传播到邻居元胞。由于我们采用正方形的网格,可以假设火可以传播到每个燃烧状态的元胞相邻的元胞:$i\pm 1, j\pm 1$,即图 2-10 所示的摩尔八邻域。我们根据离散时间步执行元胞状态更新,直到地图中的所有可以被引燃的元胞均被烧毁。

3. 代码实现

该实例的 MATLAB 代码可以扫描封底二维码获取,运行效果如图 2-13 所示。

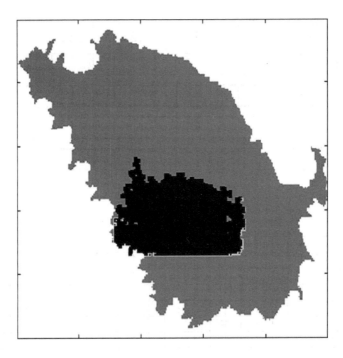

图 2-13　森林火灾蔓延模拟器运行效果示例

2.4　习题与实例精讲

2.4.1　习题

【习题一】
简述元胞自动机的邻居模式、特点。在建模时应如何选择合适的邻居模式?

【习题二】
六边形网格的元胞空间划分模式相比于四边形网格有何优势?

【习题三】
一个邻居半径为 1、具有周期性边界的一维元胞自动机模型如图 2-14 所示。白色表示 0,灰色表示 1。每个元胞在每个时间步中的状态切换为 round($S/3$),其中 S 是其邻居内的局部状态总和[16]。请在图 2-14 中完成此元胞自动机后续时间步的演化状态。

【习题四】
图 2-15 展示的是具有冯·诺依曼邻居且无边界(无限空间)条件的二维元胞自动机模型的示例。白色表示 0,灰色表示 1。每个元胞在每个时间步中的状态切换为 round($S/5$),其中 S 是其邻居内的局部状态总和[16]。请在图 2-15 中完成此元胞自动机后续时间步的演化状态。

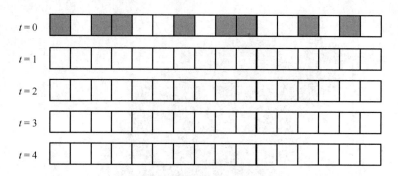

图 2-14 习题三图

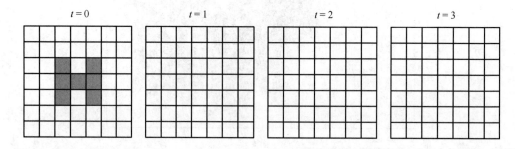

图 2-15 习题四图

【习题五】

请使用初等一维元胞自动机的第 117 号规则（01110110）作为样例简述元胞自动机的工作过程。

2.4.2 案例实战

1. 实现一维元胞自动机

💡 案例背景

初等一维元胞自动机也称为 Wolfram 元胞自动机[14,15]，试实现第 30 号规则（00011110）的一维元胞自动机。

💡 解题思路

在初等一维元胞自动机中，元胞呈一条一维的直线依次排列，定义每个元胞的状态值的可取值有两种情况$\{S_1, S_2\}$，也就是说可取的状态值只有两种情况，而如果将一维元胞自动机的邻居半径设置为距离中心元胞一个元胞长度以内，即 $r=1$，则每个元胞拥有左、右两个邻居，根据以上描述，该初等一维元胞自动机中，元胞执行更新的局部的映射 $f:S_3 \to S$ 可记为：

$$S_i^{t+1} = f(S_{i-1}^t, S_i^t, S_{i+1}^t) \tag{2-10}$$

其中，状态转换函数 f 共有 3 个输入变量，每个输入变量都表示一个元胞在某一时间步的状态取值，每个输入变量可取的值有两个，则共有 $2 \times 2 \times 2 = 8$ 种组合方案，只要给出每种组合方案输出的状态转换函数 f 的值，f 就可被完全确定。使用表 2-4 所示的例子来说明该映射规则。

表 2-4　映射规则

t	111	110	101	100	011	010	001	000
$t+1$	0	1	0	0	1	1	0	0

理解了该映射规则,我们便可以根据该映射规则对于任意一个初始的 0,1 状态的序列来表示出下一时刻的 0,1 状态序列:

$$t:010111110101011100010$$
$$t+1:1010001010101010001$$

上述的映射规则存在 8 种排列情况,在每种排列情况下在下一时刻的输出值可分别对应 0 或 1,也就是每个输出值的 8 位 0,1 组合,都存在 8 种初始排列情况与之对应,则可制定出的不同状态的转换函数共有 $2^8 = 256$ 种,这 256 种状态转换函数即覆盖了初等一维元胞自动机的所有情况。扫描封底二维码获取该案例的 MATLAB 代码,运行效果如图 2-16 所示。

图 2-16　一维元胞自动机示例

2. 模拟地球卫星的云图

💡 案例背景

我们还可以使用元胞自动机来进行地球上卫星云图的模拟,其规则包括[9]:整个二维空间被划分为方形元胞;在该空间的每个元胞中,可以有一个以上的粒子,但粒子数小于最大值 M;元胞邻居由平面中的 8 个周边元胞构成;元胞中的粒子将向邻居元胞移动;粒子将以给定的概率移动到一个邻居元胞;当一个元胞超出平面边界或其已经有 M 个粒子时,该元胞将没有可用的空间;空间中某处可能有多个粒子源,粒子源的元胞始终有 M 个粒子。试根据这些规则实现模拟地球卫星云图的元胞自动机。

💡 解题思路

可根据题目要求,按照以下流程构造元胞自动机模型:

(1) 将模拟空间划分为离散区域;

(2) 以数字量在每个元胞上定义状态变量;

(3) 定义本地邻居规则和转换规则,它们表示相邻单元上的状态变量之间的本地交互;

(4) 根据本地邻居规则或过渡规则,沿离散时间步长创建过渡状态变量。

为了模拟遥感影像中的云覆盖,如果每个元胞中的粒子数大于最大可能数的 50%,

则将该元胞设置为多云;如果该元胞中的粒子数小于最大可能数的 25%,则将该元胞设置为无云;如果元胞中粒子数在最大可能数的 25% 到 50% 之间,则认为该元胞处于云边缘。在气象学领域可以通过应用元胞自动机在短时间内进行云覆盖预测,这对遥感图像分析的调整算法有很大帮助。扫描封底二维码获取该案例的 MATLAB 代码,运行效果如图 2-17 所示。

图 2-17　模拟地球卫星的云图示例

3. 经典 NaSch 交通流建模

💡 案例背景

元胞自动机可以用于进行道路中车辆的交通状态的模拟,Nagel 和 Schreckberg 曾经提出了 NaSch 模型,该模型可以对道路上的车辆交通情况进行有效模拟[12,13]。其要求包括:进行交通模拟时,时间为离散的时间步,空间为离散的道路网络,车辆速度只取相应的整数数值;道路作为元胞空间,并且将道路进行单位分割,每一段道路视为一个元胞;每一段道路所代表的元胞有两种状态:{没有车,存在一辆车};在车辆移动时,其移动速度最低为 0,最高为 V_{max}。试用元胞自动机实现经典 NaSch 交通流模拟。

💡 解题思路

按照 NaSch 模型的要求及车辆交通的特点,可总结出该元胞自动机中,参与交通行为的每辆车从 t 时刻到 $t+1$ 时刻的更新步骤如下:

(1) 加速,$v_n \rightarrow \min(v_n+1, v_{max})$;

(2) 减速,$v_n \rightarrow \min(v_n, d_n)$;

(3) 自由减速,所有车辆以概率 p 更新速度,$v_n \rightarrow \max(v_n-1, 0)$;

(4) 位置更新,$x_n \rightarrow x_n+v_n$。

其中,v_n 和 x_n 分别表示第 n 辆车的速度和位置,$d_n = x_{n+1} - x_n - 1$ 表示第 n 辆车和前面的第 $n+1$ 辆车之间空的元胞数,p 表示随机慢化概率。同时,我们按照假设的初始条件进行模拟:我们可以将道路上车辆的密集程度设置为 0.2,每辆车最快的前进速度设定为速度上限 5,每辆车有 0.3 的概率进行自由减速,每个元胞也就是每段道路的长度都设置为 500，我们的时刻更新假设为每 500 秒更新一次，在 $t=0$ 时刻，对车辆所处的路段和车辆前进的行驶速度进行随机初始化。扫描封底二维码获取该案例的 MATLAB 代码，运行效果如图 2-18 所示。

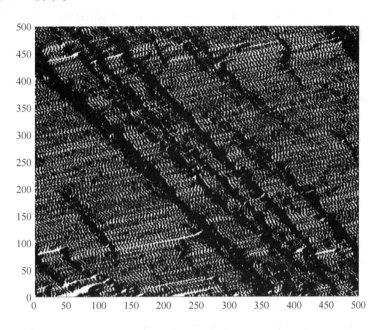

图 2-18　经典 NaSch 交通流建模示例

2.5　结　束　语

自从 20 世纪 40 年代冯·诺依曼提出元胞自动机概念以来，有关元胞自动机的研究不断深入（如康威设计的生命游戏、Wolfram 研究的初等一维元胞自动机等），所研究的元胞自动机从一维、二维发展到了多维，处理的问题也从线性系统扩展到了非线性系统。

元胞自动机作为一种方法框架，可以利用简单的局部规则和离散方法描述复杂的全局连续系统，具有灵活性和开放性，因此在社会学、生物学、传染病学等多个领域都得到了广泛的应用。未来，随着电子技术及人工智能算法的发展，多维元胞自动机、元胞自动机与人工智能算法的结合等领域也将呈现全新的发展面貌[17]。

2.6　阅读材料

1. 推荐书籍

（1）《实用元胞自动机导论》（李学伟等著）[3]

对元胞自动机的思想基础、工作原理、建模方法、复杂性分析以及在交叉学科的应用进行了系统而全面的讲解,语言通俗易懂,易于快速入门并进行应用。

(2)《元胞自动机理论研究及其仿真应用》(段晓东等著)[18]

介绍了元胞自动机的理论及在相关专业领域的仿真应用,理论性较强。

(3)《非线性系统手册》(The Nonlinear Workbook)(Willi-Hans Steeb 著)[19]

以现代物理系统中的守恒定律作为研究依据,建立了宏观物理学与微观离散动力学二者的联系,介绍了平衡和非平衡系统相关的元胞自动机模型。

(4)《地理模拟系统:元胞自动机与多智能体》(黎夏等著)[20]

介绍了元胞自动机在城市地理模拟技术领域的应用,如在地理模拟中需要涉及的复杂人-地关系的模拟、城市形态的模拟与优化、土地利用变化的模拟、土地开发规划的模拟、人类传染病的地理位置分布的模拟、与人类出行相关的交通的模拟等。

2. 推荐论文

(1)"Statistical Mechanics of Cellular Automata"[21]

该论文对基本元胞自动机进行了详细的分析,简要介绍了更复杂的细胞自动机,讨论其与动力系统理论和计算形式理论的联系。

(2)"Simulating Physics with Cellular Automata"[6]

该论文介绍了元胞自动机的物理概念,以及元胞自动机在动力学系统理论的研究中起到的作用。

3. 相关网站

下面提供一些网站以供读者直观感受元胞自动机的运行效果和进行相关知识学习。

(1)Wolfram 元胞自动机模拟:http://devinacker.github.io/celldemo/

该网站模拟了 Wolfram 描述的一维元胞自动机,选择想要观看的 Wolfram 一维元胞自动机规则编号以及初始情况,即可观察 Wolfram 一维元胞自动机在每一个时间步的迭代情况。

(2)生命游戏模拟网站:https://bitstorm.org/gameoflife/

该网站模拟了康威的生命游戏这一经典的二维元胞自动机,可以通过单击网格来设置初始状态(每个元胞的生死),也可以参阅网站给出的词典设置一些经典的生命游戏初始状态,然后单击"开始"以观察所设置初始状态的演化情况。

(3)三维元胞自动机模拟:http://cubes.io/

该网站展示了一个三维元胞自动机的场景,读者可通过在三维空间中设计元胞分布、演化规则等参数来观察三维元胞自动机的演化效果。

(4)元胞自动机实验室:https://www.fourmilab.ch/cellab/manual/chap1.html

该网站由 Rudy Rucker 和 John Walker 两位科学家创立,介绍了元胞自动机的基础知识并展示了许多元胞自动机的经典案例。这些案例都可以直接在网页上运行,以便读者直观感受元胞自动机的演化过程。同时,该网站的相关内容也会随着元胞自动机的相关前沿研究的推进而不断更新。

本章参考文献

[1]　百度百科. 细胞自动机[EB/OL]. (2021-01-27)[2021-04-10]. https://baike.
baidu.com/item/细胞自动机/2765689.

[2]　Bastien Chopard. 物理系统的元胞自动机模拟[M]. 北京:清华大学出版社,2003:
1-13.

[3]　李学伟. 实用元胞自动机导论[M]. 北京:北京交通大学出版社,2013:33-47.

[4]　Perrier J,Sipper M,Zahnd J. Toward a viable,self-reproducing universal
computer[J]. Elsevier Science Publishers,1996,97:335-352.

[5]　Bennett C,Grinstein G. Role of Irreversibility in Stabilizing Complex and
Nonenergodic Behavior in Locally Interacting Discrete Systems[J]. Physical
Review Letters,1985,55:657-660.

[6]　Vichniac G. Simulating Physics With Cellular Automata[J]. Physica D Nonlinear
Phenomena,1984,10:96-116.

[7]　一步一个脚印的屌丝. Cellular Automata in Matlab-自动细胞机的 matlab 实现[Z/
OL]. (2013-01-27)[2021-04-17]. https://blog.csdn.net/liurong_cn/article/
details/8546056.

[8]　常用元胞自动机[EB/OL]. [2021-04-20]. http://swarmagents.cn.13442.
m8849.cn/complex/models/ca/ca2.htm.

[9]　Piazza E,Cuccoli F. Cellular automata simulation of clouds in satellite images
[C]. Piscataway,NJ:IEEE,2001:1722-1724.

[10]　Alexandridis A A,et al. A cellular automata model for forest fire spread
prediction:The case of the wildfire that swept through Spetses Island in 1990
[J]. Applied Mathematics and Computation,2008,204(1):191-201.

[11]　Zhang H G,Liang Z H,Liu H J,et al. Ensemble framework by using nature
inspired algorithms for the early-stage forest fire rescue—A case study of
dynamic optimization problems[J]. Engineering Applications of Artificial
Intelligence,2020,90(Apr.):103517.1-103517.16.

[12]　景婷. 改进的 NaSch 元胞自动机交通流模型研究[D]. 兰州:兰州理工大
学,2013.

[13]　taoalin. NaSch 模型与改进的 NaSch 模型[EB/OL]. (2015-12-15)[2021-03-14].
http://www.doc88.com/p-9062354842783.html.

[14]　贾斌,高自友. 基于元胞自动机的交通系统建模与模拟[M]. 北京:科学出版社,
2007:23-31.

[15]　yellingf. 复杂网络实验 4:一维元胞自动机[EB/OL]. (2019-04-5)[2021-04-18].
https://blog.csdn.net/ylf12341/article/details/89046328.

[16] Hiroki Sayama. Definition of Cellular Automata[EB/OL]. (2020-08-13)[2021-04-17]. https://math. libretexts. org/Bookshelves/Applied _ Mathematics/Book％3A_Introduction_to_the_Modeling_and_Analysis_of_Complex_Systems_(Sayama)/11％3A_Cellular_Automata_I__Modeling/11. 01％3A_De％EF％AC％81nition_of_Cellular_Automata.

[17] 赛艇队长. 元胞自动机简介[EB/OL]. (2017-12-20)[2021-03-19]. https://www. cnblogs. com/bellkosmos/p/introduction_of_cellular_automata. html.

[18] 段晓东. 元胞自动机理论研究及其仿真应用[M]. 北京:科学出版社,2012:102.

[19] Willi-Hans Steeb. 非线性系统手册[M]. 北京:电子工业出版社,2013:197-201.

[20] 黎夏,等. 地理模拟系统:元胞自动机与多智能体[M]. 北京:科学出版社,2007:96-97.

[21] Wolfram S. Statistical Mechanics of Cellular Automata[J]. Review of Modern Physics,1983,55:601-644.

第 3 章

决 策 树

3.1 概 述

决策是指找到策略或者想出办法,反映了对一个特定事件出主意和做出最终决定的过程。决策需要人们经历信息获取、加工和做决定的复杂思维过程,是管理学中的术语。第二次世界大战后,运筹学、计算机科学等学科理论迅速发展,将它们综合应用于管理学中做决策,便形成了一套完整的决策理论体系[1]。拍卖算法、推理系统和决策树都属于典型的决策理论。然而,它们具体使用的决策规则有所不同,拍卖算法是一种不完全信息下的策略,推理系统是根据过去的经验推断出结论。

决策树是决策理论的一个分支,是一种属于监督学习的非参数机器学习方法[2]。通过对训练样例数据进行学习可以得到一棵决策树,该决策树可以对新的样例进行分类。决策树能够表示对象属性和对象值之间的一种映射关系[3],通过对过去的数据进行学习,可以很好地判断将来的情况。相比于其他的机器学习算法,决策树所需基础知识很少,但是构造决策树需要预先知道训练样本的分类结果。总体来说,对于初学者而言,决策树非常容易理解和学习,而且也很容易实现。因此,决策树在众多科学研究中常被用作预测和决策的工具,并且得到广泛应用。

3.2 目 的

决策树以分支的形式直观地表示出问题的全部可选解决方案,以及各个解决方案之间的关系和发生概率。在已知所有可能情况发生的概率的前提下,能够通过构造决策树来求得净现值的期望大于或等于零的概率,这有助于选择最佳方案[4]。

3.2.1 基本术语

决策树基本术语如表 3-1 所示。

表 3-1　决策树基本术语

术　语	解　释
机会损失	最佳决策与当前决策之间损益值的差值,该值永远是非负的
决策节点	对数据样例集合进行属性测试和分类的节点
结果节点	数据样例集合全部是同一类别的节点
状态枝	由决策节点按照属性值产生的分支
属性测试	按照不同属性值对数据样例集合进行分类
泛化能力	由该方法学习到的模型对未知数据的预测能力
过拟合	决策树分支过多,把训练集自身的一些特点当作所有数据都具有的一般性质
预剪枝	在决策树生成过程中,判断若剪掉当前节点不会造成精度下降,则剪掉该节点
后剪枝	在决策树生成后,从下到上依次检验决策节点,当决策节点的划分不能提高验证集精度时,则剪去该决策节点的分支
多变量树	当在决策节点划分数据集时,依据多个属性进行测试训练成的决策树

3.2.2 思维导图

决策树思维导图如图 3-1 所示。

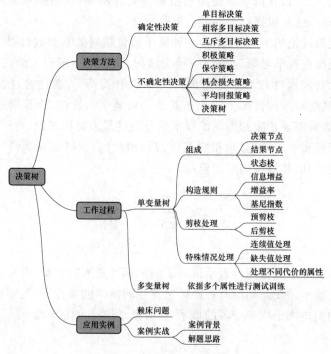

图 3-1　决策树思维导图

3.3 决 策 方 法

决策方法是指决策者充分利用各种已知资源,从不同角度考虑所形成的不同方法。我们从环境因素出发,将决策方法划分为确定性决策和非确定性决策。

3.3.1 确定性决策

生活中有些决策不需要考虑不确定因素的影响,这种决策属于确定性决策,即选择什么样的决策,其所造成的决策结果是确定的。这种决策很少引入决策者的主观因素,因为确定性决策的依据是我们所追求的目标。按照追求目标的特点,确定性决策可以分为单目标决策、相容多目标决策和互斥多目标决策。

1. 单目标决策

单目标决策是指决策的目标是单一的决策。这种决策目标往往很清晰,相对比较容易去作决策。如图 3-2 所示,选择一条从家到学校最近路程的决策,显然该问题中决策结果是确定的。

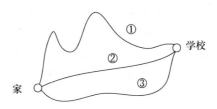

图 3-2 单目标决策示例

2. 相容多目标决策

相容多目标决策是指决策的目标是多个,并且这多个目标之间并不排斥。这种决策并不是寻求单一目标的最佳化,而是综合考虑多个目标以获取最佳决策。比如,一家小服装店选择进购一种款式的衣服,本钱有限、需要快速处理存货并且尽量获取高的收入,该进购哪一种款式的衣服就是一个简单的相容多目标决策。它有三个需要满足的目标,进购这种款式的衣服本钱不能太高,衣服的销量要好,在这基础上收益要高。这三个目标有一定的内在联系,进购低、销量好对收益都有一定的贡献。

3. 互斥多目标决策

互斥多目标决策是指决策过程中要实现的多个目标之间是互斥的,满足一个目标时往往满足不了另一个目标,甚至会对另一个目标的实现产生阻碍作用。这种方法适合用计分模型来决策,通过对不同的目标进行打分,可以在互斥的多目标之间做出选择,选择得分较高的方案。

3.3.2 不确定性决策

不确定性决策往往在实际生活中更加具有实际意义,因为它考虑了不确定因素的影响。下面引出一个例子,后续部分不确定性决策方法将通过这个例子进行讨论。假设有甲、乙和丙三种贷款业务可供选择。甲业务贷款期限为 1 年,利率较低;乙业务贷款期限为 5 年,利率较高;丙业务贷款期限为 20 年,利率较高且固定不变。其中,甲、乙业务的利率是可以变化的,可能升高、降低或者保持稳定,并且我们并不知道利率的变化趋势。这三种业务的每年需还的利率如表 3-2 所示。

表 3-2　三种贷款业务的利率　　　　　　　　　（单位:元）

贷款业务的种类	利率升高	利率稳定	利率降低
甲	56 466	44 654	41 455
乙	54 072	48 910	43 072
丙	51 739	51 739	51 739

1. 积极策略

积极策略的思想是好中取好,在最有利的条件下谋求利益的最大化和损失的最小化。这种策略比较乐观,当目标寻求的是最大化时,如利润,就是要在最好的可能性的条件下选取利润的最大值。当目标寻求的是最小化时,如表 3-2 中的利率,就是要在最好的可能性下选取利率的最小值。因此,在最好的情况下是利率降低,故要在利率降低的条件下从甲、乙、丙三种业务中选取利率最低的业务,即甲业务。

2. 保守策略

保守策略的思想是坏中取好,在最不利的条件下谋求利益的最大化或损失的最小化。这种策略比较保守,它能最大化地规避风险。在表 3-2 中,最不利的条件是利率升高,在这种情况下利率最低的是丙业务。

3. 机会损失策略

机会损失策略也称为最小遗憾策略。这种策略的思想是机会损失最小。所谓机会损失,是指最佳决策与当前决策之间损益值的差值,该值永远是非负的。它能够在一定程度上体现出决策者的遗憾程度。对前面讨论的甲、乙、丙三种贷款业务,我们可以求出每种条件下各个业务选择的损益值如表 3-3 所示,然后在每种方案中选出最大的损益值作为方案的机会损失,然后选取机会损失最小的方案作为最终决策。

表 3-3　机会损失策略　　　　　　　　　（单位:元）

贷款业务的种类	利率升高	利率稳定	利率降低	最大后悔值
甲	0	7 085	10 284	10 284
乙	2 394	2 829	8 667	8 667
丙	4 727	0	0	4 727

故按照机会损失策略应该选择丙业务。

4. 平均回报策略

平均回报策略的思想是假设每种不确定情况是等可能发生的。很明显这种策略实用性不强,但是在不知道每种不确定性情况发生的概率下也不失为一种决策策略。如表 3-4 所示,求出每种方案的平均回报后,选择最符合决策者利益的决策方案。

表 3-4　平均回报策略　　　　　　　　　　（单位:元）

贷款业务的种类	利率升高	利率稳定	利率降低	平均回报
甲	56 466	44 654	41 455	47 525
乙	54 072	48 910	43 072	48 685
丙	51 739	51 739	51 739	51 739

故按照平均回报策略应该选择甲业务。

5. 决策树

决策树算法于 1966 年被提出,采用自顶向下的递归方法构造一颗熵值下降最快的树,它能够有效地处理不确定性决策问题[5],它以可视化的形式处理各种复杂的分类数据。决策树本质上是一种分治策略,自从恺撒将一个复杂的问题(如高卢人问题)分解成一组简单的问题以来,分治一直被作为一种启发式方法被频繁调用。在计算机科学中,频繁地使用树将复杂度从线性降低到对数时间,大大地降低了时间复杂度[1]。与前面的不确定性策略相比,决策树的优势还在于不引入或者很少引入决策者的主观因素,完全凭借给定的训练样本数据来构成一种决策规则。实际应用中遇到的问题多是不确定性问题,决策树以不引入主观因素的特点得到了广泛认可,被逐渐推广到各个应用领域解决分类问题。

在 3.4 节中,我们将详细讲述决策树算法,包括决策树的组成、构造、优化以及特殊情况的处理。

3.4　理论和实例

3.4.1　原理

1. 决策树的组成

决策树一般主要由决策节点、结果节点和状态枝三部分构成。决策节点是对训练样例或测试样例按照某种属性进行测试和分类,该属性的属性值对应该属性的状态,状态枝就是各个属性值所在的分支。最顶端的决策节点是首个被用于属性测试的节点,所以又称为根节点。结果节点是最终的决策,在树状网络中是处于最末端的节点,所以又称为叶子节点。各种资料对决策节点和叶子节点的表示可能不太一样,在本书中我们规定用矩形框表示决策节点,用椭圆框表示结果节点。需要说明的是,决策树并非都是纵向展开的,也有横向展开的[6]。图 3-3 所示为一个不用剖开就判断西瓜是好瓜还是坏瓜的一棵决策树组成示例[7]。

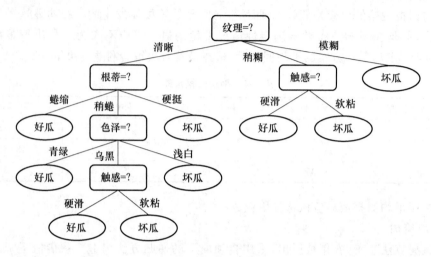

图 3-3 决策树组成示例

2. 决策树构造规则

在决策树的学习过程中,要解决的第一个重要问题是决策树的构造,即给定一堆样本数据,怎么训练出一棵决策树,而且训练好的决策树能够对新的数据进行较好的分类和决策。

具体而言,要构造一棵决策树需要解决两个子问题。第一,数据的划分。我们该如何选择合适的属性作为决策节点中数据的划分依据。第二,数据的归类。对划分好的数据我们应该怎样进行分类。值得注意的是,决策树网络中往往含有多个决策节点,这意味着对给定的样本数据只进行一次划分往往是不够的。因此,我们需要对样本数据进行多次逐级划分,并且我们认为当划分后的分支中所有数据只包含一种分类时,我们就认为划分工作完成,并将该分支中的数据组成结果节点和将类别标记为该种分类。

于是,决策树构造中最重要的问题是数据的划分。划分的目的是我们希望划分后能够对数据进行快速和准确的分类。这体现在我们对数据的划分次数应该尽量少并且每次划分尽量做到把数据的结果类别划分清楚[8],即划分后的纯度要高[7]。表征事物的纯度和混乱程度可以很容易让我们联想到"信息熵""信息增益"和"基尼指数"的概念。因此,下面我们分别以"信息增益""信息增益率"和"基尼指数"为指标讨论对决策节点中的数据进行划分。

(1)信息增益

"信息增益"与"信息熵"密切相关。我们先把"信息熵"的概念引入到决策树的概念中来。假设给定数据集合 $D = \{d_1, d_2, d_3, \cdots, d_w\}$,其中 $d_i(i = 1, \cdots, w)$ 是集合 D 中含有的训练样例,每个样例都有若干个属性和一个确定的分类类别,并且这些属性和分类类别具体的值都是已知的。数据集合 D 关于类别的信息熵如下:

$$\text{Ent}(D) = -\sum_{n=1}^{m} p_n \log_2 p_n \tag{3-1}$$

其中,m 是数据集合 D 中的分类类别总个数,$p_n(n = 1,\cdots,m)$ 是第 n 个类别在该集合中所占的比例。

信息增益是针对某一个具体的属性而言的,假设属性 a 有 b 个可能的取值 $\{a^1,a^2,a^3,\cdots,a^b\}$,则按照该属性划分某决策节点中的数据后将产生 b 个状态分支,每个状态分支又单独构成了一个子数据集合 $D^v(v = 1,2,3,\cdots,b)$。我们用 $|D|$ 和 $|D^v|$ 分别表示对应集合中数据样例的个数。"增益"往往表示的是一个差值,因此采用属性 a 对数据集合 D 划分后的信息增益如下:

$$\text{Gain}(D,a) = \text{Ent}(D) - \sum_{v=1}^{b} \frac{|D^v|}{|D|}\text{Ent}(D^v) \tag{3-2}$$

该值越大,表示划分后"纯度提升越大"[7]。因此,在对决策节点中数据划分的属性选择上,我们应该选择信息增益值最大的属性作为该决策节点数据的最佳划分依据,这就是信息增益准则。

（2）信息增益率

对于那些属性值数目较多的属性,其信息增益往往较大[7],决策树的泛化能力将受到影响。为了减小决策树对属性值较多的属性有所偏好这一影响,我们使用"信息增益率"取代"信息增益"来作为划分依据。信息增益率定义如下:

$$\text{Gain\_ratio}(D,a) = \frac{\text{Gain}(D,a)}{\text{IV}(a)} \tag{3-3}$$

其中,

$$\text{IV}(a) = -\sum_{v=1}^{V} \frac{|D^v|}{|D|}\log_2 \frac{|D^v|}{|D|} \tag{3-4}$$

称为属性 a 的"固有值"。信息增益率准则的思想是当属性含有的属性值较多时,这个属性的固有值就会较大,进而使信息增益率较低。因此,增益率准则对属性值较少的属性有所偏好。

（3）基尼指数

除使用信息增益外,基尼指数同样可以用来表征数据集的纯度,进而作为决策节点中数据的划分依据。数据集 D 的基尼值如下:

$$\text{Gini}(D) = \sum_{n=1}^{m}\sum_{k \neq n} p_n p_k = 1 - \sum_{n=1}^{m} p_n^2 \tag{3-5}$$

它所表示的意义是随机从数据集 D 中抽取两个数据样例,这两个样例类别不相同的概率[7]。该值越小,表明数据集中的样例类别大概率保持一致,即数据集的纯度越大。数据集 D 中某一特定的属性的信息增益如下:

$$\text{Gini\_index}(D,a) = \sum_{v=1}^{b} \frac{|D^v|}{|D|}\text{Gini}(D^v) \tag{3-6}$$

我们应该选择基尼指数最小的属性作为决策节点中数据的最佳划分依据。

3. 决策树的剪枝处理

按照信息增益准则和基尼指数,由训练集数据可以直接构造决策树,但是当数据集较多时,使用直接构造出的决策树过程中往往会效率不高。对于机器学习来讲,算法的运行效率是人们十分关注的问题,因为这些算法在使用时往往数据量非常庞大,有时往往达到成千上万的数据集。决策树影响决策效率的原因是决策树生成机制在训练过程中往往过于充分,即存在"过拟合"的问题。因此,我们对决策树进行剪枝处理,按照剪枝是发生在决策树生成中还是生成后,可以将剪枝分为"预剪枝"和"后剪枝"[9]。

（1）预剪枝

在构建一个新的决策树分支之前,首先判断当前节点能否继续进行分裂,若当前节点的训练实例数小于训练集的某个百分比(如 5%),那么无论纯度高低,该节点都不适合进行进一步的分裂。若样例数目正常,则判断剪枝是否会造成分类精度的下降,只要精度不下降,就可以进行预剪枝,这一过程是自顶部的根节点逐层向下进行的。

预剪枝不仅能够降低训练的时间复杂度,还能降低过拟合的风险。其原理是:若我们选用了实例较少的节点作为决策树的一个节点,会导致结果出现较大的方差,因此带来了较大的泛化误差,对于尚未划分的测试样本适应能力不够好,性能差。预剪枝操作简单、效率较高,适用于大规模分类问题,但是存在欠拟合的风险[10]。在后续章节的实例中,我们将结合例子进一步介绍预剪枝的操作过程。

（2）后剪枝

后剪枝是在完整的决策树得到之后进行的处理,先让决策树增长到所有的树叶都是纯的,然后检查导致过拟合的子树并剪掉,它从底向上逐层检验每个决策节点是否需要剪枝。若剪掉某一分支能够增加精度,那么剪掉该节点。由于后剪枝是在决策树完全训练完毕后再进行的,所以采用后剪枝策略生成的决策树算法时间开销往往较大,但是它往往比预剪枝策略会保留更多的分支,对决策树泛化性能影响较小。值得注意的是,为了寻求模型的最佳化,我们可以同时使用"预剪枝"和"后剪枝"两种剪枝策略[7]。后续章节也会结合实例来详细描述后剪枝的操作过程。

4. 决策树的特殊情况处理

（1）连续值处理

我们在前面讨论的决策树的构造都是假定训练样例数据的属性值是有限个,这样在决策节点采用的属性进行划分后很容易划分出相应有限个数量的状态枝。而在实际应用中,我们不可避免地要遇到数据属性值是连续的情况,而且有时候这种具有连续属性值的属性在决策树的训练还起着举足轻重的作用,我们必须利用好这种属性。决策树主要处理的是离散性变量属性,对于连续性变量必须要先经过连续值处理变为离散性变量后才能被学习[11]。作为变量的针对连续值属性的需要,属性连续值的处理十分有必要。

连续值处理的思想是先找到若干个离散值,这些值将具有连续值的属性划分为若干段,处于同一个数据段上的数值可以看作一个共同的属性值,这样就能用有限个离散输出来代表属性的连续值。为了将连续值处理后能够与有限取值的属性保持照应,即在选择决策节点的最优属性时,都需要计算出以各个属性为划分依据时的信息增益,我们需要重点讨论和解决以下两个子问题。第一,将连续值进行分段的若干个离散值怎么找?第二,连续值处理后的属性信息增益怎么求?

我们以最常见也是最简单的"二分法"[7]为例来讨论对属性的连续值处理。在这种方法中,上述两个子问题其实可以归结为一个,即如何去找将连续值进行分段的若干个离散值,依据是采用这些离散值能够使连续值处理后的属性信息增益最大。假设 A 是具有连续值的属性,尽管属性 A 的取值是连续的,但是由于训练数据集 D 中的训练样例肯定是有限个,我们假设是 l 个,那么在数据集 D 中属性 A 的取值也一定是 l 个。我们首先对这 l 个数据从小到大进行排序 $\{A^1, A^2, A^3, \cdots, A^l\}$。然后求得这些相邻属性值的平均数集合 $T = \{T^1, T^2, T^3, \cdots, T^{l-1}\}$。其中 $T^i = \dfrac{A^i + A^{i+1}}{2} (1 \leqslant i \leqslant l-1)$。对于每个 T^i 来说,都将训练集数据分为两个子集 D_t^+ 和 D_t^-。两个子集中的正例和反例占比都应该是已知的,我们可以计算出它们的信息熵,并且 D_t^+ 和 D_t^- 所占训练数据集 D 的权重也是已知的。那么我们可以得出以 T^i 作为离散值对属性的连续值处理和划分后的信息增益。我们规定这些信息增益值中的最大值就为该属性连续值处理和划分后最终的信息增益:

$$\text{Gain}(D, A) = \max_{t \in T} \{ \text{Ent}(D) - \sum_{\lambda \in \{-, +\}} \frac{|D_t^\lambda|}{D} \text{Ent}(D_t^\lambda) \} \tag{3-7}$$

此时的 T^i 为该属性连续值处理的最佳划分点。属性连续值处理后变为只有两个输出值,即属性 A 的值小于 T^i 和属性 A 的值大于或等于 T^i。需要说明的是,连续值属性在一个决策节点判断之后仍可以在其子分支上继续判断。

同理,属性的连续值处理成三个及以上参照二分法的过程可以得出来。

(2)缺失值处理

在实际应用中,某些样例数据的属性值由于某种原因获取不到或者获取到的属性值会丢失,导致数据集中的属性值出现部分缺失。这种属性值缺失的问题在生活中很常见。比如,银行根据人们的资产情况进行决策,以决定是否同意为客户提供贷款服务,医生根据患者家族遗传病史来决策是否患某种疾病,等等。像这种涉及个人隐私的数据,我们往往不能够保证每个数据样例都能够得到该属性值。倘若将属性值缺失的样例数据从数据集中舍弃,可能对训练集产生较大影响。比如,对于实例中表 3-8 含有缺失值的数据集,如果直接去掉属性值缺失的数据样例,则 15 个训练样例只有 4 个能用于训练生成决策树,这显然是对数据的极大浪费。因此,对于属性缺失值的处理在实际应用中很有必要。

顺着前面生成决策树讨论的思路,对于属性缺失值处理的问题,我们很容易想到需要解决以下两个子问题。第一,当这些属性的属性值部分缺失时,如何计算该属性的信息增益?第二,在决策节点中数据的划分属性选定后,对于该属性缺失的数据样例应该如何分支,即该数据样例应进到哪一个状态分支中?属性缺失值问题处理的思想是:对于如何计算信息增益的问题,通过引入权重,即该属性中无缺失值的数据样例个数与整个数据集中样例个数的比值。先计算该属性无缺失值的数据样例的信息增益,然后该信息增益值乘以权重得出该属性在整个数据集中的信息增益。对于数据如何划分的问题,属性值无缺失的数据样例按照状态分支进行划分,属性值存在缺失的数据需要划分到该决策节点的各个状态分支中。

下面我们对属性缺失值问题进行详细讨论。假定给定训练数据集 D 和属性 A,数据集 D 中属性 A 的值不缺失的数据样例构成数据子集 $\tilde{D}$,则权重 $\rho = \dfrac{|\tilde{D}|}{|D|}$。属性 A 的可能取值有 $\{A^1, A^2, A^3, \cdots, A^b\}$,共 b 个。按照属性的不同取值将数据子集 $\tilde{D}$ 分为 $\{\tilde{D}^1, \tilde{D}^2,$

$\widetilde{D^3}, \cdots, \widetilde{D^b}$}等若干个子集。该属性在无缺失值的数据样例中的信息增益为

$$\text{Gain}(\widetilde{D}, A) = \text{Ent}(\widetilde{D}) - \sum_{v=1}^{b} \frac{\widetilde{D^v}}{|\widetilde{D}|} \text{Ent}(\widetilde{D^v}) \tag{3-8}$$

该属性在整个训练样例中的信息增益为

$$\text{Gain}(D, A) = \rho \times \text{Gain}(\widetilde{D}, A) \tag{3-9}$$

需要特别指出的是,按照属性 A 划分根节点后,需要把属性值 A 缺失的训练样例划分到由该属性作为依据划分后的各个分支中,并且每个属性值缺失的样例在同一分支中的权重相等,等于该分支中属性值不缺失的样例的个数与划分后所有分支中不确实样例总个数的比值。假设缺失值样例在按照属性 A 划分后在其各个分支中的权重分别为 ω_1,$\omega_2, \cdots, \omega_n$,无缺失值的样例权重为 1。

我们以第一个分支为例,继续选用属性 B 对由根节点划分得到的训练样例子集 D^1 继续划分,属性 B 中定义训练集合 $\widetilde{D^1}$ 为 D^1 在属性 B 上无缺失的集合,并且在 $\widetilde{D^1}$ 中正例和反例占比为 $\widetilde{p_1}$ 和 $\widetilde{p_2}$。按属性 B 将 $\widetilde{D^1}$ 划分后得到子集 $\widetilde{D^{11}}$、$\widetilde{D^{12}}$ 和 $\widetilde{D^{13}}$,并且它们分别占 $\widetilde{D^1}$ 的权重 $\widetilde{r_1}$、$\widetilde{r_2}$ 和 $\widetilde{r_3}$。为此我们在考虑缺失值样例的权重后可以计算:

$$\rho = \frac{\sum_{x \in \widetilde{D^1}} \omega_x}{\sum_{x \in D^1} \omega_x} \tag{3-10}$$

D^1 中正例和反例占比为 $\widetilde{p_1}$ 和 $\widetilde{p_2}$ 为

$$\widetilde{p_1} = \frac{\sum_{x \in \widetilde{D^a}} \omega_x}{\sum_{x \in \widetilde{D^1}} \omega_x} \tag{3-11}$$

$$\widetilde{p_2} = \frac{\sum_{x \in \widetilde{D^\beta}} \omega_x}{\sum_{x \in \widetilde{D^1}} \omega_x} \tag{3-12}$$

其中,$\widetilde{D^a}$ 和 $\widetilde{D^\beta}$ 为 $\widetilde{D^1}$ 中的正例和反例集合。D^1 在属性 B 上无缺失的集合 $\widetilde{D^1}$ 信息熵为

$$\text{Ent}(\widetilde{D^1}) = -\sum_{n=1}^{2} \widetilde{p_k} \log_2 \widetilde{p_k} \tag{3-13}$$

类似地,可求出 $\text{Ent}(\widetilde{D^{11}})$、$\text{Ent}(\widetilde{D^{12}})$ 和 $\text{Ent}(\widetilde{D^{13}})$。权重 $\widetilde{r_1}$、$\widetilde{r_2}$ 和 $\widetilde{r_3}$ 为

$$\widetilde{r_v} = \frac{\sum_{x \in \widetilde{D^{1v}}} \omega_x}{\sum_{x \in \widetilde{D^1}} \omega_x} \quad (v = 1, 2, 3) \tag{3-14}$$

然后,可计算出

$$\text{Gain}(\widetilde{D^1}, B) = \text{Ent}(\widetilde{D^1}) - \sum_{v=1}^{3} \widetilde{r_v} \text{Ent}(\widetilde{D^{1v}}) \tag{3-15}$$

最后根据式(3-9)算得 $\text{Gain}(D^1, B)$。

(3)处理不同代价的属性

在我们前面所讨论中,所有样例中的属性并没考虑其获取代价。在实际中,样例属性值的获取往往需要付出一定的代价,我们更加倾向于生成的决策树对某些代价较高的

属性具有较低的依赖,即在满足一定精度的条件下,尽量不选用代价较高的属性作为划分依据[12]。

为此,我们可以对信息增益准则稍加改进:

$$\frac{\text{Gain}(D,A)}{\text{cost}(A)} \tag{3-16}$$

用该属性的信息增益除以获取该属性的代价值来代替信息增益,这样当代价较大的时候会使改进后的依据值向小的方向趋近。值得注意的是,这种形式是在训练决策树时考虑不同属性的代价的一种思路,其形式往往是多样的,例如还可以有下面这种形式[2]:

$$\frac{2^{\text{Gain}(D,A)}-1}{\cos t(A)^{\omega}}, \quad \omega \in [0,1] \tag{3-17}$$

实际中往往根据需要构造或选择不同形式。

5. 多变量树

在前面所讨论的决策树理论中,决策节点划分数据集时所依据的是对单个属性进行测试,这种决策树称为单变量决策树。类似地,当在决策节点划分数据集时依据多个属性进行测试训练成的决策树称为多变量决策树[13]。

当训练数据集较大时,单变量决策树已经能够实现较好的分类和决策,那么我们讨论多变量决策树的必要之处是什么呢?这是考虑到训练好的决策树在对大量数据进行分类和决策时的时间开销依然非常大,而将单变量决策树扩展到多变量后能够显著降低这种开销。我们以只需判断两种属性的决策树为例来说明上述问题。一个根据身高和体重来判断是男生还是女生的一棵简单决策树,如图 3-4 所示。

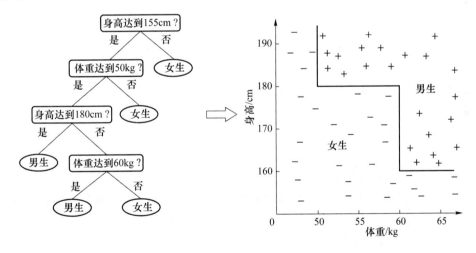

图 3-4 两个属性作为决策依据时的决策树与坐标平面的对应

这棵决策树对数据样例的分类可以直观地在坐标平面上表示,我们以两个属性值为坐标轴建立平面直角坐标系,可以发现决策树中 4 个决策节点正好对应坐标平面中的 4 条直线。对于依据两个属性进行决策的决策树,实际上对数据的分类就是在坐标平面中去划分坐标点的界限。

图 3-4 所示的划分都是直线,与实际应用决策树的分类规则有较大区别,具有很大

的局限性。更一般地,决策树对应坐标平面中去划分坐标点的界限应该是斜线,如图 3-5 虚线所示,以 3 条斜线可以较好地代替 9 条直线对数据的分类。相应地,决策树中的决策节点的个数从 9 减少至 3,这大大地降低了决策树的测试时间开销。因此对于多变量决策树的研究十分具有现实意义。需要补充说明的是,当决策树按照多个属性划分时,对应在立体多维空间中对数据的分类。

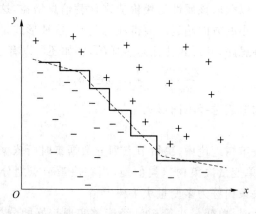

图 3-5　坐标平面对数据更加一般的分类

3.4.2　实现

决策树的训练过程伪码如下所示。

决策树训练伪码

输入:训练集 D
输出:由训练集 D 训练而成的一棵决策树
过程:
for 训练集 D 或其子集 D^v 　do
　　生成节点 Node 或 Node_i
　　找出节点 Node 或 Node_i 的最优划分属性 $a*$
　　对含训练样例 D 或其子集 D^v 的节点 Node 或 Node_i 按照 $a*$ 划分为含有 $D^1, D^2,$
$D^3, \cdots, D^v$ 的节点 $\text{Node}_1 , \text{Node}_2 , \text{Node}_3 , \cdots, \text{Node}_i$
　　if D^i 中所有样例类别相同　then
　　　　将 Node_i 标记为 D^i 中样例数最多的类别　return
　　end if
　　if $D^i = \varnothing$　then
　　　　将 Node_i 标记为 D 中样例数最多的类别　return
　　end if
end for

3.4.3 实例

1. 题目描述

每天早上醒来我们面临的第一个决策是"要不要赖床"。在进行决策时,我们的大脑往往会进行一系列的子决策。比如,我们先看"现在几点了",如果是"5点多",我们再看"目前的精神状态",如果是"很困",我们再看"今天要完成任务的重要程度",如果是"不重要",我们就可以得出结果"选择赖床"。这个"要不要赖床"的简单决策树如图 3-6 所示[14]。

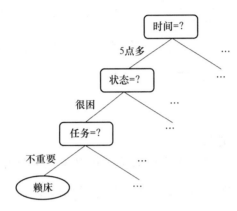

图 3-6 "要不要赖床"的简单决策树

实际上,要不要选择赖床取决于众多因素,比如醒来的时间、目前的精神状态、今天要完成的任务、今天是假期还是工作日以及室外的天气状况等。在醒来的时间过早、目前的精神状态依然很困、今天任务不是很重要、今天是假期、外面刮大风或者下雨等情况下,我们会更加倾向于选择赖床。

2. 数据集介绍

下面我们以表 3-5 所示早上起床习惯数据集 D 为例,学习生成一棵"要不要赖床"的决策树。该数据集中有 15 个训练样例,前 8 个为正例,即选择赖床,后 7 个为反例,即选择不赖床。"时间""状态""任务""日期""天气"为属性,"类别"为决策输出,属性和决策输出各有若干个值,分别为属性值和决策结果。在决策树学习的过程中,决策节点对属性进行"测试",产生新的决策节点或者叶子节点,决策结果就包含在叶子节点中。

表 3-5 早上起床习惯数据集

编 号	时 间	状 态	任 务	日 期	天 气	类 别
1	5点多	很困	很重要	工作日	雨	赖床
2	6点多	很困	不重要	工作日	晴	赖床
3	6点多	很困	较重要	假期	晴	赖床
4	5点多	较困	较重要	假期	雨	赖床
5	7点多	很困	不重要	假期	风	赖床

编 号	时 间	状 态	任 务	日 期	天 气	类 别
6	5点多	较困	不重要	工作日	雨	赖床
7	7点多	较困	不重要	假期	雨	赖床
8	6点多	较困	不重要	假期	晴	赖床
9	6点多	不困	不重要	工作日	晴	不赖床
10	6点多	不困	很重要	工作日	雨	不赖床
11	7点多	很困	很重要	假期	风	不赖床
12	7点多	不困	不重要	假期	风	不赖床
13	5点多	较困	很重要	工作日	雨	不赖床
14	7点多	较困	较重要	假期	晴	不赖床
15	6点多	不困	较重要	假期	晴	不赖床

3. 解题思路

(1) 生成决策树

我们使用信息增益准则来生成决策树。

首先,计算根节点的信息熵,15 个训练样例中,决策结果只有两种,所以 $m=2$,并且正例占比 $p_1=\frac{8}{15}$,反例占比 $p_2=\frac{7}{15}$。因此,根节点的信息熵为

$$\text{Ent}(D)=-\sum_{n=1}^{2} p_n \log_2 p_n =-\left(\frac{8}{15}\log_2\frac{8}{15}+\frac{7}{15}\log_2\frac{7}{15}\right)=0.997 \quad (3-18)$$

其次,我们需要分别计算出"时间""状态""任务""假期""天气"等每个属性在训练样例集合 D 上的信息增益,选择信息增益值最大的属性来作为该决策树根节点的划分依据。以属性"时间"为例,使用该属性作为根节点的划分依据则可得到 3 个子集:D^1(时间=5 点多),D^2(时间=6 点多),D^3(时间=7 点多)。

子集 D^1(时间=5 点多)中,包含样例{1,4,6,13},共 4 个,其中类别为"赖床"的占比 $\frac{3}{4}$,类别为"不赖床"的占比 $\frac{1}{4}$;子集 D^2(时间=6 点多)中,包含样例 {2,3,8,9,10,15},共 6 个,其中类别为"赖床"的占比 $\frac{3}{6}$,类别为"不赖床"的占比 $\frac{3}{6}$;子集 D^3(时间=7 点多)中,包含样例 {5,7,11,12,14},共 5 个,类别为"赖床"的占比 $\frac{2}{5}$,类别为"不赖床"的占比 $\frac{3}{5}$。于是由属性"时间"作为根节点划分依据所获得的 3 个分支节点的信息熵分别如下:

$$\text{Ent}(D^1)=-\left(\frac{3}{4}\log_2\frac{3}{4}+\frac{1}{4}\log_2\frac{1}{4}\right)=0.811 \quad (3-19)$$

$$\text{Ent}(D^2)=-\left(\frac{3}{6}\log_2\frac{3}{6}+\frac{3}{6}\log_2\frac{3}{6}\right)=1.000 \quad (3-20)$$

$$\text{Ent}(D^3)=-\left(\frac{2}{5}\log_2\frac{2}{5}+\frac{3}{5}\log_2\frac{3}{5}\right)=0.971 \quad (3-21)$$

所以属性"时间"在训练样例集合 D 上的信息增益为

$$\text{Gain}(D, 时间) = \text{Ent}(D) - \sum_{v=1}^{3} \frac{|D^v|}{|D|}\text{Ent}(D^v)$$
$$= 0.997 - \left(\frac{4}{15} \times 0.811 + \frac{6}{15} \times 1.000 + \frac{5}{15} \times 0.971\right)$$
$$= 0.057 \tag{3-22}$$

同理可计算出其他属性在训练样例集合 D 上的信息增益为

$$\text{Gain}(D, 状态) = 0.389 \tag{3-23}$$
$$\text{Gain}(D, 任务) = 0.111 \tag{3-24}$$
$$\text{Gain}(D, 日期) = 0.002\,4 \tag{3-25}$$
$$\text{Gain}(D, 天气) = 0.046\,2 \tag{3-26}$$

按照信息增益准则,我们应该选择属性"状态"来作为根节点的划分依据,划分结果如图 3-7 所示。

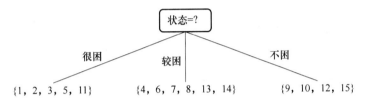

图 3-7 选择属性"状态"作为根节点的划分属性

进一步,我们还需要分别对由根节点划分出的三个分支继续选择合适的属性进行划分。以图 3-7 中左侧分支为例,该分支实际上由子集 D^1(状态=很困) = $\{1,2,3,5,11\}$ 共 5 个样例组成。我们需要在剩下的属性集合{时间,任务,日期,天气}中选出最佳的划分属性,作为该节点的划分依据。子集 D^1(状态 = 很困) = $\{1,2,3,5,11\}$ 中,类别为"赖床"的占比 $\frac{4}{5}$,类别为"不赖床"的占比 $\frac{1}{5}$,该节点的信息熵为

$$\text{Ent}(D^1) = -\sum_{n=1}^{2} p_n \log_2 p_n = -\left(\frac{4}{5}\log_2\frac{4}{5} + \frac{1}{5}\log_2\frac{1}{5}\right) = 0.722 \tag{3-27}$$

若以"时间"作为划分属性,则可将 D^1 分成 3 个子集:D^{11}(时间=5 点多) = $\{1\}$,类别为"赖床"的占比 1,类别为"不赖床"的占比为 0;D^{12}(时间=6 点多) = $\{2,3\}$,类别为"赖床"的占比为 1,类别为"不赖床"的占比为 0;D^{13}(时间=7 点多) = $\{5,11\}$,类别为"赖床"的占比 $\frac{1}{2}$,类别为"不赖床"的占比 $\frac{1}{2}$。由属性"时间"作为划分依据获得 3 个分支节点的信息熵分别如下:

$$\text{Ent}(D^{11}) = 0 \tag{3-28}$$
$$\text{Ent}(D^{12}) = 0 \tag{3-29}$$
$$\text{Ent}(D^{13}) = 1 \tag{3-30}$$

属性"时间"的信息增益为

$$\text{Gain}(D^1, 时间) = \text{Ent}(D^1) - \sum_{v=1}^{3} \frac{|D^v|}{|D|}\text{Ent}(D^v) = 0.722 - \frac{2}{5} \times 1 = 0.322$$
$$\tag{3-31}$$

同理可计算出其他属性的信息增益为

$$\text{Gain}(D^1,\text{任务})=0.322 \tag{3-32}$$

$$\text{Gain}(D^1,\text{日期})=0.171 \tag{3-33}$$

$$\text{Gain}(D^1,\text{天气})=0.322 \tag{3-34}$$

值得注意的是,"时间""任务""天气"3个属性信息增益相同且取得了最大值,可任选其中之一作为划分属性[7],这里选择"时间"作为最佳划分依据。

类似地,重复上述步骤对剩下以及新出现的决策节点进行划分,直至出现某一个样例集合中只有正例样例或只有反例样例,并将其标记为叶子节点。最终可以得到图3-8所示的完整决策树。其中,在"状态=很困,时间=7点多,任务=较重要"的数据集以及"状态=较困,任务=较重要,时间=6点多"的数据集都为空集,于是应该将其分别标记为"状态=很困,时间=7点多"的集合和"状态=较困,任务=较重要"的集合中样例最多的类别[7],若样例集合中正反样例类别数目一样多,则任选其一即可,于是都标记为"赖床"。

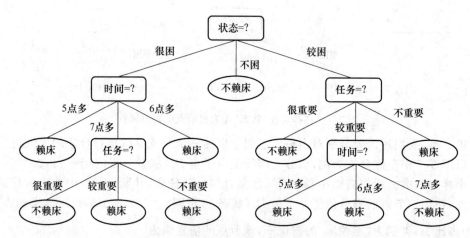

图 3-8　由早上起床习惯数据集训练而成的决策树

上面我们已经按照信息增益准则从训练样例数据训练了一棵决策树。如果知道某天起床时候的各个属性值,我们便可以按照已经训练好的决策树对该天早上是起床还是赖床进行预测,并且我们有很大可能性是预测成功的。

但是,值得注意的是,采用信息增益准则来训练决策树时,属性值较多的属性其信息增益往往较大。比如,倘若将表3-5起床习惯数据集"编号"也作为一个属性来训练决策树时,以属性"编号"作为根节点划分依据时在训练样例集合 D 上的信息熵为0.997,且为最大,我们将得到图3-9所示的决策树。

出现这样的情况是因为训练数据中每个编号都不一样,这样划分后的结果纯度已经达到最大,即不是正例就是反例。信息增益值达到最大,等于训练集中数据的信息熵。这样的决策树不具有泛化能力,显然是不适用的。

为了降低对属性值多和属性值少偏好的影响,一种思想是不直接选择增益率最大的候选划分属性,而是先从候选划分属性中找出信息增益高于平均水平的属性,再从中选择增益率最高的作为属性的划分依据[5]。

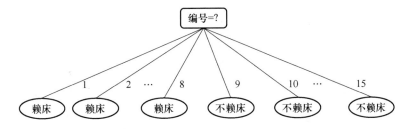

图 3-9　将编号作为属性训练后得到的决策树

（2）剪枝处理

下面，我们来讨论决策树的剪枝问题。

讨论决策树的剪枝问题需要有一定的数据作为验证集，在这里我们并不采用表 3-5 中全部数据来训练生成决策树，而是留出一部分作为验证集。训练集和验证集的数据如表 3-6 所示。

表 3-6　用于讨论剪枝问题的数据样例

训练样例						
编　号	时　间	状　态	任　务	日　期	天　气	类　别
1	5 点多	很困	很重要	工作日	雨	赖床
4	5 点多	较困	较重要	假期	雨	赖床
5	7 点多	很困	不重要	假期	风	赖床
8	6 点多	较困	不重要	假期	晴	赖床
9	6 点多	不困	不重要	工作日	晴	不赖床
11	7 点多	很困	很重要	假期	风	不赖床
13	5 点多	较困	很重要	工作日	雨	不赖床
15	6 点多	不困	较重要	假期	晴	不赖床
验证样例						
编　号	时　间	状　态	任　务	日　期	天　气	类　别
2	6 点多	很困	不重要	工作日	晴	赖床
3	6 点多	很困	较重要	假期	晴	赖床
6	5 点多	较困	不重要	工作日	雨	赖床
7	7 点多	较困	不重要	假期	雨	赖床
10	7 点多	很困	很重要	假期	风	赖床
12	6 点多	不困	很重要	工作日	雨	不赖床
14	7 点多	不困	不重要	假期	风	不赖床
16	7 点多	较困	较重要	假期	晴	不赖床

对表 3-6 中的训练集数据采用信息增益准则可以生成一棵决策树，如图 3-10 所示。（其中，"状态＝很困，时间＝6 点多"为空集；"状态＝很困，时间＝7 点多，任务＝较重要"为空集。）

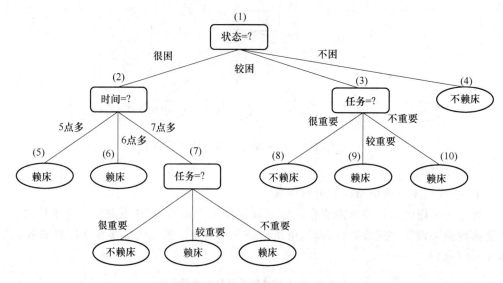

图 3-10 由训练集生成的决策树

我们来考虑节点(1)。在未采用图 3-10 中根节点属性"状态"划分之前,所有验证样例{2,3,6,7,10,12,14,16}应该标记为训练样例中数量最多的类别。因为节点(1)所含训练样例集合为{1,4,5,8,9,11,13,15},其中类别为"是"占比$\frac{4}{8}$,类别为"否"占比$\frac{4}{8}$,故可以任选其一"赖床"来标记验证样例。所以,验证样例{2,3,6,7,10}分类正确,验证样例{12,14,16}分类错误。所以验证集精度为$\frac{5}{8}=62.5\%$。在采用图 3-10 中根节点属性"状态"划分时,节点(2)、(3)和(4)分别包含训练样例集合{1,5,11}、{4,8,13}和{9,15}。节点(2)含有验证样例集合{2,3,10},节点(3)含有验证样例集合{6,7,16},节点(4)含有验证样例集合{12,14}。三个节点都标记为其训练样例最多的类别。所以,节点(2)和(3)都标记为"赖床",节点(4)标记为"不赖床"。所以,验证样例{2,3,6,7,10,12,14}分类正确,验证样例{16}分类错误。所以验证集精度为$\frac{7}{8}=87.5\%>62.5\%$。于是,用节点(1)产生的分支应该保留。

我们来考虑节点(2)。在未采用图 3-10 中节点(2)进行划分时,验证样例集合{2,3,10}都将标记为该节点训练样例最多的类别。因为节点(2)包含训练样例集合{1,5,11}中最多的类别为"赖床",所以将所有验证样例标记为"赖床"。所以验证样例{2,3,10}全部分类正确。所以验证集精度在节点(2)进行划分后必然不能再有所提高。于是,节点(2)不用展开。

我们来考虑节点(3)。在未采用图 3-10 中节点(3)进行划分时,验证样例集合{6,7,16}都将标记为该节点训练样例最多的类别,节点(3)含有的训练样例为{4,8,13},故标记为"赖床"。所以验证样例{6,7}分类正确,验证样例{16}分类错误。在采用图 3-10 中节点(3)进行划分时,节点(8)、(9)和(10)分别包含训练样例集合{13}、{4}和{8}。节点(8)含有验证样例集合为空集,节点(9)含有验证样例集合为{16}和节点(10)含有验证样例集合为{6,7}。于是,验证样例{6,7}分类正确,验证样例{16}分类错误,用节点(3)产生划分后,验证精度不变,故节点(3)不用展开。

最后,对生成的决策树经过预剪枝后如图 3-11 所示。

图 3-11　基于预剪枝生成的决策树

从图 3-11 可以看出,采用预剪枝策略后有些展节点没有开,这显然降低了决策树的泛化性能,但是这样可以降低过拟合的风险、降低决策树对数据集的训练和验证时间。

我们再来讨论后剪枝。后剪枝是在一棵完整的决策树训练完以后,从决策树中最下面的节点开始考虑要不要剪枝。图 3-10 决策树的验证集精度为 $\frac{6}{8}=75\%$。

对于图中的节点(7),当把该节点分支剪除时,则相当于把该节点替换成叶子节点。因为节点(7)所含训练样例集合为{5,11},正例反例占比各占 $\frac{1}{2}$,所以可将替换成的叶子节点标记为"赖床"。则验证样例{10}由未剪枝后的分类错误转变为采用后剪枝后的分类正确。此时验证集精度提高为 $\frac{7}{8}=87.5\%$,于是,采用后剪枝策略应当对其进行剪枝。

对于图中的节点(2),其含有的验证样例为{2,3,10},训练样例为{1,5,11}。因为训练集中正例占比 $\frac{2}{3}$,反例占比 $\frac{1}{3}$,所以后剪枝时可将替换成的叶子节点标记为"赖床"。此时验证集精度仍为 $\frac{7}{8}=87.5\%$,相比剪枝前没有变化,故不对该节点进行剪枝。

对于图中的节点(3),其含有的验证样例为{6,7,16},训练样例为{4,8,13}。因为训练集中类别为"赖床"占比 $\frac{2}{3}$,类别为"不赖床"占比 $\frac{1}{3}$,所以可将替换成的叶子节点标记为"赖床"。此时验证集精度仍为 $\frac{7}{8}=87.5\%$,相比剪枝前仍没有变化,故不对该节点进行剪枝。

对于图中的节点(1),当把该节点分支剪除,相当于把该节点替换成叶子节点。因为训练集中类别为"赖床"的占比 $\frac{1}{2}$,类别为"不赖床"的占比 $\frac{1}{2}$,所以可将替换成的叶子节点标记为"赖床"。此时验证集精度 $\frac{5}{8}=62.5\%$,相比剪枝前有所下降,故不对该节点进行剪枝。

所以,采用后剪枝策略对从表 3-6 数据学习所生成的决策树如图 3-12 所示,其验证集精度为 87.5%。

从图 3-12 可以看出,采用后剪枝策略比使用预剪枝策略保留了更多的分支,对决策

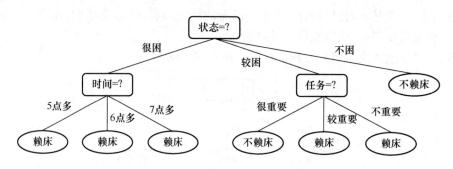

图 3-12 基于后剪枝生成的决策树

树的泛化能力影响相对较小。但是其决策树的训练时间比未剪枝和预剪枝都要长,这是由于后剪枝的机理造成的,即后剪枝是在未剪枝情况下生成完整的决策树的基础上还要对各个决策节点进行是否进行剪枝的判断。

（3）特殊情况处理

下面,我们讨论连续值的处理。

表 3-7　加入连续属性"已睡时间"后的数据集

编　号	时　间	状　态	任　务	日　期	天　气	已睡时间/分钟	类　别
1	5 点多	很困	很重要	工作日	雨	345	赖床
2	6 点多	很困	不重要	工作日	晴	413	赖床
3	6 点多	很困	较重要	假期	晴	434	赖床
4	5 点多	较困	较重要	假期	雨	379	赖床
5	7 点多	很困	不重要	假期	风	466	赖床
6	5 点多	较困	不重要	工作日	雨	360	赖床
7	7 点多	较困	不重要	假期	雨	480	赖床
8	6 点多	较困	不重要	假期	晴	423	赖床
9	6 点多	不困	不重要	工作日	晴	397	不赖床
10	6 点多	不困	很重要	工作日	雨	404	不赖床
11	7 点多	很困	很重要	假期	风	487	不赖床
12	7 点多	不困	不重要	假期	风	462	不赖床
13	5 点多	较困	很重要	工作日	雨	374	不赖床
14	7 点多	较困	较重要	假期	晴	493	不赖床
15	6 点多	不困	较重要	假期	晴	467	不赖床

如表 3-7 所示,我们在表 3-5 的数据集中加入一个连续值属性"已睡时间",单位是分钟。我们将"已睡时间"按照从小到大的顺序排序,$\{345,360,374,379,397,404,413,423,434,462,466,467,480,487,493\}$。候选划分集合为$\{352.5,367,376.5,388,400.5,408.5,418,428.5,448,464,466.5,473.5,483.5,490\}$。当 $t=352.5$ 时,$D_t^-=\{345\}$,$D_t^+=\{360,374,379,397,404,413,423,434,462,466,467,480,487,493\}$,可以得到

$$\text{Ent}(D_t^-)=-(1\log_2 1+0\log_2 0)=0 \tag{3-35}$$

$$\mathrm{Ent}(D_t^+) = -\left(\frac{7}{14}\log_2\frac{7}{14} + \frac{7}{14}\log_2\frac{7}{14}\right) = 1 \tag{3-36}$$

$$\mathrm{Gain}(D,\text{已睡时间},t) = 0.997 - \left(\frac{1}{15}\times 0 + \frac{14}{15}\times 1\right) = 0.064 \tag{3-37}$$

同理可以求出 t 为其他值时的信息增益。当 $t=483.5$ 时，$\mathrm{Gain}(D,\text{已睡时间},t)$ 达到最大，且为 0.164。于是，表 3-7 中各个属性的信息增益为：

$$\mathrm{Gain}(D,\text{时间}) = 0.057 \quad \mathrm{Gain}(D,\text{状态}) = 0.389 \tag{3-38}$$

$$\mathrm{Gain}(D,\text{任务}) = 0.111 \quad \mathrm{Gain}(D,\text{日期}) = 0.0024 \tag{3-39}$$

$$\mathrm{Gain}(D,\text{天气}) = 0.0462 \quad \mathrm{Gain}(D,\text{已睡时间}) = 0.164 \tag{3-40}$$

所以，属性"状态"被选作根节点划分属性，此后节点划分过程递归进行，最终生成如图 3-13 所示的连续值处理的决策树。

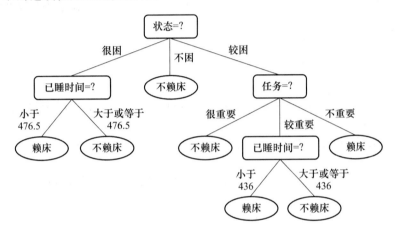

图 3-13　连续值处理决策树

（4）讨论缺失值的处理

下面，我们讨论缺失值的处理。

我们对表 3-5 中的数据进行处理，使得部分属性值缺失，得到表 3-8。

表 3-8　含有缺失值的数据集

编号	时　间	状　态	任　务	日　期	天　气	类　别
1	—	很困	很重要	工作日	雨	赖床
2	6 点多	很困	—	工作日	晴	赖床
3	6 点多	很困	较重要	假期	—	赖床
4	5 点多	较困	较重要	假期	雨	赖床
5	7 点多	—	不重要	假期	风	赖床
6	5 点多	较困	不重要	—	雨	赖床
7	7 点多	较困	不重要	假期	雨	赖床
8	6 点多	较困	—	假期	晴	赖床
9	6 点多	—	不重要	工作日	晴	不赖床

编　号	时　间	状　态	任　务	日　期	天　气	类　别
10	6 点多	不困	很重要	工作日	雨	不赖床
11	7 点多	很困	—	假期	风	不赖床
12	7 点多	不困	不重要	假期	—	不赖床
13	5 点多	—	很重要	工作日	雨	不赖床
14	7 点多	较困	较重要	假期	晴	不赖床
15	—	不困	较重要	假期	晴	不赖床

我们先来考虑根节点划分的属性。以属性"时间"为例，该属性无缺失值的样例编号集合 $\widetilde{D}=\{2,3,4,5,6,7,8,9,10,11,12,13,14\}$，共 13 个样例，其中类别为"赖床"占比 $\dfrac{7}{13}$，类别为"不赖床"占比 $\dfrac{6}{13}$。

$$\mathrm{Ent}(\widetilde{D})=-\sum_{k=1}^{2}\widetilde{p}_k\log_2\widetilde{p}_k=-\left(\frac{7}{13}\log_2\frac{7}{13}+\frac{6}{13}\log_2\frac{6}{13}\right)=0.996 \tag{3-41}$$

该属性包含 3 个子集：时间为 5 点多的子集 $\widetilde{D^1}=\{4,6,13\}$，类别为"赖床"的占比 $\dfrac{2}{3}$，类别为"不赖床"的占比 $\dfrac{1}{3}$；时间为 6 点多的子集 $\widetilde{D^2}=\{2,3,8,9,10\}$，类别为"赖床"的占比 $\dfrac{3}{5}$，类别为"不赖床"的占比 $\dfrac{2}{5}$；时间为 7 点多的子集 $\widetilde{D^3}=\{5,7,11,12,14\}$，类别为"赖床"的占比 $\dfrac{2}{5}$，类别为"不赖床"的占比 $\dfrac{3}{5}$。

$$\mathrm{Ent}(\widetilde{D^1})=-\left(\frac{2}{3}\log_2\frac{2}{3}+\frac{1}{3}\log_2\frac{1}{3}\right)=0.918 \tag{3-42}$$

$$\mathrm{Ent}(\widetilde{D^2})=-\left(\frac{3}{5}\log_2\frac{3}{5}+\frac{2}{5}\log_2\frac{2}{5}\right)=0.971 \tag{3-43}$$

$$\mathrm{Ent}(\widetilde{D^3})=-\left(\frac{2}{5}\log_2\frac{2}{5}+\frac{3}{5}\log_2\frac{3}{5}\right)=0.971 \tag{3-44}$$

因此，样本子集 $\widetilde{D}$ 上属性值为"时间"的信息增益为

$$\begin{aligned}\mathrm{Gain}(\widetilde{D},时间)&=\mathrm{Ent}(\widetilde{D})-\sum_{v=1}^{3}\widetilde{r}_v\mathrm{Ent}(\widetilde{D^v})\\&=0.996-\left(\frac{3}{13}\times0.918+\frac{5}{13}\times0.971+\frac{5}{13}\times0.971\right)\\&=0.037\end{aligned} \tag{3-45}$$

样本集 D 上属性"时间"的信息增益为

$$\mathrm{Gain}(D,时间)=\rho\times\mathrm{Gain}(\widetilde{D},时间)=\frac{13}{15}\times0.037=0.032 \tag{3-46}$$

同理可计算出其他属性在样本集 D 上的信息增益

$$\mathrm{Gain}(D,状态)=0.327 \tag{3-47}$$

$$\mathrm{Gain}(D,任务)=0.026 \tag{3-48}$$

$$\text{Gain}(D,日期)=0.015 \tag{3-49}$$

$$\text{Gain}(D,天气)=0.039 \tag{3-50}$$

属性"状态"的信息增益最大,故选择"状态"用于根节点的划分。编号为 $\{1,2,3,11\}$ 的划分进入"状态=很困"的分支中,编号为 $\{4,6,7,8,14\}$ 的划分进入"状态=较困"的分支中,编号为 $\{10,12,15\}$ 的划分进入"状态=不困"的分支中。值得注意的是,编号为 $\{5,9,13\}$ 的样例在属性"状态"中是缺失的,要将它们同时划分至上述 3 个分支中,需要特别注意的是 3 个样例的权重相等,并且在 3 个分支中的权重分别为 $\frac{4}{12}$、$\frac{5}{12}$ 和 $\frac{3}{12}$,其他样例权重为 1。根节点的划分如图 3-14 所示,其中 5^*、9^* 和 13^* 带有" $*$ ",表示该属性值缺失的训练样例。

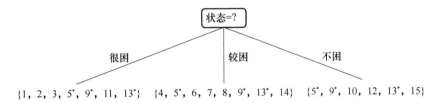

图 3-14　对含有属性缺失值的样本进行根节点划分

"状态=很困"分支下,属性为"时间"的无缺失样本集合为 $\widetilde{D^1}=\{2,3,5,9,11,13\}$。则

$$\rho=\frac{3+\frac{4}{12}+\frac{4}{12}+\frac{4}{12}}{4+\frac{4}{12}+\frac{4}{12}+\frac{4}{12}}=\frac{4}{5} \tag{3-51}$$

其中,正例占比 $\widetilde{p_1}=\dfrac{2+\frac{4}{12}}{3+\frac{4}{12}+\frac{4}{12}+\frac{4}{12}}=\dfrac{7}{12}$,反例占比 $\widetilde{p_2}=\dfrac{1+\frac{4}{12}+\frac{4}{12}}{3+\frac{4}{12}+\frac{4}{12}+\frac{4}{12}}=\dfrac{5}{12}$。则

$$\text{Ent}(\widetilde{D^1})=-\sum_{k=1}^{2}\widetilde{p_k}\log_2\widetilde{p_k}=-\left(\frac{7}{12}\log_2\frac{7}{12}+\frac{5}{12}\log_2\frac{5}{12}\right)=0.980 \tag{3-52}$$

$\widetilde{D^1}$ 包含 3 个子集,时间为"5 点多"子集 $\widetilde{D^{11}}=\{13\}$,正例占比为 0,反例占比为 1;时间为"6 点多"子集 $\widetilde{D^{12}}=\{2,3,9\}$,正例占比为 $\dfrac{2}{2+\frac{4}{12}}=\dfrac{6}{7}$,反例占比为 $\dfrac{\frac{4}{12}}{2+\frac{4}{12}}=\dfrac{1}{7}$;时间为"7 点多"子集 $\widetilde{D^{13}}=\{5,11\}$,正例占比 $\dfrac{\frac{4}{12}}{1+\frac{4}{12}}=\dfrac{1}{4}$,反例占比 $\dfrac{1}{1+\frac{4}{12}}=\dfrac{3}{4}$。则

$$\text{Ent}(\widetilde{D^{11}})=0 \tag{3-53}$$

$$\text{Ent}(\widetilde{D^{12}})=-\left(\frac{6}{7}\log_2\frac{6}{7}+\frac{1}{7}\log_2\frac{1}{7}\right)=0.592 \tag{3-54}$$

$$\text{Ent}(\widetilde{D^{13}})=-\left(\frac{1}{4}\log_2\frac{1}{4}+\frac{3}{4}\log_2\frac{3}{4}\right)=0.811 \tag{3-55}$$

在 $\widetilde{D^1}$ 中,时间为"5点多""6点多"和"7点多"分别占比为

$$\widetilde{r_1}=\frac{\dfrac{4}{12}}{3+\dfrac{4}{12}+\dfrac{4}{12}+\dfrac{4}{12}}=\frac{1}{12} \qquad (3\text{-}56)$$

$$\widetilde{r_2}=\frac{2+\dfrac{4}{12}}{3+\dfrac{4}{12}+\dfrac{4}{12}+\dfrac{4}{12}}=\frac{7}{12} \qquad (3\text{-}57)$$

$$\widetilde{r_3}=\frac{1+\dfrac{4}{12}}{3+\dfrac{4}{12}+\dfrac{4}{12}+\dfrac{4}{12}}=\frac{4}{12} \qquad (3\text{-}58)$$

$$\mathrm{Gain}(\widetilde{D^1},时间)=\mathrm{Ent}(\widetilde{D^1})-(\widetilde{r_1}\times\mathrm{Ent}(\widetilde{D^{11}})+\widetilde{r_2}\times\mathrm{Ent}(\widetilde{D^{12}})+\widetilde{r_3}\times\mathrm{Ent}(\widetilde{D^{13}}))=0.364$$

$$(3\text{-}59)$$

$$\mathrm{Gain}(D^1,时间)=\rho\times\mathrm{Gain}(\widetilde{D^1})=0.291 \qquad (3\text{-}60)$$

同理可求得

$$\mathrm{Gain}(D^1,任务)=0.109 \qquad (3\text{-}61)$$

$$\mathrm{Gain}(D^1,日期)=0.026 \qquad (3\text{-}62)$$

$$\mathrm{Gain}(D^1,天气)=0.135 \qquad (3\text{-}63)$$

故应该选择属性"时间"作为划分依据,此时得决策树如图3-15所示。

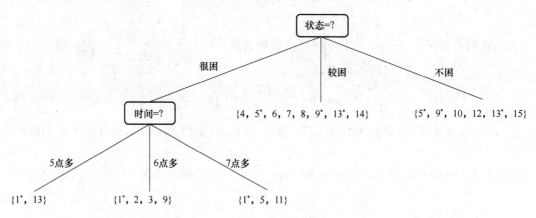

图3-15 选择属性"时间"作为划分依据进一步划分

这里值得注意的是,编号为{1}的样例在属性"时间"上是缺失的,要将它们同时划分至"5点多""6点多"和"7点多"3个分支中,它们在3个分支中的权重分别为 $\dfrac{1}{6}$、$\dfrac{3}{6}$ 和 $\dfrac{2}{6}$。对没进行划分彻底的样例集合重复上述步骤,最终我们可以得到图3-16所示的在含有缺失值的数据集利用信息增益准则得到的决策树。

其中,图中标记的(1)、(2)和(7)节点是用剩余的属性都不能将含有的样例的类别划

分出来,我们将其标记为样例中占比最大的类别,图中标记的(3)、(4)、(5)和(6)节点中不含任何样例,我们将其标记为其父节点中占比最大的类别。

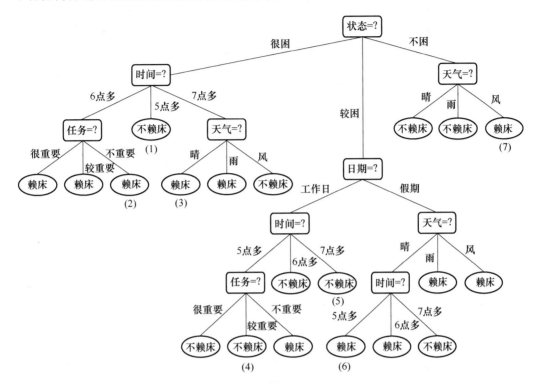

图 3-16 缺失值处理后生成的决策树

另外,可以将基尼指数推广到属性缺失值处理中,见习题六。

3.5 习题与实例精讲

3.5.1 习 题

【习题一】
简述确定性决策的类型并列举在生活中的事例。

【习题二】
总结积极策略、保守策略和机会损失策略三种不确定性决策的方法。

【习题三】

表 3-9　是否打羽毛球的训练样例

编　号	风　力	光　强	温　度	类　别
1	小	中	中	是
2	中	弱	中	是
3	小	弱	低	是
4	小	中	中	是
5	小	弱	中	是
6	中	弱	低	是
7	中	强	低	是
8	中	中	低	是
9	小	强	中	是
10	中	强	高	否
11	大	强	高	否
12	大	弱	低	否
13	大	中	中	否
14	小	强	高	否
15	小	强	中	否
16	中	强	低	否
17	中	弱	高	否

已知表 3-9 的 17 个关于是否打羽毛球的训练样例 D,请解决以下问题:

(1) 求该训练样例关于是否打羽毛球的信息熵。

(2) 求属性"风"相对该训练样例的信息增益。

(3) 求属性"光强"相对该训练样例的基尼指数。

【习题四】

对习题三中的训练样例,分别利用信息增益和基尼指数构造决策树。

【习题五】

对习题四中的训练样例,利用信息增益准则得到的决策树,采用后剪枝策略对决策树进行优化。

3.5.2　案例实战

案例一、选取最优划分属性

⚙ 案例背景

表 3-10 是某银行对 15 个客户是否同意申请贷款的训练样例,请分别根据信息增益准则和基尼指数来选取根节点划分的最优特征[15]。

表 3-10　某银行是否同意贷款人申请贷款的训练样例

客户编号	个人信用	房产	汽　车	工作收入	是否同意
1	好	无	有	高	是
2	一般	有	无	中	是
3	好	有	有	低	是
4	好	有	无	中	是
5	一般	无	有	高	是
6	一般	有	有	低	是
7	好	有	有	中	是
8	好	有	有	高	是
9	差	无	有	低	否
10	一般	无	无	中	否
11	一般	有	无	低	否
12	好	无	无	中	否
13	差	有	无	中	否
14	差	有	有	低	否
15	差	无	无	高	否

💡 解题思路

在表 3-10 的 15 个训练样例 D 中,决策结果只有两种,故 $m=2$,并且正例占比 $p_1=\frac{8}{15}$,反例占比 $p_2=\frac{7}{15}$。因此,根节点的信息熵为

$$\text{Ent}(D) = -\sum_{n=1}^{2} p_n \log_2 p_n = -\left(\frac{8}{15}\log_2\frac{8}{15} + \frac{7}{15}\log_2\frac{7}{15}\right) = 0.997 \quad (3\text{-}64)$$

属性“个人信用”有 3 个可能取值{好,一般,差},若以属性“个人信用”为划分依据可将训练样例 D 分为 3 个子集,D^1(个人信用＝好),D^2(个人信用＝一般),D^3(个人信用＝差)。子集 D^1(个人信用＝好)中,包含样例编号为{1,3,4,7,8,12},共 6 个,其中类别为“是”的占比 $\frac{5}{6}$,类别为“否”的占比 $\frac{1}{6}$;子集 D^2(个人信用＝一般)中,包含样例编号为{2,5,6,10,11},共 5 个,其中类别为“是”的占比 $\frac{3}{5}$,类别为“否”的占比 $\frac{2}{5}$;子集 D^3(个人信用＝差)中,包含样例编号为{9,13,14,15},共 4 个,其中类别为“是”的占比 0,类别为“否”的占比 1。

(1) 根据信息增益准则选取根节点划分的最优特征

由属性“个人信用”作为划分依据获得 3 个分支节点的信息熵分别如下:

$$\text{Ent}(D^1) = -\left(\frac{5}{6}\log_2\frac{5}{6} + \frac{1}{6}\log_2\frac{1}{6}\right) = 0.650 \quad (3\text{-}65)$$

$$\text{Ent}(D^2) = -\left(\frac{3}{5}\log_2\frac{3}{5} + \frac{2}{5}\log_2\frac{2}{5}\right) = 0.971 \quad (3\text{-}66)$$

$$\text{Ent}(D^3) = 0 \quad (3\text{-}67)$$

所以属性"个人信用"的信息增益为

$$\mathrm{Gain}(D,个人信用) = \mathrm{Ent}(D) - \sum_{v=1}^{3} \frac{|D^v|}{|D|} \mathrm{Ent}(D^v)$$

$$= 0.997 - \left(\frac{6}{15} \times 0.650 + \frac{5}{15} \times 0.971 + \frac{4}{15} \times 0 \right)$$

$$= 0.413 \tag{3-68}$$

同理可计算出其他属性的信息增益为

$$\mathrm{Gain}(D,房产) = 0.079 \tag{3-69}$$

$$\mathrm{Gain}(D,汽车) = 0.162 \tag{3-70}$$

$$\mathrm{Gain}(D,工作收入) = 0.057 \tag{3-71}$$

属性"个人信用"的信息增益最大,故根据信息增益准则选取根节点划分的最优特征为"个人信用"。

(2) 根据基尼指数选取根节点划分的最优特征

先算出由属性"个人信用"作为划分依据获得 3 个分支的基尼值分别如下:

$$\mathrm{Gini}(D,个人信用 = 好) = 1 - \left(\frac{5}{6} \right)^2 - \left(\frac{1}{6} \right)^2 = 0.278 \tag{3-72}$$

$$\mathrm{Gini}(D,个人信用 = 一般) = 1 - \left(\frac{3}{5} \right)^2 - \left(\frac{2}{5} \right)^2 = 0.48 \tag{3-73}$$

$$\mathrm{Gini}(D,个人信用 = 差) = 0 \tag{3-74}$$

于是,属性"个人信用"的基尼指数为

$$\mathrm{Gini\_index}(D,个人信用) = \frac{6}{15} \times 0.278 + \frac{5}{15} \times 0.48 + \frac{4}{15} \times 0 = 0.2712 \tag{3-75}$$

同理可计算出其他属性的基尼指数为

$$\mathrm{Gini\_index}(D,房产) = 0.444 \tag{3-76}$$

$$\mathrm{Gini\_index}(D,汽车) = 0.390\ 5 \tag{3-77}$$

$$\mathrm{Gini\_index}(D,工作收入) = 0.46 \tag{3-78}$$

属性"个人信用"的基尼指数最小,故根据基尼指数选取根节点划分的最优特征为"个人信用"。

案例二、由信息增益作为划分依据来构建决策树

🔘 案例背景

表 3-11 是 14 个根据"天气""温度""湿度""风况"判断是否外出旅行的训练样例。请由信息增益准则作为划分依据来构建决策树。

表 3-11　是否外出旅行的训练样例

编　号	天　气	温　度	湿　度	风　况	外出旅行
1	阴天	高	稍大	弱	是
2	晴天	中	稍大	弱	是
3	晴天	中	正常	弱	是
4	阴天	高	稍大	弱	是

编 号	天 气	温 度	湿 度	风 况	外出旅行
5	阴天	高	正常	强	是
6	晴天	低	正常	弱	是
7	晴天	低	正常	强	是
8	雨天	高	正常	弱	否
9	阴天	中	稍大	强	否
10	雨天	低	正常	弱	否
11	雨天	低	正常	强	否
12	晴天	高	稍大	弱	否
13	阴天	中	稍大	强	否
14	晴天	中	稍大	强	否

💡 解题思路

14 个训练样例集合 D 中,正例占比 1/2,反例占比 1/2,故根节点的信息熵为

$$\text{Ent}(D) = -\sum_{n=1}^{2} p_n \log_2 p_n = -\left(\frac{7}{14}\log_2 \frac{7}{14} + \frac{7}{14}\log_2 \frac{7}{14}\right) = 1.000 \tag{3-79}$$

按属性"天气",可将训练样例划分为 3 个子集 D^1(天气＝晴天)＝{2,3,6,7,12,14},其中正例占比 $\frac{4}{6}$,反例占比 $\frac{2}{6}$;子集 D^2(天气＝阴天)＝{1,4,5,9,13},其中正例占比 $\frac{3}{5}$,反例占比 $\frac{2}{5}$;子集 D^3(天气＝雨天)＝{8,10,11},全为反例。由"天气"属性作为划分依据获得 3 个分支节点的信息熵分别如下:

$$\text{Ent}(D^1) = -\left(\frac{4}{6}\log_2 \frac{4}{6} + \frac{2}{6}\log_2 \frac{2}{6}\right) = 0.918 \tag{3-80}$$

$$\text{Ent}(D^2) = -\left(\frac{3}{5}\log_2 \frac{3}{5} + \frac{2}{5}\log_2 \frac{2}{5}\right) = 0.971 \tag{3-81}$$

$$\text{Ent}(D^3) = 0 \tag{3-82}$$

所以属性"天气"的信息增益为

$$\begin{aligned}
\text{Gain}(D, \text{天气}) &= \text{Ent}(D) - \sum_{v=1}^{3} \frac{|D^v|}{|D|} \text{Ent}(D^v) \\
&= 1 - \left(\frac{6}{14} \times 0.918 + \frac{5}{14} \times 0.971 + \frac{3}{14} \times 0\right) \\
&= 0.260
\end{aligned} \tag{3-83}$$

同理可计算出其他属性的信息增益为

$$\text{Gain}(D, \text{温度}) = 0.021 \tag{3-84}$$

$$\text{Gain}(D, \text{湿度}) = 0.015 \tag{3-85}$$

$$\text{Gain}(D, \text{风况}) = 0.061\,4 \tag{3-86}$$

故选用属性"天气"作为根节点的划分依据。对于子集 D^1(天气＝晴天)＝{2,3,6,7,12,14}我们再选取划分依据进行划分。按照信息增益准则,我们可以得到

$$Gain(D^1,温度)=0.459 \tag{3-87}$$

$$Gain(D^1,湿度)=0.459 \tag{3-88}$$

$$Gain(D^1,风况)=0.044 \tag{3-89}$$

故选择属性"温度"作为子集 D^1(天气=晴天)={2,3,6,7,12,14}的划分依据。划分后得到子集 D^{11}(温度=高)={12},子集 D^{12}(温度=中)={2,3,14}和子集 D^{13}(温度=低)={6,7}。其中子集 D^{11} 和子集 D^{13} 已经划分彻底。我们对子集 D^{12}(温度=中)={2,3,14}继续选择划分属性进行划分。按照信息增益准则,我们可以得到

$$Gain(D^{12},湿度)=0.251\,3 \tag{3-90}$$

$$Gain(D^{12},风况)=0.918 \tag{3-91}$$

故选择属性"风况"对其进行划分。划分后得到子集 D^{121}(风况=强)={14}和 D^{122}(风况=强)={2,3},均已划分彻底。我们再对于子集 D^2(天气=阴天)={1,4,5,9,13}进行划分,按照信息增益准则,我们可以得到

$$Gain(D^2,温度)=0.971 \tag{3-92}$$

$$Gain(D^2,湿度)=0.171 \tag{3-93}$$

$$Gain(D^2,风况)=0.420\,2 \tag{3-94}$$

故选用属性"温度"对其进行划分。划分后得到子集 D^{21}(温度=高)={1,4,5}, D^{22}(温度=中)={9,13}和 D^{23}(温度=低)=∅,均已划分彻底。但是,为了提高决策树的泛化能力,我们将 D^{23}(温度=低)=∅ 这一分支标记 D^2(天气=阴天)={1,4,5,9,13}中样本最多的类,于是标记为"是",最终得到完整的决策树如图3-17所示。

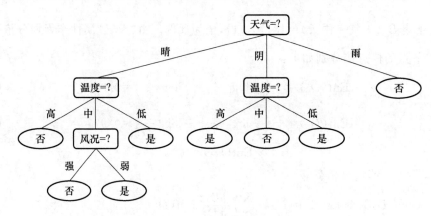

图3-17 按照信息增益准则生成的是否外出旅行的完整决策树

案例三、由基尼指数作为划分属性来构建决策树

💡 案例背景

请对案例二中表3-11的训练样例,按照基尼指数作为划分依据来构建决策树。

💡 解题思路

首先,根据基尼指数选取根节点划分的最优特征。属性"天气"的取值有3种。可将训练样例集合 D 划分为3个子集合, D^1(天气=晴)={2,3,6,7,12,14}, D^2(天气=雨)={1,4,5,9,13}, D^3(天气=阴)={8,10,11}。3种天气的基尼值如表3-12所示。

表 3-12 3 种天气的基尼值

天气	正例占比	反例占比	基尼值
晴	$\frac{2}{3}$	$\frac{1}{3}$	0.444
雨	$\frac{3}{5}$	$\frac{2}{5}$	0.480
阴	0	1	0

于是，对根节点划分时属性"天气"的基尼指数为

$$\text{Gini\_index}(D, 天气) = \frac{6}{14} \times 0.444 + \frac{5}{14} \times 0.480 + \frac{3}{14} \times 0 = 0.362 \qquad (3-95)$$

同理，可求得

$$\text{Gini\_index}(D, 温度) = 0.486 \qquad (3-96)$$

$$\text{Gini\_index}(D, 湿度) = 0.490 \qquad (3-97)$$

$$\text{Gini\_index}(D, 风况) = 0.458 \qquad (3-98)$$

属性"天气"基尼指数最小，故选其作为根节点的划分依据。按照天气可将训练样例集合 D 分为 D^1(天气=晴)={2,3,6,7,12,14}，D^2(天气=雨)={1,4,5,9,13}，D^3(天气=阴)={8,10,11}。其中 D^3 中全是反例，故该分支直接得到决策结果"否"。因此，对于训练样例集合 D 采用属性"天气"作为根节点的划分结果如图 3-18 所示。

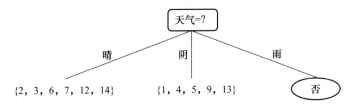

图 3-18 采用属性"天气"作为根节点的划分结果

对于"天气=晴"的分支集合 D^1(天气=晴)={2,3,6,7,12,14}，可求得对于不同属性的基尼指数如下：

$$\text{Gini\_index}(D^1, 温度) = 0.222 \qquad (3-99)$$

$$\text{Gini\_index}(D^1, 湿度) = 0.222 \qquad (3-100)$$

$$\text{Gini\_index}(D^1, 风况) = 0.417 \qquad (3-101)$$

故可选用属性"温度"对"天气=晴"的分支集合 D^1 再次进行划分，划分后得到 3 个分支集合 D^{11}(温度=高)={12} 和 D^{12}(温度=中)={2,3,14} 和 D^{13}(温度=低)={6,7}。其中 D^{11} 中全是反例，D^{13} 中全是正例，故它们都能直接得到决策结果。对于"天气=晴"的分支集合 D^{12}(温度=中)={2,3,14}，可求得对于不同属性的基尼指数如下：

$$\text{Gini\_index}(D^{12}, 湿度) = 0.333 \qquad (3-102)$$

$$\text{Gini\_index}(D^{12}, 风况) = 0 \qquad (3-103)$$

故选用属性"风况"对集合 D^{12} 再次进行划分，划分后得到 2 个分支集合 D^{121}(风况=强)={14} 和 D^{122}(风况=弱)={2,3}。其中 D^{121} 中全是反例，D^{122} 中全是正例，故它们都

能直接得到决策结果。此时的决策树形状如图 3-19 所示。

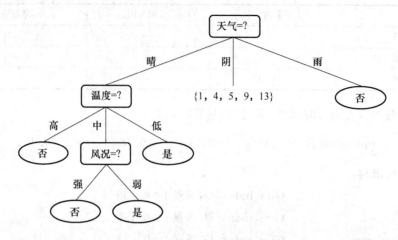

图 3-19 左侧分支划分彻底后的结果

对"天气＝阴"的分支集合 D^2（天气＝阴）＝$\{1,4,5,9,13\}$，可求得属性"温度"的基尼指数为 0，即最小。故将其可划分为两个子集 D^{21}（温度＝高）＝$\{1,4,5\}$ 和 D^{22}（温度＝中）＝$\{9,13\}$。但温度有 3 个属性值，类似地，为了增加决策树的泛化能力，我们将属性"温度"值为"低"的归为"天气＝阴"的分支集合 D^2（天气＝阴）＝$\{1,4,5,9,13\}$ 样本最多的类，于是标记为"是"。至此，我们得到了完整的决策树如图 3-20 所示。

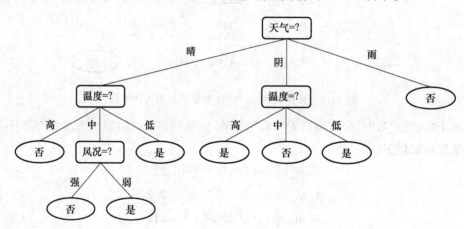

图 3-20 按照基尼指数生成的是否外出旅行的决策树

案例四、剪枝优化

💡 案例背景

在案例三的基础上，增加表 3-13 中的 10 个数据作为验证集。请采用预剪枝对案例三生成的决策树进行优化。

表 3-13 是否外出旅行验证集

编 号	天 气	温 度	湿 度	风 况	外出旅行
15	阴天	高	正常	弱	是
16	晴天	中	正常	强	是
17	晴天	低	正常	弱	是
18	晴天	低	稍大	弱	是
19	晴天	中	稍大	强	是
20	雨天	低	稍大	强	否
21	雨天	低	正常	弱	否
22	阴天	高	稍大	强风	否
23	晴天	高	正常	强	否
24	雨天	中	稍大	弱	否

💡 解题思路

为了方便讨论,我们将案例三生成的决策树某些节点进行标号,如图 3-21 所示。

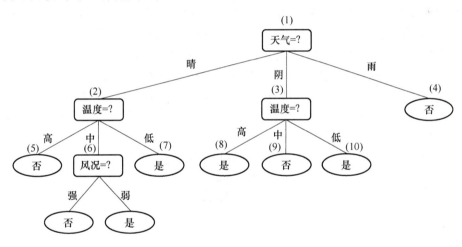

图 3-21 对案例三产生的决策树的部分节点进行标号

我们来考虑节点(1)。在未采用图 3-21 中根节点属性"天气"划分之前,所有验证样例应该标记为训练样例中数量最多的类别。因为训练样例中类别为"是"占比 $\frac{7}{14}$,类别为"否"占比 $\frac{7}{14}$,故可以任选其一"是"来标记验证样例。于是,验证样例{15,16,17,18,19}分类正确,验证样例{20,21,22,23,24}分类错误。则验证集精度为 $\frac{5}{10}$ = 50%。在采用图 3-21 中根节点属性"天气"划分时,节点(2)、(3)和(4)分别包含训练样例集合{2,3,6,7,12,14}、{1,4,5,9,13}和{8,10,11}。节点(2)含有验证样例集合{16,17,18,19,23},节点(3)含有验证样例集合{15,22},节点(4)含有验证样例集合{20,21,24}。3 个节点都标记为其训练样例最多的类别。于是,节点(2)和节点(3)都标记为"是",节点(4)标记为"否"。于是,样例{15,16,17,18,19,20,21,24}分类正确,样例{22,23}分类错误。则验证集精度为 $\frac{8}{10}=80\%>50\%$。于是,用节点(1)产生的分支应该保留。

我们来考虑节点(2)。在未采用图 3-21 中节点(2)进行划分时,验证样例集合{16,17,18,19,23}都将标记为该节点训练样例最多的类别。因为节点(2)包含训练样例集合{2,3,6,7,12,14}中最多的类别为"是",所以将所有验证样例标记为"是"。则验证样例{16,17,18,19}分类正确,而验证样例{23}分类错误。在采用图 3-21 中节点(2)划分时,节点(5)、(6)和(7)分别包含训练样例集合{12}、{2,3,14}和{6,7}。节点(5)含有验证样例集合{23},节点(6)含有验证样例集合{16,19},节点(7)含有验证样例集合{17,18}。于是,节点(5)标记为"否",节点(6)、节点(7)都标记为"是"。于是,验证样例{16,17,18,19,23}全部分类正确,验证集精度进一步提高。于是,用节点(2)产生的分支应该保留。

我们来考虑节点(6)。在未采用图 3-21 中节点(6)进行划分时,验证样例集合{16,19}都将标记为该节点训练样例最多的类别,节点(6)含有的训练样例为{2,3,14},故标记为"是"。则验证样例集合{16,19}全部分类正确,验证集精度必然在节点(6)进行划分后不能有所提高。于是,节点(6)不用展开。

我们来考虑节点(3)。在未采用图 3-21 中节点(3)进行划分时,验证样例集合{15,22}都将标记为该节点训练样例最多的类别,节点(3)含有的训练样例为{1,4,5,9,13},故标记为"是"。则验证样例{15}分类正确,{22}分类错误。在采用图 3-21 中节点(3)划分时,节点(8)、节点(9)和节点(10)分别包含训练样例集合{1,4,5}、{9,13}和空集。节点(8)含有验证样例集合{15,22},节点(9)和节点(10)含有验证样例集合为空集。于是,验证样例{15}分类正确,{22}分类错误,用节点(3)产生划分后,验证集精度不变,故节点(3)不用展开。

最后,对案例三生成的决策树经过预剪枝后如图 3-22 所示。

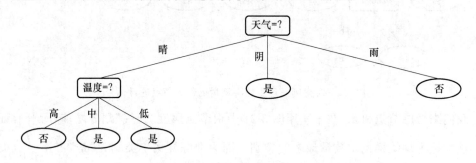

图 3-22   采用预剪枝优化后的是否外出旅行决策树

3.6 结 束 语

在本章中,我们讨论了确定性决策和不确定性决策两种决策方法,重点介绍了决策树学习方法,包括决策树的构造、优化和拓展等问题。通过对决策树剪枝、属性的连续值和缺失值的处理、多变量决策树以及处理不同代价的属性的讨论,使决策树逐步面向一般化,使其更加适用于实际应用。

决策树是一种简单高效的机器学习算法,它不需要太多的基础知识就能够很快掌握。树状结构能够使算法的时间复杂度由线性降低至对数,能够对样例数据进行很好地学习,即使这些样例数据中的数据是存在错误的,因为决策树对错误具有很好的鲁棒性。因此决策树算法的学习和响应速度很快,在很多领域中得到广泛应用。

3.7 阅读材料

3.7.1 推荐书籍

(1)《Python 与机器学习实战》(何宇健著)

本书描述了包括决策树在内的多种机器学习算法,系统地给出了算法的步骤,并使用 Python 的第三方库进行了代码实现。该书系统地讲述了决策树相关理论方法,包含很多代码和实例,适合机器学习算法的程序员使用。

(2)《白话机器学习算法》(黄莉婷/苏川集著)

本书以通俗易懂的语言详细描述了包括决策树在内的十多种机器学习算法,配以幽默风趣的插图和实例,对初学者十分友好。

(3)《基于不确定性的决策树归纳》(王熙照/翟俊海著)

本书以不确定性环境为背景,讲述了决策树归纳方法,包括模糊决策树归纳、最优割点的模糊化处理、决策树优化等内容。

3.7.2 推荐论文

(1)"Top-down induction of decision trees classifiers-A survey"

该论文调查到目前构造决策树的方法都是自顶向下的方式,提出了一个统一的算法框架,描述了各种分割准则和剪枝方法。

(2)"A Survey of Evolutionary Algorithms for Decision-Tree Induction"

该论文使用进化算法改善决策树分类器的特定组件,描述了进化算法在决策树归纳中不同领域的应用。

(3)"Simplifying decision trees:A survey"

在许多实际任务中,构建决策树的高复杂度困扰着人们。该论文提出了一个框架来组织树简化的方法,并总结和批评了这个框架中的方法。这项调查的目的是为研究人员和实践者提供一个关于决策树优化的简明的概述。

本章参考文献

[1] 马仁杰,王荣科,左雪梅. 管理学原理[M]. 北京:人民邮电出版社,2013:121.

[2] 埃塞姆·阿培丁. 机器学习导论[M]. 北京:机械工业出版社,2009:210.

[3] 麦好. 机器学习实践指南:案例应用解析[M]. 北京:机械工业出版社,2014:143.

[4] 戴淑芬. 管理学教程[M]. 4版. 北京:北京大学出版社,2013:121.

[5] Frederick S Hillier, Mark S Hiller. 数据、模型与决策:基于电子表格的建模和案例研究方法[M]. 5版. 北京:机械工业出版社,2015:342.

[6] 迪米特里斯·伯特西马斯,罗伯特·M·弗罗因德. 数据、模型与决策:管理科学基础[M]. 北京:中信出版社,2003:124.

[7] 周志华. 机器学习[M]. 北京:清华大学出版社,2016:201.

[8] 高扬,卫峥,尹会生. 白话大数据与机器学习[M]. 北京:机械工业出版社,2016:63.

[9] 李锐,李鹏,曲亚东,等. 机器学习实战[M]. 北京:人民邮电出版社,2013:92.

[10] 永胜. 决策树的预剪枝和后剪枝,连续值与缺失值[EB/OL]. (2020-03-25)[2021-01-20]. https://blog.csdn.net/qq236237606/article/details/105095713.

[11] 史忠植. 高级人工智能[M]. 3版. 北京:科学出版社,2011:239-241.

[12] 米歇尔. 机器学习[M]. 北京:机械工业出版社,2008:151.

[13] whime_sakura. 多变量决策树[EB/OL]. (2018-10-20)[2021-04-12]. https://blog.csdn.net/whimewcm/article/details/83177133.

[14] zzzzMing. 大数据技术[EB/OL]. (2019-07-29)[2021-04-02]. https://www.cnblogs.com/listenfwind/p/10199720.html.

[15] 雯饰太一. CART决策树解决银行贷款问题(Python)[EB/OL]. (2019-04-23)[2021-04-04]. https://blog.csdn.net/qq_37766828/article/details/89432514.

第4章
路径规划问题

4.1 概　　述

　　路径规划起源于18世纪,被广泛应用于计算机科学、数学、医学、艺术等行业。路径规划过程可描述为[1]:假设有 n 个任务点需要被遍历,已知这 n 个任务点的所有信息(位置信息、执行成本等),根据这些信息设计一套遍历路径,使人/车的行驶成本(时间、距离等)最小。

　　路径规划问题中有很多经典的问题,本章节主要以两个被广泛应用的典型问题〔VRP(Vehicle Routing Problem)问题和 TSP(Traveling Salesman Problem)问题〕为例介绍路径规划问题。其中 VRP 问题是一个用最少车辆数、最小车辆行驶总距离完成所有货物配送的问题,其目的是最小化花费成本(时间、路程等)。而 TSP 问题是假设有一个旅行商出发走访已知的 n 座城市,旅行商行驶路径的约束条件是每个城市只能且必须被访问一次,且终点为原始出发点,其目标是最小化该旅行商的路径长度[2]。

4.2 目　　的

4.2.1 基本术语

1. 问题术语

问题术语如表 4-1 所示。

表 4-1　问题术语

术　语	解　释
路径规划	基于给定的出发点和目的地,结合路况和线上地图来实现全局路径规划。
路径	在起点和终点之间形成的连续序列。
NP 完全 (NP-Complete)问题	NP(Non-deterministic Polynomial)问题指多项式复杂程度的不确定性问题。NP 中的单个问题的复杂度与同领域的所有 NP 问题密不可分。因此如果这部分中的任意一个问题有多项式时间的解法,那么所有的 NP 问题都是可以在多项式时间内求解的。这一类的问题就是 NP-Complete 问题。
完全无向图	完全图是一个基础的无向图,其中每两个不相同的顶点之间均存在一条边。完全无向图也是一个完全图,n 代表图中顶点的个数,且图的每一条边皆为无向的。如果一个无向图的两个顶点之间均有边连接,则为完全无向图。
Hamilton 回路 (哈密顿回路)	Hamilton 回路是一种无向图。它从指定的起点出发到达指定的终点,只会经过所有节点一次并且一定会经过一次。
旅行商问题(TSP)	一个卖家必须去几个城市去卖商品。卖方从一个城市出发,必须经过每个城市,然后才能返回出发点。他应该怎样选择路线,使整个旅程最短,这个问题就是 TSP。根据图论,该问题的核心是在加权的、完全无向的情况下找到最小权重的 Hamilton 回路。该问题的可能解决方案会随着节点数的增加而增加,最终导致组合爆炸,因此这是一个 NP-Complete 问题。
多旅行商问题(MTSP)	MTSP 是旅行商问题(TSP)的一种泛化,任务可以由多个旅行商完成。
对称旅行商问题(STSP)	两个相邻城市之间只有一个距离值,即城市 A 和 B 之间的距离等于城市 B 和 A 之间的距离。
非对称旅行商问题(ATSP)	两个城市之间可能有两种不同的成本或距离,即城市 A 和 B 之间的距离不等于城市 B 和 A 之间的距离。
车辆路径问题(VRP)	VRP 是一个组合优化和整数规划问题,它的问题是"车队为了交付任务给指定的一组客户而要穿越的最优路线集是什么?"它概括了著名的旅行推销员问题(TSP)。VRP 的目标是使总路径成本最小化。
考虑取送货的车辆路径问题(VRPPD)	在基础的 VRP 问题上加入了取货及送货需求,通常要考虑所有的交付需求都从仓库开始,所有的提货需求都要带回仓库,客户之间没有货物交换的限制情况。
有时间窗的车辆路径问题(VRPTW)	在基础的 VRP 问题上加入时间约束,必须在货物的时间窗口内(即服务的最早开始时间与最晚结束时间)完成交付。
考虑容量的车辆路径问题(CVRP)	车辆对交付的货物的承载能力有限的 VRP 问题。
开放式车辆路径问题(OVRP)	车辆不需要返回仓库的 VRP 问题。
多仓库车辆路径问题(MDVRP)	车辆从多个仓库开始或返回多个仓库的 VRP 问题。

2. 方法术语

方法术语如表 4-2 所示。

表 4-2　路径优化基本方法术语

术　语	解　释
启发式算法	通过直觉或经验设计的算法,该算法以能够被接受的价格(时间、空间距离等)为组合优化问题的每种情况提供了可能的解决方案,这个可能的解决方案和最优解决方案之间的分歧程度一般无法预测。
广度优先算法	通过从起点开始不断扩散的方式来遍历整个图。可以证明,只要从起点开始的扩散过程能够遍历到终点,那么起点和终点之间一定是连通的,因此它们之间至少存在一条路径,由于广度优先算法从中心开始呈放射状扩散的特点,它所找到的这一条路径就是最短路径。
Dijkstra 算法	从初始点开始一层一层地搜索整个自由空间直到到达目标点。
A * 算法	结合了 Dijkstra 和启发式算法的优点,以从起点到该点的距离加上该点到终点的估计距离之和作为该点在队列中的优先级。
初始化	随机生成一组可行解作为初始解决方案。
个体	一组可行解称为一个个体。
迭代	启发式算法中,在当前解的基础上通过算子产生新解,对新解进行评估并进行保留和淘汰的过程称为一次迭代。
邻域	邻域是指集合上的一种基础的拓扑结构。以 a 为中心的任何开区间称为点 a 的邻域,记作 $N(a)$。
本地搜索	从初始解开始,通过局部动作生成邻域解,评价邻域解的质量,根据特定策略选择邻域解,并不断重复以上步骤,直到停止条件被满足。注意,不同的振动操作(shaking)和邻域解的选择策略也是影响算法的性能重要因素。
终止条件	一旦算法到达某个条件就终止迭代(更新)过程,这个条件就是终止条件。迭代算法的终止条件一般有如下几种: (1)设置最大的迭代次数; (2)根据前后两次迭代点之间的距离来决定; (3)根据前后两次迭代的误差值来确定。

4.2.2　思维导图

思维导图如图 4-1 所示。

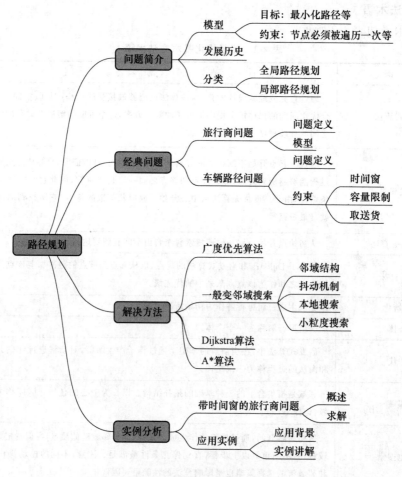

图 4-1 路径规划问题思维导图

4.3 路径规划问题

4.3.1 简介

路径通常指起点与终点之间的形成的序列或连续曲线,形成这样连续曲线的策略就是路径规划。路径规划的基本步骤是根据优化准则找到一系列有效的配置,并在工作区域内找到一种从初始节点到终点的最优避障路径。路径规划问题通常需要考虑三个因素[3]:(1)路径必须从出发点开始,到达目标点停止;(2)路径必须尽可能避开阻碍物;(3)路径最好是目前能找到的最优化路径。

路径规划的应用领域十分广泛,其中最为经典的就是 TSP 问题及 VRP 问题。这两个问题的区别在于,TSP 问题只存在一个旅行商遍历所有节点,即仅会出现一个闭合回路,而 VRP 问题有多辆车遍历所有节点,会出现多个回路,如图 4-2 所示。

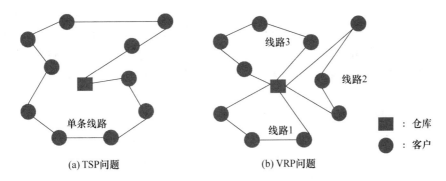

(a) TSP问题   (b) VRP问题

图 4-2 经典的路径规划问题示意图

4.3.2 历史

路径规划问题源于 18 世纪的棋盘骑士周游问题[4],也就是说,对于棋盘上的 64 个区域,每个骑士棋子必须通过每个网格点一次,而且只能经过一次,最后该棋子需要回到起点,这也是最初的旅行商问题。

19 世纪,爱尔兰的汉密尔顿和英国的柯克曼用数学方法解决了旅行商问题。其中汉密尔顿发现的伊科西亚游戏是在一个娱乐拼图的基础上找到一个汉密尔顿周期。

TSP 问题的一般形式在 20 世纪 30 年代首先被数学家卡·门格尔研究,他考虑了明显的蛮力算法,并观察了最近邻居启发主义的非优性。而美林(M. Flood)首次从数学上考虑这个问题,当时他正探索如何得到校车的最优规划路径。

"旅行推销员问题"一词最早被使用在由兰德公司职工朱莉娅·罗宾逊出版的报告:"关于汉密尔顿游戏(旅行推销员问题)"中。20 世纪 50 年代和 60 年代,在圣莫尼卡兰德公司为解决这一问题提供奖励后,这个问题很快风靡欧洲和美国科学界。该公司的乔治·丹齐格、德尔伯特·雷·富尔克森和塞尔默·约翰逊在这个问题上做出了显著贡献,他们表示这个问题是整数线性问题,并开发了用于其解决方案的切割平面方法。他们写了一篇被认为是关于 TSP 的开创性论文,通过这些新方法,他们通过构建路径并证明没有其他路径可以缩短,解决了 49 个城市的实例,以达到旅游路径最小的最佳状态。

随后,丹齐格、富尔克森和约翰逊推测,如果找到近乎最佳的解决方案,也许能够通过添加少量额外的不等式(削减)来找到最优解或证明解的最佳性。他们用这个想法创建了字符串模型以解决最初的 49 个城市问题,并发现仅用 26 个额外的不等式就可以解决这些城市的旅游路径问题。虽然最终没有给出解决 TSP 问题的算法方法,但他们的思路为后人研究 TSP 更为准确的解决方案提供了十分重要的思路。

1959 年,吉莉安·贝尔德伍德、J. H. 哈尔顿和约翰·哈默斯利在剑桥哲学学会杂志上发表了一篇题为《通过多点的最短道路》的文章。哈默斯利定理为 TSP 问题提供了一个切实可行的解决方案。作者推导出了一个无约束公式,用于确定从家庭或办公室开始并访问固定数量位置的推销员的最短路线的长度,然后再返回起点。在此后的几十年里，各界的许多研究人员都研究了这个问题。

然而，在 20 世纪中后期，人们创造了一种新的方法，这种方法不是寻求最佳解决方案，而是会产生一种解决方案，其长度以最佳长度的倍数为限，这样做会为问题创造下限。这些方法可以与分支和绑定方法一起使用。这样做的一个方法是创建图形的最小生成树，然后将其所有边缘翻倍，从而生成最佳游览的长度最多是最小生成树重量的两倍的约束。

1976 年，克里斯托菲德斯和谢尔久科夫独立地朝着这个方向研究，并取得了巨大的进步：克里斯托菲德斯-谢尔久科夫算法产生了一个解决方案，在最坏的情况下，该解决方案最多比最佳解决方案长 1.5 倍。由于该算法如此简单和快速，许多人希望它会让位于近乎最优的解决方法。这仍然是具有最佳最坏情况的方法。

理查德·卡普在 1972 年表明，汉密尔顿周期问题是 NP-Complete 问题，这意味着 TSP 为 NP-Hard 问题。这说明找到最佳的路径明显计算困难。但路径规划问题在 20 世纪 70 年代和 80 年代取得了很大的进步，当时格吕采尔、帕德伯格、里纳尔迪等人利用切割界限和分支绑定，顺利地解决了数千个城市规模的路径规划实例。格哈德·赖因特于 1991 年出版了 TSPLIB，这是一系列复杂程度各异的 TSP 测试实例，许多研究小组都使用该实例来比较结果。2006 年，Cook 和其他人通过微芯片布局问题给出了 900 个城市实例计算的最佳路线，这是目前解决的最大 TSPLIB 实例。该方法对于拥有数百万城市的许多其他实例，可以找到保证在最佳路径的 2%～3% 以内的解决方案。

随着人们不断深入了解 TSP 问题内在的复杂性，TSP 问题与其他领域的密切联系也越来越多地显露在世人面前，尤其是在艺术领域。Philip Galanter 将 TSP 与若尔当曲线结合，绘制了一系列大型 TSP 壁画，如图 4-3 所示。

图 4-3　TSP 壁画（源自 Philip Galanter）

4.3.3　分　类

（1）根据对规划范围内信息的掌握情况，路径规划可分成依据已有环境全部信息的全局路径规划和依据传感器实时信息的局部路径规划。

全局路径规划（Global Path Planning）是根据环境全局的信息，包括人/车在当前状态下探测不到的信息。全局路径规划将环境信息存储在一张图中，利用这张图找到可行的路径。全局算法往往需要耗费大量的计算时间，不适于快速变化的动态环境，同时由于全局路径规划需要事先获得所有环境信息，也不适于未知环境下的规划任务。该规划将整体目标拆分为一个个小目标，再由局部规划解决这些小目标。

局部路径规划（Local Path Planning）只考虑人/车的瞬时环境信息，因此计算量减小，速度大大提高。但是局部路径规划算法有时不一定能够使人/车到达目标点，造成算法全局不收敛。

（2）根据信息是否在线，路径规划可分为：离线路径规划和在线路径规划[5]。离线路径规划只适用于信息全部已知的环境；在线路径规划适用于信息不确定环境[6]。

4.4　理论和实例

旅行商问题是传统的路径规划问题之一[7]，本节将以 TSP 问题为例讲解路径规划问题。

4.4.1　原　理

1. 问题定义

旅行商问题是很多学科和行业中经常遇见的复杂问题的综合和简化，是运筹学中典型的 NP-Hard 问题，它被广泛用于验证启发式算法的性能。

该问题可以简述为[8]：已知有 n 个城市，每两个城市之间的权值（时间、距离等）为 $C_{i,j}(1 \leqslant i \leqslant n, 1 \leqslant j \leqslant n, i \neq j)$。现在每个城市被认为是连通图上的一个节点 v_i，那么 TSP 问题就被转化为找出权值最小的 Hamilton 回路问题。

TSP 中唯一的约束就是在旅行商游历的过程中，所有城市都要被访问且每一个城市最多只能被访问一次。

对于一个旅行商问题，假设有两个城市 X 和 Y，如果从 X 到 Y 的权值与从 Y 到 X 的权值一致，该问题为对称的 TSP 问题，否则为非对称的 TSP 问题。通常前者的复杂程度及难度要低于后者。

TSP 的数学模型如下[9]。

存在有权无向图 $G=(V,E)$，其中 V 为图上所有节点的集合，E 为连接每对节点的曲线集合（即边），d_{ij} 为每对节点之间的长度，这些长度是可知的。设

$$x_{ij} = \begin{cases} 1, & \text{若}(i,j)\text{在回路路径上} \\ 0, & \text{其他} \end{cases} \tag{4-1}$$

可以用以下数学模型来建模经典的 TSP 问题：

$$\min Z = \sum_{i=1}^{n}\sum_{j=1}^{n} d_{ij}x_{ij} \tag{4-2}$$

$$\text{s. t.} \quad \sum_{j=1}^{n} x_{ij} = 1, \qquad\qquad i \in V$$

$$\sum_{i=1}^{n} x_{ij} = 1, \qquad\qquad j \in V$$

$$\sum_{i \in S}\sum_{j \in S} x_{ij} \leqslant |S| - 1, \qquad \forall S \subset V, 2 \leqslant |S| \leqslant n-1$$

$$x_{ij} \in \{0,1\} \qquad\qquad \forall i,j \in V \tag{4-3}$$

模型中，n 为集合中所含图的节点数。式(4-3)中的约束 1 和约束 2 表明每个节点仅被两条边相连(一进一出)，约束 3 则确保了在该问题中不会产生任何子回路。

2. 优化算法：General Variable Neighborhood Search

本节构造了 TSP 问题的一种有效求解方法：一般变邻域启发式搜索算法(General Variable Neighborhood Search Heuristic，GVNS)。该算法在 Hansen 等人提出的变邻域搜索算法(Variable Neighborhood Search Heuristic，VNS)基础上进行了改进。VNS 算法车辆路径规划问题上的应用已经十分成熟[10]，但通过调研已有文献发现，将变邻域搜索算法使用在随机路径规划问题上研究还很少。

构造 GVNS 算法的步骤如下：采用收益算法或贪婪算法，获得一个较优的原始解决方案。进入抖动和邻域搜索阶段，定义两条或多条路径之间的邻域搜索及单条路径内部的邻域搜索等六种不同的邻域结构。结合变邻域降势(Variable Neighborhood Descent，VND)及小粒度(Granular Search，GS)算子进行邻域搜索。然后规定了算法的停止条件以及评估解的标准。

💡 初始解

使用 Clarke 和 Wright 收益算法(也可使用贪婪算法)[11]，可以快速获得一个较优的初始解。

首先分配一辆车来操作每个订单节点(一辆车代表一个路径，每辆车只服务一个订单)，然后将两条节约成本最多的车辆合起来，注意，必须满足当前车辆的负载限制和时间约束才可以进行合并。迭代至当前路径没有互连的可能时，终止操作，初始解生成完毕。

💡 邻域结构

本节构造了两大类邻域结构，分别为路径间的顶点操作〔N_1(2-opt)、N_2(顶点交换)、N_3(单点插入)〕；单条路径内部的顶点操作〔N_4(2-opt)、N_5(顶点交换)、N_6(单点插入)〕。使用不同的邻域结构增加了解的多样性，有利于更加有效地搜索解空间。

(1) 路径间顶点 2-opt

在 N_1 邻域中，第一步选择任意两条不相同的路径 r_1、r_2。其次在两条路径中随机抽取不同顶点 v_1 和 v_2，删除操作执行前分别与 v_1、v_2 连接的路径，如图 4-4(a)中的路径

$11\rightarrow12$，$21\rightarrow22$。然后将 v_1 连接 v_2 的下一个顶点，将 v_2 连接 v_1 的下一个顶点，如图 4-4 (a)中的路径 $11\rightarrow22$，$21\rightarrow12$。这样就完成了 r_1、r_2 之间的部分路径交叉操作。这种方式会产生一种特殊情况，如图 4-4(b)所示，如果有一条路径在进行 2-opt 操作前只包含一个订单，那么操作过程中该路径可能会与另一条路径合并成一条路径。

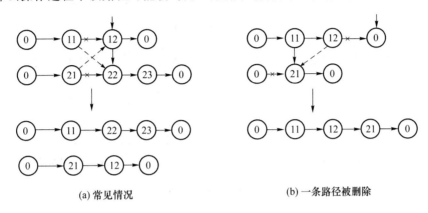

(a) 常见情况   (b) 一条路径被删除

图 4-4　路径间顶点 2-opt

（2）路径间顶点交换

在 N_2 过程中，首先选择任意两条不相同的路径 r_1、r_2，并在这两条路径中随机抽取不同顶点 v_1 和 v_2，然后交换 v_1、v_2 在路径中的位置，如图 4-5 所示，这个操作的优势在于可以有效地减少路径 r_1、r_2 的总花费。

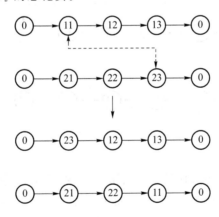

图 4-5　路径间顶点交换

（3）路径间单点插入（N_3）

N_3 过程中，首先选择任意两条不相同的路径 r_1、r_2，并在 r_1 路径中随机抽取一个顶点 v_1。将该顶点从路径 r_1 中移除，放入路径 r_2 中，产生一条新路径 r_3。如果此时的总花费低于之前的花费，则接收该路径，如图 4-6(a)所示。N_3 操作可能会导致新生成一条路径或者两条路径合并成一条路径，如图 4-6(b)所示。

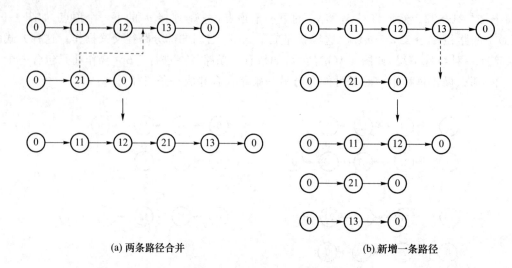

(a) 两条路径合并　　　　　　　　　　　(b) 新增一条路径

图 4-6　路径间单点插入中两种特殊情况

（4）路径内 2-opt

与 N_1、N_2、N_3 不同的是，N_4 过程只需要选择任意一条路径 r_1，并在 r_1 中随机抽取不同顶点 v_1 和 v_2。将 v_1 与其上一个节点之间的路径断开，将 v_2 与其下一个节点之间的路径断开，如图 4-7 所示。然后，将 v_1 连接上 v_2 的下一个节点，将 v_2 连接 v_1 的上一个节点。操作执行完后，在两个节点之间的路径将与之前相反。

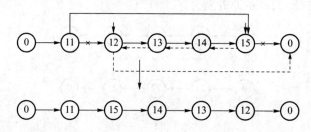

图 4-7　路径内 2-opt

（5）路径内顶点交换

在 N_5 过程中，首先需要选择任意一条路径 r_1，然后在 r_1 中随机抽取不同节点 v_1 和 v_2。将 v_1、v_2 的位置互换，如图 4-8 所示。此时产生的新路径 r_2 比原路径更能节约费用。

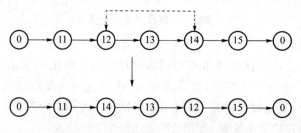

图 4-8　路径内顶点交换

（6）路径内单点插入

N_6 过程是选择任意一条路径 r_1，并在 r_1 中随机抽取一个节点 v_1，将其从 r_1 中删除，

然后在路径 r_1 中随机选取一个位置(不含 v_1 原位置),将 v_1 加入该位置,如图 4-9 所示。

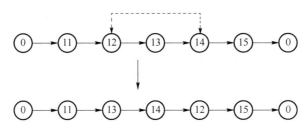

图 4-9 路径内单点插入

● 抖动机制

算法中使用抖动机制来避免搜索陷入局部最优的情况。抖动过程将会在两两路径之间进行搜索,即会依次采用 N_1、N_2 和 N_3 邻域结构进行搜索。这种随机性邻域结构可以增加解决方案的多样性。在满足各种约束时,抖动过程会在已有的路径中随机抽取两条路径,然后按 N_1、N_2 和 N_3 的操作进行搜索。

抖动机制的步骤

输入:当前解 x,邻域数量 k

输出:抖动操作后的解 x

过程:

    while $k>0$ do

        $v \leftarrow \text{Rand}[1,m]$! 选择一个随机的路由

        $i \leftarrow \text{Rand}[1,|\text{tour}_v|]$! 选择一个随机的节点

        $t \leftarrow \text{Rand}[1,m] \text{ and } t \neq v$

        $j \leftarrow \text{Rand}[1,|\text{tour}_t|]$

        将节点 i 插入到路由 t 的节点 j 与节点 $j+1$ 之间

            $x_{i-1i}=0$, $x_{ii+1}=0$, $x_{i-1i+1}=1$! 删除节点 i

            $x_{jj+1}=0$, $x_{ji}=1$, $x_{ij+1}=1$! 插入节点 i

    $k \leftarrow k-1$

    end while

    返回 x

● 本地搜索(**Local Search**)

在执行抖动操作后原有的解决方案通过不同的邻域操作产生了很多邻域解。本地搜索对这些邻域解进行进一步的搜索,通过在路径与路径之间,路径内部执行一些邻域操作,对已有的解决方案进行优化。局部搜索(即本地搜索)是一种针对复杂组合优化问题的常用方法[12]这种搜索方式可以在不过多增加时间开销的情况下找到一个更好的解。局部搜索其实就是对邻域进行搜索,如果用数学方式表示邻域结构,那么可用 $N:S \rightarrow 2^s$,对于每个 $s \in S$ 都存在一个邻域解的集合 $N(s) \subseteq S$,$N(s)$ 也是 s 的邻域。

本地搜索算法搜索得到的解的质量高低与邻域结构的选择有着密不可分的关系。邻域结构 $N(s)$ 中所有的解都是现有解 s 通过本地搜索的一些操作实现的。

通过本地搜索算法找到的解并非是全局最优解，这是因为本地搜索算法的实质是局部搜索，它只会对已有解的局部进行改动，搜索的解空间范围十分有限，只能搜寻出小范围内的最优解。该算法是否接受新搜索到的解和采用何种策略搜索解都会通过一个检查策略来进行判断。

本节中的 GVNS 算法在本地搜索部分使用了 VND 算法。为了保证搜索的有效性，在满足所有约束条件的情况下使用了上文定义的 N_1、N_2、N_3、N_4、N_5 和 N_6 邻域结构。本地搜索过程开始时，算法会一次执行这六种邻域结构操作，一旦新搜索到解的质量高于现有解，则删除现有解，然后接受新生成的解，并重新回到 N_1 开始新一轮的搜索；如果新搜索到解的质量低于现有解，则顺序执行下一个邻域操作。本地搜索的终止条件为顺序搜索到 N_6 时仍未找到可以替换当前解的邻域解，就结束本次局部搜索。操作步骤如下：

步骤 1 通过抖动操作得到一个随机可行解 s，令 $k=1$。

步骤 2 在邻域结构 M 中，使用 s'；产生一个最佳邻域解 s''。

步骤 3 若 $F(s'')<F(s')$，则 $s'=s''$，$k=1$；否则，$k=k+1$。

步骤 4 若 $k>6$，则停止；否则，跳到步骤 2。

💡 小粒度搜索

小粒度搜索策略根据较优解方案中高成本边所对应的成本收益值 η 对求解方案进行裁切，使算法更加倾向于搜索成本较低的短边，由于对高成本边的调整总是集中在解方案的内部进行，因此每次小粒度搜索算子都是在已知解的本地邻域内进行的，这种小范围进化机制可以有效地减少算法的计算成本。对于已知解中的每条有效边，其对应的成本收益值为：

$$\eta=\frac{\theta F'(\overline{x})}{n+m(\overline{x})} \tag{4-4}$$

其中，$F'(\overline{x})$ 为当前已知解的评价函数值，θ 为大于 0 的常数值，$m(\overline{x})$ 为该已知解中存在的边条数，n 为该已知解包含的所有顶点个数。

需要注意的是，在一些路径规划问题中，旅行商需要从固定的地点出发或最终返回指定地点，因此，连接这些必经点的长边也应当加入已知解的小粒度搜索过程中。此外，最优解中的一些长边也可能具有一定的开发"潜力"，这些边的成本收益值即使超过了舍弃的阈值也可以被继续保留。因此，小粒度搜索策略的每一次搜索操作都应当被控制在有限的范围内进行，受控的范围往往满足一个或更多的条件：(1)要保留的边的成本收益值不超预设的阈值；(2)要保留的边的其中一个顶点为必经的固定地点；(3)要保留的边为当前种群中最优解的成员边。

💡 接受及终止标准

前文所介绍的邻域搜索、抖动、本地搜索以及小粒度搜索策略均是解的评估值提升作为进化标准的，即在相应算子的每一次作用之后，将新生成解的评估值与原始解的评估值比较，将评估值有提升的新解替换原始解。在 VNS 算法中，这种更新思想被贯穿始终，但这种方式同样存在一些问题，即解的局部收敛。

为了进一步避免上述现象的出现,Dueck 等人在 1993 年提出一种元启发式 RRT 算法来改善解的搜索过程,RRT 算法基于经典的模拟退火算法 SA,二者的主要区别在于解的接受规则,SA 根据一定的概率(取决于温度和一个均匀的随机数)承认较差的解。然而,RRT 只接受使用最大恶化参数 max-det 的每一个比最好的方案稍差的解决方案。整个 SA 参数仅由该参数替代。max-det 参数作为一个接受准则,从某个值开始,一直保持不变,直到算法结束。因此,该参数不会经过迭代而退化,而标准 SA 算法中的温度参数则不是这样。当历史最优解的质量在有限的评估次数内不被提升或算法的总评估次数已经达到预设的上限值时,整个算法搜索过程结束。

4.4.2　实现

GVNS 算法的搜索过程如下:

一般变邻域启发式搜索算法(GVNS)

输入:initial pop

输出:best solution

过程:

初始化变量。

通过收益算法或贪婪算法产生初始解 s_{ini}。

将 $F(s_{\text{ini}})$ 记为 R,计算误差 d 以及粒度阈值 η。

Repeat

　　设置 $k_{\text{shaking}}=1$;

　　在邻域 $N_{k_{\text{shaking}}}$ 中,使用 s 随机产生一个解 s';

　　在邻域结构 $\{N_1, N_2, N_3, N_4, N_5, N_6\}$ 中,使用 VND 算法和小粒度搜索算法,找到 s' 的最佳邻居解 s'';

　　if $F(s'') < F(s*)$ then

　　　　$s^* = s''$;

　　End if

　　if s'' 被 RRT 标准接受 then

　　　　$s = s''$;

　　　　if $F(s'') < R$ then

　　　　　　更新 R 和误差 d;

　　　　End if

　　End if

　　$k_{\text{shaking}} = k_{\text{shaking}} \bmod 3 + 1$;

Until 算法终止标准;

输出 s^*

4.4.3 实例:带时间窗约束的 TSP 问题

1. 问题概述

已知一个仓库的位置(旅行商的出发点)和一组客户的坐标,且每个客户都有自己的服务持续时间(即必须花费在客户身上的时间)以及服务时间窗口[最早可以开始被服务的时间,服务到期时间],现在需要找到该 TSPTW 问题的最优解。

TSPTW 问题是在已知客户信息的前提下找到一个最小成本的旅行,在每个客户的到期日之前拜访他们一次。允许旅行推销员在准备时间之前到达某个客户,但在这种情况下,旅行推销员必须等待。显然,有一些客户会出现在旅行推销员到达时已经超过了服务的到期时间的情况,我们将所有这样的旅行称为不可行的旅行(解决方案),而所有其他的旅行我们将称为可行的旅行(解决方案)。旅行的费用是旅行的总距离。

假设给定了图 $G=(V, A)$,$A=\{(i,j):i,j\in V\cup\{0\}\}$ 是客户与客户之间的连接边集合,其中 0 是仓库。从 i 到 j 的旅行成本由 c_{ij} 表示,c_{ij} 包括客户的服务时间和从 i 到 j 所需的时间。每个客户都有一个关联的时间窗口 $[a_i, b_i]$,a_i 和 b_i 分别代表准备时间和到期日期。

2. 方法:GVNS 算法求解 TSPTW

采用 TSPLIB 上的测试基准 Berlin52 作为算例,实现代码在附录给出。GVNS 求解 TSPTW 的具体过程如下。

💡 初始化

利用贪婪随机化方法得到初始解。初始化伪代码如下。

贪婪随机化算法生成初始解

输入:当前解 x
输出:随机生成的初始解
过程:
  $S \leftarrow \{1, 2, 3, \cdots, n\}$
  $x_0 \leftarrow 0$;$k \leftarrow 1$
  while $S = \varnothing$ do
    $S' \leftarrow$ 距离 x_{k-1} 最近的 $\min(q, n-k+1)$ 客户 S 子集
    $x_k \leftarrow$ 随机选择 S' 中的顶点
    $S \leftarrow S \setminus \{x_k\}$
    $k \leftarrow k + 1$
  end while
  返回 x.

💡　**VND 算法**

在确定性 VND 启发式中找到邻域的正确顺序对最终解的质量有重要影响。因此，我们对 VND 的不同变种进行了如下广泛的测试：

在前文讲解 GVNS 时一共提出了 6 个邻域结构：N_1、N_2、N_3、N_4、N_5、N_6。

在本实例中，对于 TSPTW 问题的路由部分，我们只使用了 3 个邻域结构，遵循最近的 Less is More Approach (LIMA)。在 LIMA，我们试图将搜索过程中使用的材料的数量最小化，这也包括社区结构的数量。我们使用的 3 个邻域结构如下。

（1）向前插入：Forward Insertion (FwI) 由连续移动 k 个客户到路由的右侧得到的解组成（$k = 1, 2, \cdots, n_{\max}$）。如果 k 个客户从 x_{i+1} 开始并插入到 x_j 之后，那么从式(4-1)开始的路由 x 就变成了

$$x' = (x_0, x_1, \cdots, x_i, x_{i+k+1}, \cdots, x_j, x_{i+1}, \cdots, x_{i+k}, x_{j+1}, \cdots, x_m, x_{m+1}, \cdots, x_n) \tag{4-5}$$

（2）向后插入（BwI）：将 k 个连续客户向左移动。

（3）2-opt：其中解 $x' = N_{2\text{-opt}}$ 为：

$$x' = (x_0, x_1, \cdots, x_{i-1}, x_i, x_j, x_{j-1}, \cdots, x_{i+2}, x_{i+1}, x_{j+1}, \cdots, x_m, x_{m+1}, \cdots, x_n) \tag{4-6}$$

算法 3 给出了更新步骤的伪代码，该伪代码将用于序列 VND (Seq-VND) 中的 2-opt 局部搜索。

更新 2-opt move 内的辅助结构

Function Update $S_b S_e (x, i, j)$；

for $k \leftarrow i-1$ to $m-1$ do

    $S_b(k) \leftarrow S_b(k-1) + (m-k) \times d_{xk, xk+1}$

end for

for $k \leftarrow j$ down to 0 do

    $S_e(k) \leftarrow {}_e(k+1) + (m-k) \times x_k, x_{k+1}$

end for

$\delta(1) \leftarrow d_{x0, x1}$

for $k \leftarrow i - 1$ to j do

    $\delta(k) \leftarrow \delta(k - 1) + d_{xk, xk+1}$

end for

💡　邻域抖动

通过重复 k 次插入移动（向前或向后）、添加、交换移动，以相同的概率 0.5 在第 k 个邻域内生成随机解。令 $\mathrm{Ins}(k)$ 表示在 tour x 上 k 个连续客户的插入移动，使用 $\mathrm{Ins}(1)$ 的概率为 0.5，取决于 $j > i$ 或 $j < i$ 进行正向（FwI）或逆向（BwI）选择。

💡　整体流程

根据 GVNS 的规则，我们得到求解 TSPTW 的 GVNS 算法。

使用 GVNS 求 TSPTW

输入 : $R(x,q)$
输出 : 初始解 X
过程 :
  repeat
    $k \leftarrow 1$;
      while $k <= k'_{max}$ do
      $X' \leftarrow$ 抖动过程 ;
      $X'' \leftarrow$ 本地搜索过程 ;
      $k \leftarrow k+1$;
      if X'' 比 X 好
      $X \leftarrow X''$; $k \leftarrow 1$;
      if (X 的长度不大于 L) then 返回 X ;
      end
    end
    计算 CPU 的运行时间 t ;
  until $t > t'_{max}$;
  返回 X ;

4.5 习题与实例精讲

4.5.1 习题

【习题一】
对于一个局部搜索算法,如何进行邻域结构的选择?局部搜索能不能够确保得到的邻域解的可行性?

【习题二】
计算有时间窗约束的旅行商问题实例中 GVNS 算法的复杂度。

【习题三】
假设存在编号为 $V_1, V_2, \cdots, V_{20}$ 的 20 个商店, D_{ij} 表示 V_i 到 V_j 的距离,且 $D_{ij} \neq D_{ji}$,一个外卖小哥从 V_1 开始,去每个商家取货一次且至多一次,然后返回出发点。该外卖小哥该如何配送外卖,才能使总路程最短?请写出具体过程,并采用一种群智能优化算法求解。

【习题四】

如图 4-10 所示,从 A 地到 D 地要建立连通的道路,必须需经过两层中间节点,任意两点之间的距离已知并在图上标注。求总距离最短的路线。

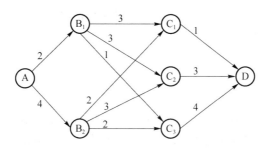

图 4-10 A、D 两地路况示意图

【习题五】

某一维修小组有 12 个维修人员,该小组主要承担 A、B、C、D 四台仪器的维修任务。每台机器需要 2～4 个维修人员进行维修。每个维修小组在职的维修人员数量、各个机器在相同时间内产生损失的次数如表 4-3 所示。

求:维修小组应往每台仪器分别派多少个维修人员,才能最小化预期损失的总和。

表 4-3 各仪器损失表

维修人数/人	机器产生损失的次数/次			
	A	B	C	D
2	18	38	24	34
3	14	35	22	31
4	10	31	21	25

4.5.2 案例实战

本章介绍的路径规划问题是很多问题的根问题,它在其他领域也可以很好地被应用。实际上,关于图的问题都可以考虑使用路径规划思想解决。

1. 游戏升级问题

💡 案例背景

小红最近十分喜欢玩一种送餐游戏。该游戏中有 X 家商店,每两个商家之间都由双向道路连接,一共有 Y 条这样的道路。为了提高游戏的难度,每条道路上都设有一个干扰玩家通过的路障;假设游戏刚开始时,该路障的能量值是 Z。游戏 2.0 版本中将路障进行了升级,路障的等级会随着时间的推迟而自动增加(现在的机制是每小时+1)。例如,一个路障的初始等级为 5 级,那么到了第 5 小时,它的等级会升至 10。

现在小红接到的订单需要在第 t 小时从 A 商店出发到商店 C 送餐。为了节约时间,他必须选择一条路障等级之和最低的路径。问:如何选择这条路径? 路径的最低路障等级之和为多少?

💡 解题思路

本题的商店地图可以等价于一个有向图 $G=(V,E)$，其中每两个节点之间的边都有一个权值 w（对应于路障的等级），该问题等价于求 G 图中最小权值 w 总和，即最短路径问题。一般可以从以下两种角度考虑（参考代码请扫描封底二维码获取）：

（1）单点对全部顶点；

（2）所有顶点对两两之间的最短距离。

2. 象棋问题：马拦过河卒

💡 案例背景

在象棋中，经常需要操控棋子卒，让其过河并吃掉对手的任意一枚棋子。已知一个过河卒的行进方向是每次前进一格，如图 4-11 中的 A。此时对方棋手需要操纵自己的马（该棋子可在棋盘中的任意一点）去拦截卒，已知马的行进方向是每次前进一个"日"字，因此图 4-11 中的 P_1、P_2、P_3、P_4、P_5、P_6、P_7、P_8 均为点 C 可能到达的点。

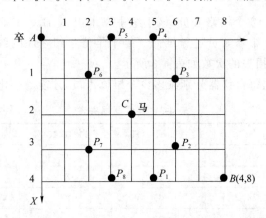

图 4-11 马拦过河卒示例

我们采用二维坐标系来模拟棋盘，设 $A(0,0)$、$B(a,b)$，其中 $a\leqslant20$，$b\leqslant20$，且 a、b 均为整数，这里假设 B 坐标为 $(4,8)$，马的坐标 $C(2,4)$（注意：$C<A$，同时 $C<B$）。请找出有多少条路径能够让过河卒顺利到达 B 点。

💡 解题思路

步骤 1：假设 $F(X,Y)$ 为棋子卒到达棋盘上任意一点 (X,Y) 的路径条数。

步骤 2：状态转移方程为

$$F(X,Y)=F(X-1,Y)+F(X,Y-1) \tag{4-7}$$

其中，$F(0,0)=1$，$F(0,Y)=1$，$F(X,0)=1$。

步骤 3：通过自底向上的解决方法计算 $F(X,Y)$ 的最佳解决方案，请扫描封底二维码获取参考代码。

3. 排队买票问题

💡 案例背景

在假日出游高峰期，景区的售票处总会排起长队，现假设在某一个热门景点处有 n 名游客正在窗口排队买票，他们每个人均需要买一张门票。而窗口公告说，每名游客单次限购两张门票。假设第 i 位游客成功买到门票的时间为 W_i（$1\leqslant i\leqslant n$），而前后两位游客(第 j 个人和第 $j+1$ 个人)可以选择一个人代为买票(一个人买两张票,而另一个人无须等待),则 $j,j+1$ 游客成功买到票的时间为 T_j。假如 $T_j < W_j + W_{j+1}$,那么说明该方法可以有效地减少排队时间[13]。

问:已知 n,W_j 和 T_j 的值,请给出所有人在最短时间内都成功买到票的方法。

💡 解题思路

如果前 $i+1$ 个买票的最优买票方式已确定,比如第 i 个人买一张票,则前 i 个人的买票方式也一定是最优的。

假设 $F(i)$ 为前 i 名游客成功买票的最佳方法,则 $F(i)$ 为:

$$\min \begin{cases} (1) & 第个人的票自己买 \\ (2) & 第 i 个人的票由第 i-1 个人买 \end{cases}$$

程序的实现步骤如下。(扫描封底二维码可获取参考代码。)

BuyTicks(T,R)

输入:T,R

输出:F

过程:

 $n \leftarrow \text{length}(T)$

 $F[0] \leftarrow 0$

 $F[1] \leftarrow T[1]$

 for $i \leftarrow 2$ to n do

  $F[i] \leftarrow F[i-2]+R[i-1]$

  if $F[i] > F[i-1]+T[i]$ then

   $F[i] > F[i-1]+T[i]$

 return F

4.6　结　束　语

本节研究了路径规划问题,分析了该问题的应用范围和分类,并深入地介绍了 TSP 问题(典型的路径规划问题)。路径规划问题中,所需要规划的地图信息通常是已知的,纵使偶尔信息发生了改变,智能算法也能够第一时间针对这种变化进行相应的规划,本章以启发式算法 GVNS 为例,给出了解决这类问题的实例。

时代的进步导致各种新型技术层出不穷,路径规划面临着更大的挑战,实际上随着大型城市的发展,城市道路愈发错综复杂,交通状况变化极快。因此如今的路径规划要考虑的因素更多,求解路径规划问题的算法也必须能在短时间内迅速地感知变化并高效地处理它。很多原始的单个路径规划算法在这种复杂环境中的处理效率并不高,因此在今后的研究中,应着重关注以下几点。

（1）对已有的路径规划算法进行优化：一些相对成熟的算法通常能很好地处理静态问题,但在实际应用中仍存在一定的局限性。比如,变邻域搜索算法存在随机性不够的缺点；A* 算法无法很好地应用在无人机的路径规划上。

（2）考虑将几种算法进行融合：在面对新兴问题和交叉领域的难题时,没有一种路径规划算法能完美地解决这些问题,因此需要将两个或者多个各有优势的算法有效地结合起来,比如这几年很火的强化学习、神经网络方法等,可以考虑将它们与经典的 ACO 算法结合,可能会碰撞出不一样的火花。

（3）将建模技术加入路径规划问题中：如果能先将复杂问题建模出来,会减轻算法求解该问题的难度。尤其对于多维问题而言,优秀的建模技术与算法的融合将会事半功倍。实际上现在已经有人将这两者进行结合,如 C 空间法和 Dijkstra 算法的结合等。

4.7　阅 读 材 料

4.7.1　重 要 书 籍

（1）《迷茫的旅行商》（William J Cook 著）

此书总结了 TSP 的起源和发展过程,介绍了 TSP 在不同领域的重要应用,讨论了不使用计算机辅助时如何解决 TSP 问题。

（2）*Travelling Salesman Problem*（Federico Greco 著）

此书系统地介绍了求解 TSP 的算法。此书将算法分为几大类别：以种群为基础的优化算法、仿生算法、演化算法、粒子群算法、神经网络等。通过这些求解方式寻找 TSP（或其他一些严格相关的问题）的好的/最优解的算法。

4.7.2　重 要 论 文

（1）"Traveling salesman problem heuristics：Leading methods，implementations and latest advances"

此文调查了 TSP 主要的方法和负责它们成功实现的特殊组件,并对具有挑战性和多样化的对称和非对称 TSP 基准问题的计算测试进行了实验分析。

（2）"Genetic Algorithms for the Travelling Salesman Problem：A Review of Representations and Operators"

此文回顾了用遗传算法解决旅行推销员问题的各种尝试,提出了交叉和变异算子,用不同表示形式的遗传算法来处理旅行商问题。

（3）"The multiple traveling salesman problem：an overview of formulations and solution procedures"

　　此文回顾了多旅行商问题及其实际应用,突出了一些公式,描述了关于这个问题的精确的和启发式的解决程序。

　　(4)"Well-solvable special cases of the Traveling Salesman Problem:a survey"

　　此文对可以在多项式时间内得到有效解决的 TSP 问题进行了调查,强调了1985—1995 年十年期间取得的成果。

　　(5)"Ant colonies for the travelling salesman problem"

　　此文描述了一个能够解决旅行商问题的人工蚁群算法。人工蚁群通过在 TSP 图的边缘沉积信息素轨迹的形式积累信息,能够连续生成较短的可行行程。

4.7.3　相关网站

　　(1) TSP 网络课程:https://www.geeksforgeeks.org/travelling-salesman-problem-set-1/

　　(2) TSPLIB:http://elib.zib.de/pub/mp-testdata/tsp/tsplib/tsplib.html

　　(3) TSP 测试集:http://elib.zib.de/pub/mp-testdata/tsp/tsplib/tsp/index.html

　　(4) TSP 问题的启示:https://docs.lib.purdue.edu/jps/

本章参考文献

[1]　百度百科. 路径规划[EB/OL]. (2021-01-27)[2021-04-18]. https://baike.baidu. com/item/%E8%B7%AF%E5%BE%84%E8%A7%84%E5%88%92/8638339? fr=aladdin.

[2]　WIKIPEDIA. Motion planning[EB/OL]. (2021-01-3)[2021-04-20]. https://en. wikipedia.org/wiki/Motion_planning#:～:text=Motion%20planning%2C% 20also%20path%20planning,animation%2C%20robotics%20and%20computer% 20games.

[3]　weixin_30823227. 路径规划[EB/OL]. (2017-08-20)[2021-03-20]. https://blog. csdn.net/weixin_30823227/article/details/97521473.

[4]　WIKIPEDIA. Travelling_salesman_problem[EB/OL]. (2021-04-20)[2021-04-19]. https://en.wikipedia.org/wiki/Travelling_salesman_problem.

[5]　马仁利,关正西. 路径规划技术的现状与发展综述[J]. 现代机械,2008(3):4.

[6]　张广林,胡小梅,柴剑飞,等. 路径规划算法及其应用综述[J]. 现代机械,2011 (05):85-90.

[7]　Applegate D L,Bixby R E,Vaek Chvatal,et al. The Traveling Salesman Problem:A computational Study. Princeton University Press,2006.

[8]　coordinate_blog. Travelling Salesman Problems(旅行商问题)[EB/OL]. (2018-11-23)[2021-04-17]. https://blog.csdn.net/qq_17550379/article/details/84393587.

[9]　osmondwang. TSP、VRP、VRP 模型介绍[EB/OL]. (2017-07-27)[2021-03-17].

https://www.cnblogs.com/osmondwang/p/7244546.html.

[10] 短短的路走走停停. 变邻域搜索算法(VNS)求解[EB/OL]. (2019-05-12)[2021-04-18]. TSPhttps://www.cnblogs.com/dengfaheng/p/10852917.html.

[11] William J. Cook. 迷茫的旅行商[M]. 北京:人民邮电出版社,2013:99-102.

[12] 雷洪涛. 物流配送路径优化与配送区域划分[M]. 北京:国防工业出版社,2015:23-26.

[13] 龚艺,冉金超,侯明明. 基于遗传算法的多目标外卖路径规划[J]. 电子技术与软件工程, 2019,156(10):173-175.

第5章

组合优化问题

5.1 概　　述

  著名的 TSP 问题、VRP 问题等路径规划问题均可以归属到组合优化问题的范畴,它们是基于不可重复的离散编码,通过相应的组合优化方法调整解决方案中边和顶点的排列,获得不同质量的解。

  然而,在组合优化领域中还存在着有重复编码的优化场景,本章将对这一类的组合优化问题进行讲解。重复编码通常出现在目标点可重复的优化问题中。例如,有一个容量为 C 的背包和多种商品,每种商品有多件且都有自己的价格和体积。在满足容量约束的前提下,要使背包中物品总价最高,则背包中可能同种商品存在多件。

  组合优化问题起源于 18 世纪,通常作用在具有离散-有限解空间的优化问题模型中,其目标是寻找一个满足给定约束条件并使得评估函数最优的解方案。这类问题属于多维、有约束的 NP-Complete 问题[1,2,3],其特点是解空间往往具有大量的局部最优值。目前,组合优化已在通信网络、物流管理、交通运输等诸多领域发挥了重要作用,显露了这个学科方向的巨大发展前景。

5.2 目　　的

  组合优化是数学优化的一个分支,它涉及运筹学、算法理论等理论。组合优化问题与我们的生活息息相关,它可以解决满足约束条件时在某个优化准则下寻求极大解或极小解的一系列组合问题,如装箱问题、生产调度问题等。

5.2.1 基本术语

1. 问题术语

问题术语如表 5-1 所示。

表 5-1 组合优化基本问题术语

术 语	解 释
0-1 背包问题	现有容量为 C 的包裹和 M 件不相同的商品,每件商品都有自己的价格 P_i 和体积 V_i,在满足容量约束的前提下,如何装载商品能够让包裹中的商品总价最高,这就是 0-1 背包问题。
完全背包问题	指现有容量为 C 的包裹和 M 件商品(允许有多件同类商品),每种商品都有自己的价格 P_i 和体积 V_i,在满足容量约束的前提下,如何装载商品能够让包裹中的商品总价最高。
多重背包问题	现有容量为 C 的包裹和 M 件商品(k 类商品数量为 m_k),每种商品都有自己的价格 P_i 和体积 V_i,在满足容量约束的前提下,如何装载商品能够让包裹中的商品总价最高。
二维费用背包问题	物品拥有两种价格的背包问题,如果选择该物品必须同时支付这两种价格。
分组背包问题	现有容量为 C 的包裹和 M 件商品,每种商品都有自己的价格 P_i 和体积 V_i,这些商品被分为多个组,每组中的商品最多被选一件,在满足容量约束的前提下,如何装载商品能够让包裹中的商品总价最高。
依赖背包问题	商品间存在"依赖"的关系,假设商品 1 依赖于商品 2,那么将商品 1 放入包裹的同时也要将商品 2 放入。
泛化物品的背包问题	商品无固定的价格和体积,它的价格会随着分配到的空间而变化。
整数规划问题 (Integer Programming)	所有或局部变量是整数类型的优化问题。按照约束条件的不同可以分为线性、二次和非线性问题。

2. 方法术语

方法术语如表 5-2 所示。

表 5-2 组合优化基本方法术语

术 语	解 释
种群	种群是进化的基本单位,是指在同一空间和同一时间内共同生活的同一物种的集合[4]。同一个种群的个体之间是可以相互交配产生后代的。
适应度	适应度是用来评价个体的存活能力和繁殖能力的指标。在某种生存环境下,个体的适应度越强,表示该个体越容易存活下来且生殖机会越大。
解空间	一个问题的所有可能解决方案的空间。
最优解	最优解是指在满足所有总目标和各个分目标的前提下,适应度也可以达到最好的解。
复杂度	复杂度是指一个算法在编程后运行时消耗的资源的多少。通常计算一个问题有很多算法,计算复杂度可以用来从众多算法中选择最优的算法,从而减少运行时间和消耗的内存等。
近似算法	求解一个规模不小的问题时,很难在多项式时间内获得该问题的精确解,这时我们可以退而求其次求得一个近似解(次优解)。获得近似解是求解方法被称为近似算法[5]。

5.2.2　思维导图

组合优化问题思维导图如图 5-1 所示。

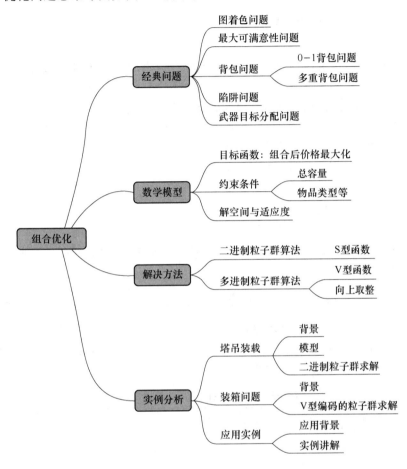

图 5-1　组合优化问题思维导图

5.3　典型组合优化问题

组合优化问题的经典问题有很多,下面介绍一些最为常见的经典组合优化问题,帮助读者理解。

5.3.1　图着色问题

图着色问题(Graph Coloring Problem,GCP)属于 NP-Complete 问题,是地图的着

色问题的一种扩展[6],目的是用最少的颜色来给图着色,使相邻的区域呈现不同的颜色。数学定义如下:将每个区域看作一个顶点,相邻区域用一条边连接,组成一个无向图 $G=(V,E)$,其中 V 为顶点集合,E 为边集合,图着色问题就是将 V 涂成 K 个颜色,相连的顶点不能涂成相同的颜色,目的是获得最小的 K 值[7]。

5.3.2 最大可满意性问题

实际问题有很多约束,需要在尽可能满足所有约束的情况下求解最优解,我们称这类问题为约束满足问题。最大可满意性问题(Maximum Satisfiability Problem,MaxSAT)是约束满足问题的扩展,有很大的研究意义。其数学定义如下:

设 $\{c_i\}$ 是变量 $x_1,\cdots,x_n$ 的布尔子句集合。其中每个子句都是字面量的析取,每个字面量值可以被赋为真或假。设每个子句都有一个非负权重 w_c,要求为这个布尔子句集合中所有 x_i 赋值,使 c_i 中被满足的子句的总权重最大化。

5.3.3 陷阱问题

陷阱问题[8]包括 k 个基本函数,其适应度是 k 个基本函数的适应度之和。假设一个陷阱问题的适应度数学表达式如下[9]:

$$f(\boldsymbol{X}) = \sum_{i=0}^{3} F_3(X_{[3i:3i+2]}) + \sum_{i=0}^{5} F_2(X_{[12+2i:13+2i]}) + \sum_{i=0}^{11} F_1(X_{[24+i]}) \qquad (5\text{-}1)$$

其中,F_1,F_2,F_3 是长度分别为 1,2,3 的子函数。每个子函数中比特数不同,对应的适应度也不同,每个子函数对应的适应度取值如表 5-3 所示。我们的目标是求解一种组合方式使得适应度函数的表达式的值最大。

表 5-3 不同长度的子函数的适应度

比特数	0	1	2	3
F_3	4	2	0	10
F_2	5	0	10	
F_1	0	10		

5.3.4 武器目标分配问题

武器目标分配问题(Weapon Target Assignment Problem,WTA)是找到将一组各种类型的武器分配到一组目标的最优方案,目的是最大化对敌人的总预期伤害或最小化自己的损失。其基本定义如下。

假设有多种武器受到 T 个目标的攻击。武器类型有 k 种($k=1,\cdots,W$),类型 k 可获得的武器有 m_k 件,该类型的武器伤害值为 w_k;同时有 j 个($j=1,\cdots,T$)目标,每个目标的值为 V_j。任何武器都可以攻击到任何目标,k 类型中的第 i 件武器攻击目标 j 成功的概率为 r_{kij},每种武器类型都有一定的摧毁目标的概率 p_{kj}。

WTA 问题的数学模型可以表示成如下形式：

$$\min \sum_{k=1}^{W} w_k \prod_{j=1}^{T} \left[p_{kj} \prod_{i=1}^{m_k} (1-\gamma_{kij}) x_{kj} \right]$$

$$\text{s.t.} \sum_{j=1}^{T} \sum_{i=1}^{m_k} x_{kij} \leqslant m_k, \quad k=1,2,\cdots,W$$

$$\sum_{k=1}^{W} \sum_{i=1}^{m_k} x_{kij} \leqslant n_j, \quad j=1,2,\cdots,T \qquad (5\text{-}2)$$

$$\sum_{k=1}^{W} \sum_{j=1}^{T} \sum_{i=1}^{m_k} x_{kij} = \sum_{k=1}^{W} m_k$$

$$x_{kij} \in \{0,1\}$$

其中，x_{kij} 为 k 类型中的第 i 件武器是否攻击目标 j 的状态标识，如果攻击记为 1，反之为 0。

5.3.5　背包问题

背包问题（Knapsack Problem）的名称源于如何选择合适的物品放到背包中，它是组合优化问题中应用最广泛的经典问题之一。其数学定义如下。

现有容量为 C 的包裹和 M 件商品，每件商品都有自己的价格 P_i 和体积 V_i，在满足容量约束的前提下，选择合适的装载方案，使得包裹中的商品总价最高。

由于背包问题中同一类型的商品可能存在多件，因此分配方案中出现重复编码的情况十分常见。本章将以背包问题为例来介绍有重复编码的组合优化问题。

5.4　二进制类问题理论和实例

5.4.1　原理

1. 问题定义

0-1 背包问题是一个经典的二进制类可重复编码的组合优化问题，它在资源分配、项目选择等问题中扮演着举足轻重的角色。其特点是需要通过一些特定的函数规则（如 sigmoid 函数）将实数编码映射为 0 或 1。

该问题的数学定义如下。

有容量为 C 的包裹和 n 件商品，每件商品都有自己的价格 p_i 和体积 v_i，在满足容量约束的前提下，选择装载商品的方案，目的是能够让包裹中的商品总价最高。用 x_i 表示第 i 个物品是否放入背包中，有 0,1 两个取值，值为 1 表示物品放入背包中，值为 0 表示物品不放入包中，其数学模型如下：

$$\max p_i x_i$$

$$\text{s.t.} \sum_{i=1}^{n} v_i x_i \leqslant C, \quad x_i \in \{0,1\} \qquad (5\text{-}3)$$

2. 求解方法：二进制粒子群优化算法

💡 粒子群优化算法

Kennedy，Eberhart 和 Shi 为了模拟社会行为[10]，用一种程式化表示鸟群或鱼群中有机体运动的形式，由此提出了粒子群算法（Particle Swarm Optimization，PSO）。粒子群算法是群体智能的体现，通过个体合作来适应复杂多变的社会环境。

PSO 算法是一种基于种群迭代的优化算法，把求解空间看作是鸟群的栖息地，种群中的个体（候选解）可以看作不考虑质量和大小的粒子。

在算法最开始通过随机策略生成一组原始解，并将此时适应度值最优的粒子作为原始最优解。迭代过程中，根据式(5-4)、式(5-5)在搜索空间中移动这些粒子。每个粒子的运动受其局部已知位置的影响，但也会被引导到搜索空间中的已知位置，当其他粒子找到更好的位置 P_{pd} 时，粒子之间通过相互交流，逐渐向全局最优解的位置 $\boldsymbol{P}_{gb}$ 聚集。

第 d 维度上粒子 i 的位置 X_{id} 和速度 V_{id} 调整公式如下：

$$V_{id}(t+1)=\omega * V_{id}(t)+c_1 * \text{rand}(\ ) * (P_{id}(t)-X_{id}(t))+c_2 * \text{rand}(\ ) * (P_{gd}(t)-X_{id}(t))$$
$$(5\text{-}4)$$

$$X_{id}(t+1)=X_{id}(t)+V_{id}(t+1) \tag{5-5}$$

其中，ω 为惯性权重，c_1、c_2 为加速常数，P_{id} 为粒子的历史最优解，P_{gb} 是种群的全局最优解。

💡 编码方式

编码方式对于算法的性能来说至关重要，因此在使用 PSO 求解组合优化问题时，首先应根据问题的性质确定编码方式。PSO 算法是一种解决连续数值编码优化问题的算法，而本章研究的 0-1 背包问题的解空间由二进制编码构成，为了让 PSO 算法能够在解决 0-1 背包问题中发挥作用，需要寻找一种函数使得整数编码可以映射为二进制编码。

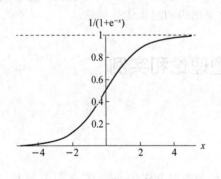

图 5-2　S 型函数

S 型函数是一种具有 S 型曲线特征的数学函数，如图 5-2 所示，我们称其为 sigmoid 函数[11]，可以将输入的实数值转化为二进制值输出。

因此本节采用 S 型函数来得到 0-1 背包问题的解空间，公式如下所示：

$$x_{sig}=\frac{1}{1+e^{-x}} \tag{5-6}$$

$$x_B=\begin{cases} 1, & \text{rand}(\ )\leqslant x_{sig} \\ 0, & \text{其他} \end{cases} \tag{5-7}$$

其中 x_{sig} 就是 sigmoid 函数，当随机数小于或等于 sigmoid 函数值时，输出为 1，否则输出为 0。

💡 适应度

适应度函数是一种特定类型的目标函数，通常用来评估解的质量。这里使用以下适应度函数来计算子代的适应度：

$$F(i) = \begin{cases} \sum\limits_{j=1}^{n} p_j x_{ij}, & \sum\limits_{j=1}^{n} v_j x_{ij} \leqslant C \\ 0, & \sum\limits_{j=1}^{n} v_j x_{ij} > C \end{cases} \tag{5-8}$$

其中，$F(i)$ 表示个体 i 的适应度，x_{ij} 值为 1 则表示在个体 i 中，第 j 个物品放入背包中，否则值为 0。由式(5-8)可知，若满足约束条件，适应度函数值对应背包中装入物品的总价值，若不满足约束条件，则适应度函数值为 0。

💡 二进制粒子群优化算法

在二进制粒子群优化算法中，每个粒子的位置只能用 0 或 1 表示，此时粒子的速度 $\boldsymbol{V}$ 表示该位置是 0/1 的概率。利用 sigmoid 函数在 PSO 算法原有式(5-4)、式(5-5)的基础上进行了更新，公式如下：

$$V_{id}(t+1) = \omega * V_{id}(t) + c_1 * \mathrm{rand}(\ ) * (P_{id}(t) - X_{id}(t)) + $$
$$c_2 * \mathrm{rand}(\ ) * (P_{gb}(t) - X_{id}(t)) \tag{5-9}$$

$$X_{id}(t+1) = \begin{cases} 1, & \mathrm{rand}(\ ) < \mathrm{sig}(V_{id}(t+1)) \\ 0, & \text{其他} \end{cases} \tag{5-10}$$

$$\mathrm{sig}(V_{id}(t+1)) = \frac{1}{1 + e^{(-V_{id}(t+1))}} \tag{5-11}$$

其中，X_{id} 为粒子的位置，V_{id} 为粒子的移动速度即切换概率，取值在 $[0,1]$ 区间，φ 是常数，称为学习因子，而 P_{id} 和 P_{gb} 分别表示单个粒子的历史最优解和种群的全局最优解。X_{id}、P_{id} 和 P_{gb} 的取值为 0 或 1。$\mathrm{sig}(V_{id}(t+1))$ 可以将输入的实数值转化为二进制值输出。

5.4.2　实现

二进制粒子群优化算法
输入：种群规模 PopuSize，迭代最大值 MaxIT，惯性权重 ω，加速常数 c_1、c_2 输出：全局最优解 $\boldsymbol{P}_{gb}$ 过程： 　　种群初始化 　　随机生成一个 PopuSize 大小的初始种群。当前种群中粒子 i 的位置即粒子的局部最优解 $\boldsymbol{P}_i$，$\boldsymbol{P}_{gb} = \max(\boldsymbol{P}_i)$。 　　while(迭代次数 < MaxIT) do 　　　　根据式(5-8)计算每个粒子的适应度 $F(i)$。 　　　　根据 $F(i)$，更新每个粒子的历史局部最优解 $\boldsymbol{P}_i$。 　　　　根据所有粒子的 $\boldsymbol{P}_i$，更新种群所经过的最好位置 $\boldsymbol{P}_{gb}$。 　　　　根据式(5-9)、式(5-10)更新当前粒子的速度和位置。 　　end 　　返回 $\boldsymbol{P}_{gb}$

5.4.3 实例:塔吊装载问题

在选择将什么材料装入塔吊中时,材料只有被选用以及不被选用两种可能,所以塔吊装载问题的编码是二进制的。

1. 问题定义

某工地有一个载重为 W 的塔吊和 n 种建筑材料,其中材料 i 的重量为 w_i,价值为 v_i。现在需要这个塔吊运载材料(即将材料放入塔吊中),请设计一种装载方案,使得塔吊装载的材料价值最大。

由题意可知 $W>0,w_i>0,v_i>0$,需要寻找一个 n 元向量 $(x_1,x_2,\cdots,x_n)$,$x_i \in \{0,1\}$,$(1 \leqslant i \leqslant n)$ 来表示每种建筑材料是否被选用,1 表示该材料被选用,0 表示该材料未被选用。由此可以看出,塔吊装载问题属于 0-1 整数规划问题,是一种典型的二进制组合优化问题,其数学模型如下:

$$f(x_1,x_2,\cdots,x_n) = \max \sum_{i=1}^{n} v_i x_i$$

$$\text{s. t. } \sum_{i=1}^{n} w_i x_i \leqslant W$$

$$x_i \in \{0,1\}, \quad 1 \leqslant i \leqslant n \tag{5-12}$$

2. 二进制粒子群优化算法求解塔吊装载问题

💡 编码方式及初始化

使用等长度的二进制编码来对 n 元向量 $(x_1,x_2,\cdots,x_n)$ 进行编码,首先随机给向量赋一组初始值,例如,11011000 表示将 1、2、4、5 号材料装入塔吊中。然后使用随机策略,根据种群规模的大小初始化种群。

💡 适应度

适应度函数可以判断每个粒子的适应度,选取最优的粒子,可以驱动迭代过程的进行,不断向最优解聚集,更快地找到全局最优解。该例题中适应度函数定义为满足约束条件,即材料的总量不超过吊车地负载,则适应度的值为吊车中材料的总价值,若不满足约束条件,则适应度的值为 0,数学表达式如下:

$$f(x_1,x_2,\cdots,x_n) = \begin{cases} \sum_{i=1}^{n} v_i x_i, & \sum_{i=1}^{n} w_i x_i \leqslant W \\ 0, & \text{其他} \end{cases} \tag{5-13}$$

5.5 多进制类问题理论和实例

5.5.1 原理

1. 问题定义

将给定的物品按一定的方案放入背包空间中从而获得最大的收益,即为背包问题。

在此类问题的不同变体中,每种物品都仅有一件时称为 0-1 背包问题,具有若干件时称为多重背包问题[12],数量不受限制时则称为完全背包问题。其中多重背包问题是典型的具有多进制编码的组合优化问题,问题场景为:现有容量为 C 的包裹和 M 件商品(k 类商品数量为 m_k),每种商品都有自己的价格 P_i 和体积 V_i,在满足容量约束的前提下,如何装载商品能够让包裹中的商品总价最高。

数学模型如下:

$$\max \sum_{j=1}^{n} p_j x_j \tag{5-14}$$

$$\text{s.t.} \sum_{j=1}^{n} w_j x_j \leqslant w, \quad x_j \in \{0, 1, 2, \cdots, m_j\} \tag{5-15}$$

对比一下 0-1 背包问题,多重背包问题只是每件物品不再只限制为一件,变量不再只是取 0 和 1 了,变成了多进制变量。研究背包问题很有必要:一是很多整数规划问题,如资金预算、方案分配、装载货物等问题,都可以用背包问题来等价;二是目前已经有很多解决背包问题的方法被提出,成为研究组合优化问题的基础。

2. 求解方法:多进制粒子群优化算法

💡 适应度

多重背包问题的适应度函数和 0-1 背包问题相同,只是变量的取值范围有所不同。

$$F(i) = \begin{cases} \sum_{j=1}^{n} p_j x_{ij}, & \sum_{j=1}^{n} w_j x_{ij} \leqslant w \\ 0, & \sum_{j=1}^{n} w_j x_{ij} > w \end{cases} \tag{5-16}$$

其中,$x_{ij} \in \{0, 1, \cdots, m_j\}$。

💡 编码方式

(1)编码形式

在 PSO 算法中,无论是种群初始化阶段还是个体更新阶段,生成的个体都是实数个体。比如 PSO 算法中的一个个体(有 5 件物品)可生成如图 5-3 所示编码。

图 5-3 个体编码

但是像多重背包这类问题,在编码时,每一位的取值只能为整数,比如多重背包的图 5-4 所示编码表示物品 1 放入 1 个,物品 2 放入 5 个,物品 3 放入 6 个……每一位的取值一定是整数。

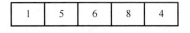

图 5-4 整数编码

PSO 算法中的个体是无法表示多重背包问题的一个分配方案的(因为物品的个数只能是整数),因此需要将 PSO 初始化生成的实数编码映射为离散的整数编码。

(2) V 型函数

利用 V 型函数[13]来求解变量空间为$\{0,1,\cdots\}$的多进制组合优化问题。V 型函数的定义如式(5-17)所示,其函数曲线如图 5-5 所示。

$$V(x) = \left| \frac{e^x - 1}{e^x + 1} \right| \in [0,1) \tag{5-17}$$

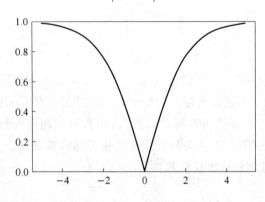

图 5-5 V 型函数曲线

V 型函数的自变量取实数值,其函数值对应$[0,1]$的实数,我们定义一个映射函数使得任意输出的实数都可以转化为整数输出,该映射函数定义如下:

$$y_i = \begin{cases} m_n, & 0 \leqslant V(x_i) \leqslant r_1 \\ m_{n-1}, & r_1 \leqslant V(x_i) \leqslant r_2 \\ \vdots \\ m_i, & r_{n-i} \leqslant V(x_i) \leqslant r_{n-i+1} \\ \vdots \\ 0, & r_{n-1} \leqslant V(x_i) < 1 \end{cases} \tag{5-18}$$

其中,$r_1, r_2, \cdots, r_{n-1}$是随机实数,$0 < r_1 < r_2 < \cdots < r_{n-1} < 1$,$m_i$为大于 0 的整数。

特别地,当$m_1 = m_2 = \cdots = m_n = 1$时,式(5-18)可以化简为式(5-19),$r$为$(0,1)$的随机实数。

$$y_i = \begin{cases} 0, & V(x_i) \leqslant r \\ 1, & \text{其他} \end{cases} \tag{5-19}$$

由此可以看出,这种 V 型函数可以实现实数编码向二进制编码和多进制编码的转化,但是主要用于实数编码向多进制整数编码的转换。

(3) 向上取整直接编码

对于多重背包问题,最简单的编码方法就是直接向上取整,编码过程如图 5-6 所示。实数编码的位数对应物品种类数,如图 5-6 所示的 5 位编码对应物品 1~5,具体含义就是物品 1 放入 2 个,物品 2 放入 1 个,物品 3 放入 6 个,…,依此类推。

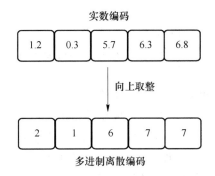

图 5-6　向上取整直接编码

5.5.2　实现

多进制粒子群优化算法

输入：种群规模 PopuSize，最大迭代次数 MaxIT，惯性权重 ω，加速常数 c_1、c_2

输出：全局最优解 P_{gb}

过程：

　　对种群中的每一个粒子，随机给定自身位置和速度的起始值，按照选定的起始值评估自身，并将评估值作为该粒子的 P_i，对于种群中评估值最优的 P_i 作为起始 P_{gb}。

　　while（迭代次数＜MaxIT 或 P_{gb}持续更新）do

　　　　利用上面的两种编码方式之一将实数编码转换为离散编码。

　　　　根据式(5-8)计算粒子的适应度 $F(i)$。

　　　　对于种群的每一个粒子，按照当前评估过的适应度值更新自身的 P_i 值，记录自身最优适应度。

　　　　根据所有粒子的 P_i，将最优的 P_i 值作为种群的 P_{gb}值。

　　　　对于种群的每一个粒子，根据式(5-9)、式(5-10)重新计算新一轮迭代中的粒子位置及其速度。

　　end

　　返回当前的全局最优解 P_{gb}。

5.5.3　实例：装箱问题

　　装箱问题在快递运输、工业生产中应用非常广泛，是一种实际生活中常见的问题，装箱问题中需要被装入箱子中的物品通常是多件（两件以上），如果用一个基因位的编码代表物品，则这个编码通常需要是多进制的。

1. 问题定义

问题描述如下：假设有 n 件物品，体积分别为 $v_1, v_2, \cdots, v_n$，现在需要将这 n 件物品全部装入箱子中，其中每个箱子的容量为 S，如何安排可以使用最少数量的箱子将物品全部装下？

例如，一个工厂生产高度均为 h 的长方形产品，产品根据长宽不同分为 6 种型号，分别为 $1\times1, 2\times2, 3\times3, 4\times4, 5\times5, 6\times6$。现在需要将客户下单的产品以快递的形式运送给客户，快递包装盒均采用 $6\times6\times h$ 的长方形盒子，为了降低运送的费用，应尽量减少使用的包装盒的数量。工厂需要设计一个程序，来计算每个订单所对应的最少的包装盒数。

2. 用 V 型编码的 PSO 算法求解装箱问题

💡 编码和初始化

由于 BPSO 算法只适用于 0-1 规划问题，不适用于多进制的求解方法，所以采用了一种新的 V 型编码的 PSO 算法来求解装箱问题。

求解过程和二进制粒子群优化算法的步骤一样，只是将 S 型编码换成了 V 型编码，即使用 V 型函数将实数映射到离散的多进制空间，映射关系参照式(5-17)和式(5-18)。

我们采用 V 型函数将种群随机初始化的输入编码转化为多进制的离散编码，编码中的每个整数分别对应生产 6 种型号的产品的数量，编码之间以空格分隔。每个输出的数字分别表示每个快递订单所要消耗的最少外包装盒数量。

💡 优化结果

按照上文所说的编码输入方案，我们向 PSO 算法程序输入的订单包装方案编码为 000401 和 751000。

上面的输入编码分为两行，每行都代表一个快递订单包装方案。第一行的输入编码可以解释为：消耗 4 个 3×3 型号的包装盒和 1 个 6×6 型号的包装盒。第二行的输入编码可以解释为：消耗 7 个 1×1 型号的包装盒、5 个 2×2 型号的包装盒和 1 个 3×3 型号的包装盒。

经过采用 V 型编码的 PSO 算法迭代优化后，算法给出了包装每个快递订单的最小消耗方案，按照算法计算输出的结果，两个订单最少消耗的包装盒数量分别为 2 和 1。

第一行的数字表示算法给出的最优包装方案中，第一个快递订单最少需要消耗 2 个包装盒；第二行的数字表示算法给出的最优包装方案中，第二个订单最少需要消耗 1 个包装盒。

5.6　习题与实例精讲

5.6.1　习题

【习题一】

组合优化问题可以分为可重复编码和不可重复编码问题，也可以分为有序编码和无序编码问题,可重复编码问题一定时无序编码问题吗? 举例说明。

【习题二】

二进制类和多进制类无序编码的问题在编码和求解方法上有何不同,试简单分析一下。

【习题三】

为什么采用粒子群优化算法时要计算子代的适应度? 其他的智能优化算法也需要计算吗?

【习题四】

某企业想要给一些项目投入一定资金,每个项目需要的资金不同,获得的净收益也不同,该企业如何制订投资方案,可以使得收益最大。试写出该问题的数学模型。

【习题五】

将一个整数集合拆分成两个集合,我们如何分配集合中的元素,使得两个集合的数的和最接近。

5.6.2　案例实战

1. 资源分配问题[14]

💡 案例背景

某公司为了提高公司每年的收益,决定购买 5 台新设备,并将设备分配给 A、B、C、D 4 个工厂,每个工厂引入新设备获得的利润不同,公司如何分配这批新设备可以使得公司获利最大? 已知公司对于各个工厂引入新设备的数量和相对应的利润进行了估计,如表 5-4 所示。

表 5-4　资源投资收益表

设备数/台	利润/万元			
	A	B	C	D
0	0	0	0	0
1	6	3	5	4
2	7	7	10	6
3	12	9	11	11
4	14	12	11	12
5	15	13	11	12

💡 解题思路

我们需要在表 5-4 的基础上建立作业图表,步骤如下。

第一步:根据工厂的数量,将分配过程划分为 4 个阶段。

第二步:计算 5 个设备数不同的阶段下,每个工厂能够获得的最大利润,圆圈内的数字表示设备数相同时工厂能够获得的最大利润值,同时在最大利润值的左上角数字表示该方案下工厂使用的设备台数。对应的计算方式如式(5-20)所示:

$$f_k(s_k) = \max_{0 \leq u_k \leq s_k} \{d_k(s_k,u_k) + f_{k+1}(s_{k+1})\} = \max_{0 \leq u_k \leq s_k} \{d_k(s_k,u_k) + f_{k+1}(s_k - u_k(s_k))\}$$

(5-20)

其中，d_k 表示第 k 个工厂获得的利润，s_k 表示分配给第 k 个工厂后剩余的设备数量，u_k 表示分配给第 k 个工厂的设备台数。

第三步：设定初值 $T=5$，$s_1=5$，逐步确定不同状态下的最优子决策。首先找到 $T=5$ 状态下的最好的解对应的最好的求解方式 u_1^*，然后找第二阶段在 $T=5-u_1^*$ 状态下的最好的解对应的最好的求解方式 u_2^*，直到找到第五个阶段的最优子策略 u_5^*，我们就可以用小矩形把最优值和最优子策略圈起来，按照这种方式，我们在图中即可按照不同设备数阶段的顺序将最优分配方案连接起来。

按照上面的步骤，绘制出本题的作业图表如图 5-7 所示

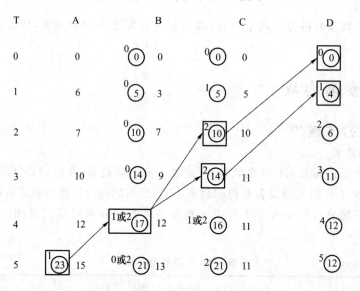

图 5-7　投入设备和收益的最优决策

2. 公司零食采购问题[15]

💡 案例背景

某公司为了给员工发放年终福利，拨给公司的采购部一批购买零食的经费。假设现在已经统计出了最受员工喜爱的前 k 种零食，每种零食的喜爱度为 l_i，价格为 m_i，总经费为 M。问：如何用有限的经费购买零食可以使所有零食的总喜爱度最高？

在经费有限的情况下，如何选择零食种类及每种零食的数量，成为每次采购零食都需要考虑的问题，编制一个可以自动生成零食采购清单的程序解决上述问题。

💡 解题思路

为了以后购物方便，我们可以设计一种程序来自动生成购物清单。首先建立数学模型如下：

$$\max \sum_{i=1}^{k} l_i x_i$$

$$\text{s.t.} \sum_{i=1}^{k} m_i x_i \leqslant M, \quad x_i \in N$$

(5-21)

即可以抽象为一个完全背包问题。然后采用粒子群优化算法编写程序,程序的输入参数包括每种零食的喜爱度、单价和经费的总额,输出参数包括每种粮食购买的数量和购买零食实际花费的总金额。

3. 找零钱问题

💡 案例背景

李师傅到厂区小卖部买酒,他向小卖部的大爷买了不到 100 元的散酒,并给了大爷一张 100 元的纸币。小卖部大爷想要找给李师傅尽量少的零钱纸币。若小卖部的找零纸币数量充足,且只有 1、5、10、25 元整的纸币,请问大爷应该怎样找给李师傅零钱。

💡 解题思路

小卖部大爷可以将找零的过程分为几个步骤,每个步骤仅添加一张纸币,在每次决定纸币的面额时都尽量选择允许范围内面额最大的那一张。按照这样的找零方式,不断尝试,直至手中的零钱总额等于找零面值。

这里我们假设李师傅买了 33 元的散酒,则小卖部大爷需要找给李师傅 67 元零钱,图 5-8 给出了找零的过程。

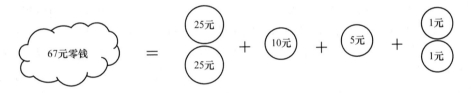

图 5-8 找零钱的过程

4. 采药问题[20]

💡 案例背景

有一个天资聪慧的孩子想要成为一个伟大的医生,悬壶济世,于是他拜访了附近非常有名望的医生,希望可以跟随这个医生学习。但是想要成为这个医生的徒弟还需要经过考验,医生给这个孩子布置了一项任务,这个任务是:山洞里有很多种草药,采摘每种草药所用的时间不同,每株草药的价值不同,需要在规定时间内使得采摘的草药的总价值尽可能大。

💡 解题思路

设共有草药 m 种,规定时间为 T,草药 i 的采摘时间为 t_i,价值为 v_i,引入一个二进制变量 x_i 来表示是否采摘草药 i,若 $x_i = 1$ 则表示草药 i 被采摘,否则 $x_i = 0$。

建立数学模型如下:

$$\max \sum_{i=1}^{m} v_i x_i$$

$$\text{s.t.} \sum_{i=1}^{m} t_i x_i \leqslant T \tag{5-22}$$

$$x_i \in \{0,1\}$$

按照上面建立的草药采摘模型,可以考虑使用基于多进制编码的组合优化算法进行求解,模型的输入可以描述为一组 P 行的整数,第一行共有两个数字,第一个数字表示允许被采摘的草药的种类数 K,第二个数字表示孩子能够进行采摘的总耗时。对于输入的 K 种草药,接下来的 P-1 行则分别给出它们各自被采摘所需要耗费的时间和相应的回报价值。

程序的输出只有一行,并且这一行只有一个整数表示在给定的时间内采摘到的药物的总价值。

5.7 结 束 语

本节主要以组合优化问题中的典型实例背包问题介绍了可重复编码的组合优化问题。组合优化问题在实际生活中的应用十分广泛,与我们的生活息息相关,特别是在工厂生产、快递运输、资金分配、芯片设计等领域。比如,在芯片设计领域,我们可以使用组合优化问题的理论与方法来解决路由设计、定位、缓冲和平面设计等问题。

本节介绍的组合优化问题只是沧海一粟,组合优化问题孕育于信息技术的土壤中,沐浴在数学理论和方法的阳光下,在网络飞速发展的时代组合优化问题不减反增,这一切都为组合优化问题的研究带来了机遇与挑战。而如今社会上掀起了一阵机器学习的热潮,机器学习在视觉、自然语言处理等领域的应用也有了一定的基础。与这些热门领域相比,机器学习在组合优化中的应用还相对较少。在今后的研究中,我们可以将机器学习、深度强化学习等新兴热门技术用于组合优化问题上,也许会碰撞出不一样的火花。

5.8 阅读材料

5.8.1 重要书籍

(1) *Combinatorial optimization: polyhedra and efficiency*(A Schrijver 著)

此书提供了组合优化中多面体方法和有效算法的深入概述。这些方法与离散数学、数学规划和计算机科学有很强的联系,构成了组合优化中广泛、连贯和强大的核心。

(2)《组合优化:Combinatorial optimization》(William J. Cook 等著,李学良等译)

此书以众多现实生活中的实例以及颇有助益的技巧训练习题为特征,介绍了组合优化问题的概念、典型的组合优化问题和相关算法。

5.8.2　重要论文

（1）"Metaheuristics in Combinatorial Optimization：Overview and Conceptual Comparison"

元启发式在组合优化问题中的应用是一个迅速发展的研究领域。本书从概念的角度对当今最重要的元启发式作了一个概览,总结了各种元启发式方法的优缺点。

（2）"A survey and annotated bibliography of multiobjective combinatorial optimization"

此文综述了多目标组合优化的研究现状,给出了相应的参考文献。论文的主要部分是对现有的解决方法的回顾,包括精确的和启发式的解决方法,以及对该领域现有文献的注解。

（3）"Hybrid metaheuristics in combinatorial optimization：A survey"

此文介绍了研究组合优化问题的元启发式算法及元启发式与其他优化技术的混合。本文研究的重点已经从以算法为导向转变为以问题为导向。

本章参考文献

［1］　百度百科. 组合优化算法［EB/OL］. （2021-01-26）［2021-04-17］. https://baike. baidu. com/item/%E7%BB%84%E5%90%88%E4%BC%98%E5%8C%96%E7%AE%97%E6%B3%95/20837241? fr=aladdin.

［2］　百度百科. NP 完全问题［EB/OL］. （2020-10-26）［2021-04-16］. https://baike. baidu. com/item/NP%E5%AE%8C%E5%85%A8%E9%97%AE%E9%A2%98/4934286? fr=aladdin.

［3］　zzzzzzBIUBIU. P 问题、NP 问题、NP 完全问题和 NP 难问题［EB/OL］. （2019-06-12）［2021-03-19］. https://blog. csdn. net/u014044032/article/details/91513982.

［4］　百度百科. 种群初始化［EB/OL］. （2021-01-28）［2021-04-18］. https://baike. baidu. com/item/%E7%A7%8D%E7%BE%A4%E5%88%9D%E5%A7%8B%E5%8C%96/22217832? fr=aladdin.

［5］　百度百科. 近似算法［EB/OL］. （2021-01-26）［2021-01-19］. https://baike. baidu. com/item/%E8%BF%91%E4%BC%BC%E7%AE%97%E6%B3%95/5963315? fr=aladdin

［6］　恋之迹 1. 图着色问题［EB/OL］. （2015-03-17）［2021-03-17］. https://wenku. baidu. com/view/71dbfb80941ea76e58fa049f. html

［7］　百度百科. 图着色问题［EB/OL］. （2020-10-15）［2021-04-16］. https://baike. baidu. com/item/%E5%9B%BE%E7%9D%80%E8%89%B2%E9%97%AE%

E9％A2％98/8928655? fr＝aladdin

[8]　Zhang H G，Liu Y A，Zhou J. Balanced-evolution genetic algorithm for combinatorial optimization problems：the general outline and implementation of balanced-evolution strategy based on linear diversity index［J］. Natural Computing,2018,17(3):1-29.

[9]　郭文忠 陈国龙. 离散粒子群优化算法及应用［M］. 北京：清华大学出版社，2012:132.

[10]　Kennedy J. The particle swarm：Social adaptation of knowledge［C］. Piscataway,NJ：IEEE,1997:303-308.

[11]　Abdel-Basset M，El-Shahat D，Sangaiah A K . A modified nature inspired meta-heuristic whale optimization algorithm for solving 0-1 knapsack problem ［J］. International journal of machine learning and cybernetics，2019，10(3):495-514.

[12]　弗兰克的猫. 多重背包问题［EB/OL］. (2019-05-05)［2021-04-19］. https://www. cnblogs. com/mfrank/p/10816837. html.

[13]　Yichao H，Li Y，Liu X. A novel discrete whale optimization algorithm for solving knapsack problems[J]. Applied Intelligence,2020,50(10):3350-3366.

[14]　董飞. 资源分配问题的动态规划求解方法[J]. 凯里学院学报,2015,33(03):19-21.

[15]　New 俊. 背包问题解决公司零食采购(贪心＋冒泡＋动态)［EB/OL］. (2020-07-21)［2021-04-18］. https://blog. csdn. net/ljfirst/article/details/107498635? utm _ medium ＝ distribute. pc _ relevant _ bbs _ down. none-task-blog-baidujs-1. nonecase&depth_1-utm_source＝distribute. pc_relevant_bbs_down. none-task-blog-baidujs-1. nonecase.

[16]　iamxym. 三种背包问题的例题［EB/OL］. (2015-08-21)［2021-04-17］. https://blog. csdn. net/xym_csdn/article/details/47834499.

第6章
实数编码优化问题

6.1 概　　述

优化问题可以分为两大类,离散优化问题和连续优化问题[1]。离散优化问题的解通常通过排列、图等可数的集合来寻找。前两章所讲述的 TSP 问题、VRP 问题以及物品可重复的背包问题都属于这类问题。

在现实生活中,还存在着大量可行域为实数域的连续优化问题,它们必须从一个连续函数中找到最优值。例如,无人机在空中的作战路线通常是连续的。如果要求得它的最佳路径,就必须求路径连续函数的最优值。本章主要讲解此类连续优化问题。

实数编码优化(连续优化)问题可描述为:若在数学优化问题中,变量的可行域是实数域(连续域),即解的编码是实数的,则可以将此类问题称为实数优化问题。目前,实数优化已被广泛地应用于工程设计、交通管理、图像处理等领域。

6.2 目　　的

实数优化在工程优化上的应用广泛,它可以解决一系列需要从连续函数中找到最优解的优化问题,如图像处理、桁架设计等。

6.2.1　基本术语

1. 问题术语

实数编码优化问题的相关术语如表 6-1 所示。

表 6-1　实数编码优化问题的相关术语

术　语	解　释
单模优化问题	单模优化问题也被称为单解问题（Unimodal Opimization，UO）。该问题要求从一个问题的所有可能备选方案中，选择出依照某种规则来说最优的解决方案，即待解问题只需求出一个最优解。
多模优化问题	要在可行域内求出整个解集的最优解，还需求出多个质量较高的局部最优解。解的信息越多，决策人员的选择就越多，这类问题就是多模优化问题。
图像阈值分割问题	此问题是计算机视觉研究中的经典问题。该问题通过选取合适的分割临界值，分析图片目标区域和背景区域的灰阶级别差异，从而区分对应像素块所属的边界区块。
无功优化调度问题	此问题是电力系统中一个著名的非线性优化问题。该问题是通过调整发电机电压、分接变比、无功补偿装置数量等控制变量的最佳组合，使损耗和电压偏差最小。
非线性优化问题	优化问题的约束条件存在非线性函数时，即为非线性优化问题[2]。
凸优化问题	此问题是非线性规划问题的一个特殊子类问题。该问题对于任意两个输入的自变量，二者之间形成的直线上所有点始终位于定义域的内部，即目标函数为一个凸函数，定义域集合为一个凸集。

2. 方法术语

实数编码优化问题的方法术语如表 6-2 所示。

表 6-2　实数编码优化问题的方法术语

术　语	解　释
编码	编码是把问题的各个潜在解转化成个体。
解码	解码是编码的逆过程。
可行域	对于一个目标函数为 $f(x)$ 的实数优化问题 P，不违反所有约束条件的解即为问题的一个可行解，可行解作为问题输入的自变量值，始终满足于问题的定义域或解空间集合 D。在实数优化问题中，可行域 D 往往是一个实数集合或区间。
整体最优解	对于实数优化问题的解空间 D，若存在一个解 x，满足 x 对应的目标函数值优于其他所有解获得的目标函数值，则称 x 为该实数优化问题的整体最优解[9]。
局部最优解	对于实数优化问题的解空间 D，若存在一个解 x，满足 x 对应的目标函数值优于 x 附近所有解获得的目标函数值，则称 x 为该实数优化问题的一个局部最优解[12]。需要注意的是，在问题的解空间中可能存在多个局部最优解，但只可能存在一个整体最优解。
全局搜索	全局搜索是启发式算法的主要搜索手段，通过遍历解空间内的所有可行解来获取全局最优解。全局搜索策略应当尽量避免陷入局部最优[13]。在实数优化问题的连续可行域中，由于存在多个局部最优解的干扰，全局搜索需要尽可能避免受到其影响而陷入局部收敛。全局搜索过程一般包含自然进化或生物学思想，能够快速可靠地解决高维度的优化问题。此外，全局搜索容易应用到已有的实数优化模型中并且具有较好的可扩展性[3]。

续 表

术　语	解　释
局部搜索	局部搜索是启发式算法扩展搜索空间的有效手段,在全局搜索难以摆脱局部收敛趋势时,局部搜索可以在每次迭代过程中通过多种邻域搜索手段获取更多具有潜力的解,从而在一定程度上干扰全局搜索方向。因此,从功能上来讲,局部搜索的主要作用是扩展解空间并进一步开发当前种群[4]。
群体智能算法	群智能算法属于演化计算算法的一类,其特点是结合了生物进化过程中的种群概念,模拟生物遗传、觅食、移动以及迁徙等自然特性引导算法的搜索策略[14]。相比于一些单体搜索方法,如模拟退火、线性规划等,群智能算法的种群个体之间具有的独特联系,大大增强了算法的搜索能力,降低了计算成本,典型的群智能算法包括蚁群算法[15]、蜂群算法和粒子群算法等[16,17]。

6.2.2　思维导图

实数编码优化问题思维导图如图 6-1 所示。

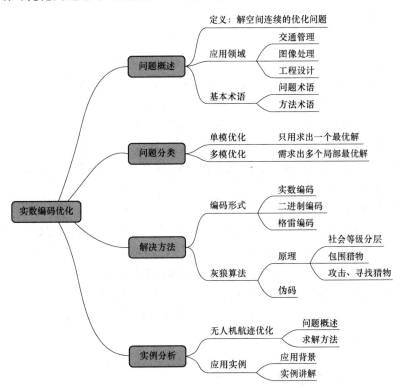

图 6-1　实数编码优化问题思维导图

6.3 理论和实例

6.3.1 原理

1. 问题定义

实数优化有两种类型:单模优化和多模优化[6]。本节详细介绍这两类实数优化问题。

(1) 单模优化问题

单模优化问题也被称为单解问题(Unimodal Opimization,UO),要求从一个问题的所有可能备选方案中,选择出依照某种规则来说最优的解决方案,即待解问题只需求出一个最优解。

单模优化问题定义如下:设 $f(x)$ 为目标函数,S 为可行域,$x \in S$,若对任意 $x \in S$,$f(x^*) \leqslant f(x)$ 或者 $f(x^*) \geqslant f(x)$ 成立,当且仅当 x^* 为唯一时,则称该函数为单模函数,相应的优化问题为单模优化问题[5]。

(2) 多模优化问题

在实际的科学研究和工程实践中存在另一类问题,这类问题不仅要求在可行域内求出全局最优解,还需求出多个质量较高的局部最优解。解的信息越多,决策人员的选择就越多,这类问题就是多模优化问题(Multi modal Optimization,MO)。

多模优化问题定义为:设问题的解空间 S 中存在多个解 x^*,对于 x^* 的邻域 $L(L \subset S)$ 中的所有 x,均有目标函数 $f(x^*) \leqslant f(x)$ 或 $f(x^*) \geqslant f(x)$ 成立[5]。

MO 对优化算法提出了两个方面的要求:一是搜索出所有全局(局部)极值点的能力;二是求解的精度和速度问题。

2. 编码与解码

实数优化问题的编码形式不同于组合优化问题,它的解空间是连续的,常用的编码形式有三种:实数编码、二进制编码和格雷编码[7,8]。实数编码的拓扑结构在基因型空间和表现型空间中是一致的,所以相较于其他两种编码更有效。

实数编码中的个体由实数向量组成,对于 n 个变量的实数优化问题,相应的实数向量是 $x = (x_1, x_2, \cdots, x_n)$。对于有些复杂的实际问题,染色体中的基因型用多维数组或数据结构表示最有效。

6.3.2 优化算法:灰狼算法

狼作为食物链中的顶级掠食者,具有很强的捕捉猎物的能力。它们喜欢社交生活,狼群内部存在着严格的社会等级制度。为了模仿狼的内部领导阶层,狼被分为 4 种类型:α、β、δ 和 ω。群体狩猎是灰狼的有趣社会行为。如图 6-2 所示,灰狼狩猎的主要阶段包括:①跟踪、不断靠近猎物;②包围、试探和恐吓猎物,直到猎物的体力耗尽,停止前进;

③攻击猎物,完成捕食。

　　Mirjalili 等人基于灰狼的以上社会行为提出了一种群智能算法——灰狼算法(Grey Wolf Optimizer,GWO)[18]。灰狼算法原理简单,搜索速度快,搜索精度高且易于实现,更容易与实际工程问题相结合,被广泛地应用在图像处理、车间调度等问题上。

图 6-2　灰狼群体狩猎

1. 社会等级分层

　　灰狼狼群是一个等级制度十分森严的社会组织。在一个狼群里,往往有 4 个社会阶层,分别是:α 狼(通常称为头狼)、β 狼、δ 狼和 ω 狼,如图 6-3 所示。

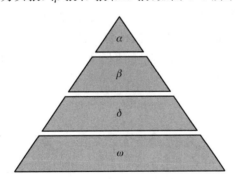

图 6-3　灰狼群体社会等级

　　(1)社会等级第一层:α 狼,也被称为头狼,在狼群里有着至高的权利,决定着狼群的一切大小事务,如捕猎、守卫、交配等。但是在一些特殊情况下,头狼也会跟随狼群中的其他狼。α 狼只被允许在群体中进行交配。α 狼不一定是狼群中最强的成员,但一定是管理能力最好的,这也说明一个狼群的组织和纪律比它的力量更重要。

　　(2)社会等级第二层:β 狼,从属于 α 狼并帮助 α 狼做出决策或进行其他狼群活动。β 狼尊重和服从 α 狼,增强了 α 狼下达的命令并给予反馈。β 狼可以管理低等级的狼,在 α 狼去世后,会继承它的位置。

（3）社会等级第三层：δ 狼，被 α 狼和 β 狼管理，但统治着 ω 狼。ω 狼中有侦查狼，它们时刻巡查领地的边界，一旦发生危险就立即发出警报。

（4）社会等级第四层：ω 狼，扮演替罪羊的角色，总是要屈服于所有其他社会等级的狼。它们也是被允许最后才进食的狼。

每只狼的社会等级不是生来如此的，它们会随着外界因素的改变而改变。当头狼由于生病或者被猎杀等因素而消失时，β 狼就会自动成为 α 狼。

灰狼算法针对狼的社会等级制度建立了相应的等级模型，将狼群按照各自的适应度排序，选取前三头狼作为 α 狼、β 狼和 δ 狼，其余为 ω 狼。α 狼、β 狼和 δ 狼将引领接下来的狩猎步骤，而 ω 狼只做出跟随动作。

2. 包围猎物

狼群在捕食开始时会在大范围内搜索猎物，一旦发现目标就立即包围，可用式（6-1）和式（6-2）来模拟这一行为：

$$D = |C \cdot X_p(t) - X(t)| \tag{6-1}$$

$$X(t+1) = X_p(t) - A \cdot D \tag{6-2}$$

其中，t 为当前的迭代，A 和 C 为系数常量，其计算方式分别为式（6-3）和式（6-4），X 为当前个体的位置向量，X_p 为目标的位置向量。

$$A = 2a \cdot r_1 - a \tag{6-3}$$

$$C = 2 \cdot r_2 \tag{6-4}$$

其中，a 会随着迭代的进行从 2 线性下降到 0，r_1 和 r_2 则是区间 $[0,1]$ 的随机值。

为了进一步说明式（6-1）和式（6-2）的作用，我们以一个二维解向量空间为例，对可能存在和潜在更优解进行说明，如图 6-4（a）所示。一个灰狼个体 (X,Y) 将通过式（6-1）和式（6-2）更新其位置，实现向猎物 (X^*,Y^*) 靠近。通过调整向量 A 和向量 C 的值，可以使个体从当前位置到达最佳个体的不同位置。此外，随机向量 r_1 和向量 r_2 的存在使得灰狼个体可以到达图 6-4（b）所示空间中的任意位置，因此灰狼个体可以通过式（6-1）和式（6-2）动态更新自己的位置。

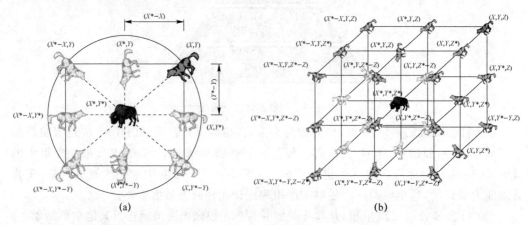

图 6-4　解向量空间

3. 狩猎

α 狼、β 狼、δ 狼可以敏锐地发现目标的位置，并带领其他个体对猎物进行包围。为了模拟该过程，灰狼算法会保存历史最优的 3 个解（即最优解、次优解、次次优解），并通过这 3 个解去更新其他个体的位置，如式(6-5)~式(6-7)所示。

$$D_\alpha = |C_1 \cdot X_\alpha - X|, \ D_\beta = |C_2 \cdot X_\beta - X|, \ D_\delta = |C_3 \cdot X_\delta - X| \quad (6\text{-}5)$$

$$X_1 = X_\alpha - A_1 \cdot D_\alpha, \ X_2 = X_\beta - A_2 \cdot D_\beta, \ X_3 = X_\delta - A_3 \cdot D_\delta \quad (6\text{-}6)$$

$$X(t+1) = \frac{X_1 + X_2 + X_3}{3} \quad (6\text{-}7)$$

利用这些方程，搜索代理在 n 维搜索空间中根据 α、β 和 δ 狼更新其位置。此外，它们的最终位置将是由 α、β 和 δ 狼的位置所定义的圆内的一个随机位置，如图 6-5 所示。即 α、β、δ 狼估计猎物的位置，而其他狼在估计的位置周围随机更新它们的位置。

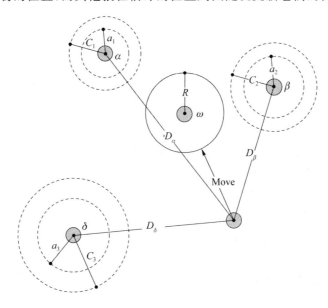

图 6-5　灰狼的位置更新

4. 攻击猎物

灰狼在包围猎物的过程中会随着猎物而移动，一旦目标猎物停下，它们就会立即攻击它。GWO 通过降低向量 a 的值来模拟这个过程。换句话说，向量 A 可以取得区间 $[-2a, 2a]$ 内的任意值，而 a 的值将随迭代次数从 2 线性下降到 0。当向量 A 的值在区间 $[-1, 1]$ 时，搜索个体的下一个位置可以取得当前位置和猎物位置之间的任意一点，图 6-6 说明了当 $|A| < 1$ 时灰狼将朝着猎物靠近并发起攻击。

5. 寻找猎物

由于 α、β 和 δ 狼一般离猎物较近，因此狼群中的 ω 狼会依据它们的位置寻找猎物，一旦发现猎物就会对猎物发起包围。为了加强搜索，灰狼算法使用向量 A（$|A| > 1$ 或 $|A| < 1$）来控制个体离目标的远近。如图 6-7 所示，当 $|A| > 1$ 时，灰狼个体会远离当前目标，去其他区域进行搜索，增加发现更好的猎物的概率。

图 6-6 攻击猎物　　　　　　　　图 6-7 搜索猎物

6.3.3　实现

GWO 算法

输入: 种群规模 PopuSize
　　　最大迭代次数 MaxIT
输出: 最优解 $\boldsymbol{X}_\alpha$
　　　初始化灰狼种群 $\boldsymbol{X}_i(i=1,2,\cdots,n)$,初始化参数 a, A, C(随机生成)
　　　计算每个个体的适应度
　　　$\boldsymbol{X}_\alpha$ = 适应度最优的个体
　　　$\boldsymbol{X}_\beta$ = 适应度第二好的个体
　　　$\boldsymbol{X}_\delta$ = 适应度第三好的个体
过程:
　　　while(迭代次数 < MaxIT)
　　　　　for 每一个个体
　　　　　　　通过式(6-5)更新当前个体的位置
　　　　　end for
　　　　　更新参数 a, A, C
　　　　　计算所有个体的适应度
　　　　更新个体 $\boldsymbol{X}_\alpha$, $\boldsymbol{X}_\beta$ 和 $\boldsymbol{X}_\delta$
　　　　迭代次数+1
　　　end while
　　　return $\boldsymbol{X}_\alpha$

6.3.4　实例：无人机航迹优化

1. 问题概述

无人机航迹优化是一种新型的低空突防技术，其目的是实现地形跟踪、地形规避和具有规避威胁的飞行，无人机的航迹过程是一个连续的过程。航迹优化的目标是找到最优或接近最优的飞行路径，使无人驾驶飞机突破敌人威胁的环境，并以自我生存的方式完美完成任务[11]。在本节中，我们使用如下所述的数学模型。

在该模型中，S 和 T 分别被定义为起始点和目标点（如图 6-8 所示）。战场上有一些设施，如雷达、导弹和炮兵。这些装置的影响在战场上表现为不同半径和威胁权重的圆形。如果无人机的部分路径落入一个圆圈，它将以一定的概率与距离威胁中心的距离成比例受到威胁。而且，当战斗路径在圆圈外时，它不会受到攻击。无人机的飞行任务是计算从 S 到 T 的最优路径，同时考虑战场上所有给定的威胁区域和燃料消耗。

为了使这个问题更具体，我们画一个连接起点 S 和目标点 T 的线段 ST。然后，等分为 D 等分，每个节点 Y 的垂直坐标是在垂直行优化得到的一组点由 D 的垂直坐标点。显然，很容易得到这些点的水平横坐标。将这些点（如图 6-8 中灰色圆圈所示）连接在一起，得到一条从起点到终点的路径，将航迹优化问题转化为 D 维函数优化问题。

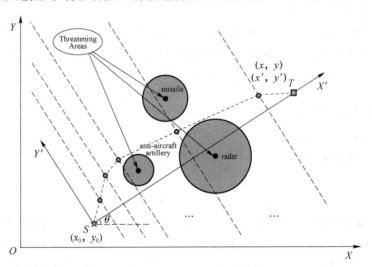

图 6-8　无人驾驶飞机战场模型

在图 6-8 中，根据式（6-8）所示的变换公式，将原坐标系变换为新的坐标，横轴为起点到目标点的连接线。其中点 (x, y) 在原始坐标系中的坐标为 O_{XY}，在旋转坐标系中的坐标为 $O_{X'Y'}$，θ 是坐标系的旋转角。

$$\theta = \text{arc}\, \frac{y_2 - y_1}{|\boldsymbol{AB}|} \tag{6-8}$$

$$\begin{bmatrix} x \\ y \end{bmatrix} = \begin{bmatrix} \cos\theta & \sin\theta \\ -\sin\theta & \cos\theta \end{bmatrix} \begin{bmatrix} x' \\ y' \end{bmatrix} + \begin{bmatrix} x_1 \\ y_2 \end{bmatrix} \tag{6-9}$$

对于一个候选航线的评估,考虑威胁成本 J_t 和燃料成本 J_f,如下所示:

$$J = \lambda \times J_t + (1-\lambda) \times J_f$$
$$= \lambda \times \int_0^{\text{length}} w_t \mathrm{d}l + (1-\lambda) \times \int_0^{\text{length}} w_f \mathrm{d}l \qquad (6\text{-}10)$$

其中,J 是飞行成本和飞行路线的加权,w_t 和 w_f 是与当前路径点密切相关并随 l 变化的变量,分别为每个线段的威胁成本和燃料成本的路线,和长度的总长度是生成的路径。$\lambda \in [0,1]$ 为权重参数。当 λ 接近 1 时,需要规划较短的航迹,较少关注雷达暴露的威胁。当 λ 接近 0 时,需要在牺牲轨迹长度的代价上尽可能地避免威胁。本节将 λ 设为 0.5。只有当函数 J 达到最小值时,才会建立优化航迹。

如果威胁点到每个子段结束的距离都在威胁半径内,则威胁代价计算如下:

$$w_{t, L_i \to L_{i+1}} = \frac{\text{length}_i}{5} \times \sum_{k=1}^{N_t} \left[t_k \left(\frac{1}{d_{0.1, i, k}^4} + \frac{1}{d_{0.3, i, k}^4} + \frac{1}{d_{0.5, i, k}^4} + \frac{1}{d_{0.7, i, k}^4} + \frac{1}{d_{0.9, i, k}^4} \right) \right]$$

$$(6\text{-}11)$$

其中,N_t 为威胁区域数量,length_i 为第 i 个子路径长度,$d_{0.1, i, k}^4$ 为路径上的 1/10 点到第 k 个威胁中心的距离,t_k 为第 k 个威胁的威胁等级。假设无人驾驶飞机的速度是一个常数。通常的做法是假设燃料成本 J_f 与长度成正比,这意味着 w_f 将是一个常数。这里设置 $w_f = 1$。

2. 求解方法

在 GWO 中,标准坐标不方便直接求解无人机航迹优化问题[19]。为了将 GWO 应用到无人机航迹优化中,关键问题之一是将原始坐标通过式(6-8)转化为旋转坐标。具体求解过程如下。(扫描封底二维码可获取相关代码)。

无人机航迹优化的 GWO 算法

输入:种群规模 PopuSize

　　最大迭代次数 MaxIT

输出:最优解 X_α

过程:

　　初始化灰狼种群 $X_i (i = 1, 2, \cdots, n)$,初始化参数 a, A, C(随机生成)

　　通过式(6-8)将原坐标系转换为新的旋转坐标,其横轴为起点到目标点的连接线;将战场威胁信息转换为旋转坐标系,并将轴 ST 等分为 D。每个可行解,记为 $X_i = \{x_i, i = 1, 2, \cdots, D\}$,是由 D 个坐标的复合表示的数组

　　For 所有的个体 X_i **do**

　　　　用式(6-10)评估飞行成本 J 的加权和

　　End for

　　$X_\alpha =$ 适应度最优的个体

　　$X_\beta =$ 适应度第二好的个体

　　$X_\delta =$ 适应度第三好的个体

```
while（迭代次数 ＜ MaxIT）
    for 每一个个体
        通过式(6-5)更新当前个体的位置
    end for
    更新参数 a，A，C
    用式(6-10)评估每个个体的飞行成本 J 的加权和
    更新个体 X_α，X_β 和 X_δ
    迭代次数＋1
end while
return X_α
将最终最优路径的坐标反变换为原始坐标，并输出
```

6.4　习题与实例精讲

6.4.1　习题

【习题一】

试总结确定性算法和近似算法的区别与联系。

【习题二】

试推导灰狼优化算法 GWO 的计算复杂度。

【习题三】

试使用遗传算法和粒子群优化算法解决桁架设计问题。

【习题四】

在用启发式算法解决实数编码优化问题时，解的成分是什么？是否有不同的方法可以定义解的成分？如果是，那么这些定义方法的不同之处是什么？如何对待约束条件？尝试建立一个元启发式算法的通用算法轮廓和应用范围，找出有关元启发式算法收敛行为的理论知识。

【习题五】

设有非线性规划目标函数：$\min f(x)=(x_1-7)^2+(x_2-6)^2$，约束条件：$3x_1-3x_2\geqslant-4$，$x_1-2x_2\geqslant3$，$x_1+x_2\leqslant9$，$x_1,x_2\geqslant0$。试画出可行域 D 的图形及目标函数的等值线：$f(x)=4$ 和 $f(x)=9$。

6.4.2 案例实战

1. 生产计划问题

💡 案例背景

假设某个生产商有 m 种材料 X_1，X_2，$\cdots$，X_m，它们的数量分别为 a_1，a_2，$\cdots$，a_m。现在需要将这些材料加工成 n 种商品 G_1，G_2，$\cdots$，G_n。已知加工成功一个 G_j 需要数量为 c_{ij} 的材料 X_i。依据规定，G_j 是数量应不少于 d_j，且单价为 p_j，请问应该怎样生产才能在满足规定的条件下获得最高收益。

💡 解题思路

设产品 A_j 的计划产量为 x_j，总产值 $y = \sum\limits_{j=1}^{n} c_j x_j$，则问题化为求总产值 $y = \sum\limits_{j=1}^{n} c_j x_j$ 的极大值，且满足条件 $\sum\limits_{j=1}^{n} a_{ij} x_j \leqslant b_i$，$t = 1,2,\cdots,m$ 和 $x_j \geqslant d_j$，$j = 1,2,\cdots,n$。

2. 饲料混合问题

💡 案例背景

动物园中的饲养员每天都必须按照动物所需的养分去搭配饲料。假设有一种动物每天所需的营养有：不多于 5% 的粗纤维、0.8%～1.2% 的钙、不少于 22% 的蛋白质等。现在需要调配出该动物的饲料 100 磅（1 磅＝0.454 千克），怎么搭配饲料才能在满足动物所需营养的前提下最小化成本。已知这些营养成分的主要来源是大豆粉、谷物、石灰石，它们的营养含量如表 6-3 所示。

表 6-3 配料的主要营养成分

配 料	每磅配料中的营养含量			每磅成本/元
	钙	蛋白质	纤维	
石灰石	0.380	0.00	0.00	0.016 4
谷物	0.001	0.09	0.02	0.046 3
大豆粉	0.002	0.50	0.08	0.125 0

💡 解题思路

根据题目要求建立数学模型如下：设 x_1, x_2, x_3 是石灰石、谷物、大豆粉的磅数，则目标函数为

$$\min Z = 0.016\,4x_1 + 0.046\,3x_2 + 0.125\,0x_3 \tag{6-12}$$

约束条件为

$$\text{s. t.} \begin{cases} x_1 + x_2 + x_3 = 100 \\ 0.380x_1 + 0.001x_2 + 0.002x_3 \leqslant 0.012 \times 100 \\ 0.380x_1 + 0.001x_2 + 0.002x_3 \leqslant 0.008 \times 100 \\ 0.09x_2 + 0.50x_3 \geqslant 0.22 \times 100 \\ 0.02x_2 + 0.08x_3 \leqslant 0.05 \times 100 \\ x_1 \geqslant 0, x_2 \geqslant 0, x_3 \geqslant 0 \end{cases} \tag{6-13}$$

3. 管道费用问题

💡 案例背景

铺设管道在城市的建设中占有举足轻重的地位。现在某城市需要铺设一条长为 L、抽灌量为 Q g/m 的疏水管道。请设计使抽灌的花费最少的管道的半径。

💡 解题思路

考虑采用标准的碳钢泵，其年度抽灌费用可表示为

$$f(D)=0.45L+0.245LD^{1.5}+325(h_p)^{0.5}+61.6(h_p)^{0.925}+102 \tag{6-14}$$

其中，

$$h_p=4.4\times10^{-8}\frac{LQ^3}{D^5}+1.92\times10^{-9}\frac{LQ^{2.68}}{D^{4.68}} \tag{6-15}$$

其中，L 和 Q 为常数，分别为 1 000 英尺（1 英尺＝0.304 8 m）和 20 g/m，管道直径的变化范围为 $0.25<D<6$。求出在以上约束下 $f(D)$ 的最小值即可。

4. 齿轮组优化问题

💡 案例背景

已知齿轮组需要由主齿轮和副齿轮构成，如图 6-9 所示。现需要设计一套齿轮组，要求使得两个齿轮的体积最小。该问题中有以下 7 个设计变量：x_1＝齿宽、x_2＝模数、x_3＝副齿轮的齿数、x_4＝轴承 1 两端的距离、x_5＝轴承 2 两端的距离、x_6＝轴 1 的直径、x_7＝轴 2 的直径。其中每个变量的上、下限值为

$$\begin{cases} 2.6\leqslant x_1\leqslant 3.6 \\ 0.7\leqslant x_2\leqslant 0.8 \\ 17\leqslant x_3\leqslant 28 \\ 7.3\leqslant x_4\leqslant 8.3 \\ 7.3\leqslant x_5\leqslant 8.3 \\ 2.9\leqslant x_6\leqslant 3.9 \\ 5.0\leqslant x_7\leqslant 5.5 \end{cases} \tag{6-16}$$

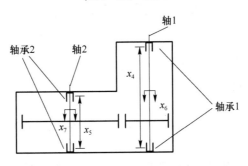

图 6-9　齿轮减速箱

💡 解题思路

设计目标为求所有轴总体积的最优解：

$$\begin{aligned} \min f=&0.785\,4x_1x_2^2(3.333\,3x_3^2+14.933x_3-43.093\,4)-1.508x_1(x_6^2+x_7^2)+\\ &7.477(x_6^3+x_7^3)+0.785\,4(x_4x_6^2+x_5x_7^2) \end{aligned} \tag{6-17}$$

上式中所有变量的单位为 cm，齿轮的弯曲应力 g_1、齿轮的接触应力 g_2、轴 1 的偏差 g_3 约束分别为

$$\text{s. t.} \begin{cases} g_1: \dfrac{1}{x_1 x_2^2 x_3} - \dfrac{1}{27} \leqslant 0 \\[2mm] g_2: \dfrac{1}{x_1 x_2^2 x_3} - \dfrac{1}{397.5} \leqslant 0 \\[2mm] g_3: \dfrac{x_4^3}{x_2 x_3 x_6^4} - \dfrac{1}{1.93} \leqslant 0 \end{cases} \tag{6-18}$$

6.5 结束语

本节从理论和实例两个角度介绍了实数编码优化问题的相关知识，同时给出了若干习题供读者练习，重点在于掌握实数编码优化问题的求解流程，以及能够对给出的真实实数优化问题进行求解。

实数编码优化问题是最优化问题的重要组成部分。自 20 世纪 50 年代初以来，在电子计算机的推动下，最优化技术得到迅速发展，最优化理论也广泛应用于国防军事、经济金融、交通运输、工业工程、信息科学和航空航天等领域。在新一代人工智能技术革命中，最优化思想与方法，尤其是实数编码优化思想与方法至关重要。反过来，新一代人工智能技术的发展，凸显了传统最优化方法的诸多局限。例如，传统最优化方法的设计原理往往以局部目标为导向，设计策略没有充分利用历史迭代信息和已有经验，设计方式未考虑与具体问题的适配性等。而人工智能技术注重以全局目标为导向，充分利用已有经验数据和环境交互信息，采用与实际问题相适应的方法等。人工智能技术的蓬勃发展给最优化领域带来了新的机遇与挑战[20,21]。

6.6 阅读材料

6.6.1 重要书籍

（1）*Continuous Optimization：Current Trends and Modern Applications*（Tawarmalani 著）

此书介绍了连续优化的各种理论、求解方法和新应用领域。

（2）*An Introduction to Continuous Optimization：Foundations and Fundamental Algorithms*（Patriksson 著）

此书是关于连续优化的入门书籍。此书介绍了原始和对偶空间的最优性理论的基本原理及经典算法。几年来，它已经在本科和研究生的数学优化课程中得到测试和使用。

6.6.2　重要论文

（1）"A new meta-heuristic algorithm for continuous engineering optimization：harmony search theory and practice"

此文将式算法 HS 算法用于求解连续设计变量工程优化问题。HS 算法是概念化地使用寻找完美的和谐状态的音乐过程。它使用随机搜索代替梯度搜索，这样就不需要导数信息。

（2）"Algorithm selection for black-box continuous optimization problems：A survey on methods and challenges"

此文对黑箱连续优化领域的算法选择方法进行了综述。根据黑箱连续优化问题的要求，描述了问题、算法、性能和特征这 4 个组成空间中的每一个。

（3）"Teaching-Learning-Based Optimization：An optimization method for continuous non-linear large scale problems"

针对大规模非线性优化问题，此文提出了一种有效的求全局解的"教-学优化"方法。该方法基于教师在课堂上对学习者输出的影响。此文详细阐述了该方法的基本原理。

本书的附录二给出了经典的 CEC13 测试函数集，这些测试集被分为单模测试函数和多模测试函数。

本章参考文献

[1]　圈圈_Master 关注. 数学优化问题（最优化问题）[EB/OL]. (2019-07-22)[2020-12-10]. https://www.jianshu.com/p/eebbabad67e0.

[2]　张思才,张方晓. 一种遗传算法适应度函数的改进方法[J]. 计算机应用与软件,2006(02):108-110.

[3]　解可新,韩健,林友联. 最优化方法[M]. 修订版. 天津:天津大学出版社,2004:114.

[4]　Bernhard Korte, Jens Vygen. 组合最优化:理论与算法[M]. 北京:科学出版社,2014:241-245.

[5]　王芳芳. 面向单模和多模函数优化的多子群粒子群算法研究[D]. 南京:南京农业大学,2014.

[6]　郭田德,韩丛英. 从数值最优化方法到学习最优化方法[J]. 运筹学学报,2019,23(04):1-12.

[7]　2010 薇儿. 编码与实数编码[EB/OL]. (2012-05-23)[2020-12-25]. https://wenku.baidu.com/view/a23c6ca0f524ccbff121842e.html.

[8]　郭文忠,陈国龙. 离散粒子群优化算法及其应用[M]. 北京:清华大学出版社,2012:142.

[9]　刘杰. 全局优化问题的几类新算法[D]. 西安:西安电子科技大学,2015.

[10]　王尔媚,马成林,李慧子,王秋霏,周沫,张一珠. 基于分支定界法甩挂运输站场选址研究[J]. 森林工程,2014,30(01):165-169.

[11]　范永俊,吴东华. 基于分支定界法的飞机均衡排班计划求解[J]. 统计与决策,2017,20(v. 43;No. 231):61-64.

[12]　jingyi130705008. 近似算法[EB/OL]. (2017-11-03)[2021-01-05]. https://blog.csdn. net/jingyi130705008/article/details/78435318.

[13]　百度百科. 演化计算[EB/OL]. (2019-11-18)[2021-01=06]. https://baike.baidu. com/item/%E6%BC%94%E5%8C%96%E8%AE%A1%E7%AE%97/4398266? fr=aladdin.

[14]　杜映峰,陈万米,范彬彬. 群智能算法在路径规划中的研究及应用[J]. 电子测量技术,2016,39(11):65-70.

[15]　Dorigo M, Birattari M, Thomas Stützle. Ant Colony Optimization[J]. IEEE Computational Intelligence Magazine,2006,1(4):28-39.

[16]　Valle Y D, Venayagamoorthy G K, Mohagheghi S, et al. Particle Swarm Optimization: Basic Concepts, Variants and Applications in Power Systems[J]. IEEE Transactions on Evolutionary Computation,2008,12(2):171-195.

[17]　高尚,杨静宇. 群智能算法及其应用[M]. 北京:中国水利水电出版社,2006:78.

[18]　Mirjalili S, Mirjalili S M, Lewis A. Grey Wolf Optimizer[J]. Advances in Engineering Software,2014,69(3):46-61.

[19]　吕新桥,廖天龙. 基于灰狼优化算法的置换流水线车间调度[J]. 武汉理工大学学报,2015,37(05):111-116.

[20]　维基百科. 演化计算[EB/OL]. (2021-02-19)[2021-01-10]. https://wiki. swarma. org/index. php? title=%E6%BC%94%E5%8C%96%E8%AE%A1%E7%AE%97&variant=zh.

[21]　丁立新,康立山,陈毓屏,等. 演化计算研究进展[J]. 武汉大学学报:自然科学版,1998(05):561-568.

第7章

模糊推理系统

7.1 概　　述

基于已知的判断(前提)我们可以推出新的判断(结论),这种思维方式通常被称为推理。现实世界中的事物总是彼此关联的,这使得人们可以通过推理的方式解决实际问题。例如,所有偶数都能被 2 整除,4 是一个偶数,所以 4 能被 2 整除。为了模拟这种推理能力,人们设计了各种基于简单规则、不确定性、模糊逻辑、框架的推理系统。

除确定性问题外,现实世界中的一些问题并没有确定的答案,如正确(true)或者错误(false)。在日常生活以及信息科学与经济等领域,广泛存在模糊这一概念,比如身高的高低、体重的轻重、商品质量的好坏等,这些问题没有一个准确的定量规定。为了对自然语言中的模糊概念进行量化描述,1965 年 L. A. Zadeh 提出了模糊集理论。在此基础上模糊理论迅猛发展,实现了运用自然语言进行推理、评估和决策等功能[1]。模糊推理系统是一种以模糊数学为理论基础,用来处理模糊性问题的系统,被广泛应用于信息科学、工业控制、经济学等领域。

7.2 目　　的

为了解决存在于各个领域的模糊性问题,人们设计了模糊推理系统。模糊推理系统具有处理模糊信息的能力,它将输入精确量转化为模糊量,基于设计好的模糊规则进行模糊推理得到模糊输出,最后将输出值通过去模糊化转换为精确值。

7.2.1 基本术语

表 7-1 罗列出了模糊推理系统中常用的术语。

表 7-1　模糊推理系统术语

术　语	解　释
论域	模糊集合元素的所有量化值范围被称为论域。
模糊集合	给定一个论域 U，从 U 到单位区间 $[0,1]$ 的一个映射 $\mu_A:U\mapsto[0,1]$ 称为 U 上的一个模糊集，或 U 的一个模糊子集[2,3]，记为 A。
隶属度函数	上述映射函数 $\mu_A(\cdot)$ 称为隶属度函数[4]，也可表示为 $A(\cdot)$。隶属函数为任意的 $x\in A$ 分配隶属度。
模糊语言变量	指模糊的语言，以自然语言中的模糊词语作值的变量[5]。
模糊规则	IF x is A THEN y is B。其中 A 和 B 为由论域 X 和 Y 上的模糊集合定义的语言值。"x is A"称为前提，"y is B"称为结论。以上模糊规则可以简写为 $A\rightarrow B$[6]。
模糊蕴涵	IF x is A THEN y is B。A 和 B 这种逻辑关系称为模糊蕴含，记为 $A\rightarrow B$。
模糊化	将输入值转化成论域中的值。
模糊推理机	根据模糊规则将模糊推理系统的输入映射为输出。
解模糊化	也称为去模糊化，将推理所得到的模糊值转换为精确值[7]。
前件	表示条件的命题称为前件。
后件	表示依赖条件而成立的命题称为后件。

7.2.2　思维导图

图 7-1 为本章节的思维导图，读者可根据该图加深对本章节的理解。

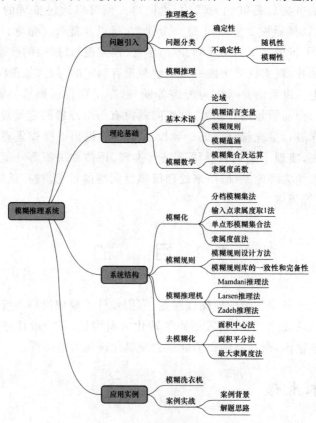

图 7-1　模糊推理系统思维导图

7.3　理论和实例

7.3.1　原理

1. 模糊数学

模糊数学是我们学习模糊推理系统必须要了解的基础知识。我们以往所接触的经典数学是精确的、定量的。但是与精确性相反的不确定性问题也是有研究价值的。为了研究这种模糊的不确定性问题,人们引入了模糊数学。

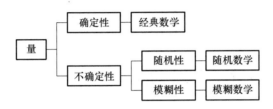

图 7-2　客观世界中量的分类

如图 7-2 所示,如果将客观世界中的量进行分类,可以将其分为确定性和不确定性。确定性问题对应的是经典数学,比如我们学习过的差分方程、微分方程。而不确定性可以进一步划分为随机性和模糊性。在这里我们要注意随机性和模糊性的不同,随机性是指概率问题。比如"下周一要考试",只要到了下周一我们就能知道"下周一考试"或者"下周一不考试",这件事就变成确定的了。与此对应的就是随机数学,即统计数学。但是对于模糊性事件不会改变它的模糊性。比如,"这个人是一个胖子",这件事本身就是模糊的[8]。与此对应的就是模糊数学。

2. 理论基础

在具体学习模糊推理系统之前,介绍一下常用的模糊集合及其运算和几种常见的隶属度函数。

(1) 经典集合

根据以往学习经验,我们知道经典集合使用特征函数可以定义为[9]:设 A 是论域 X 上的一个集合,X 上的某个函数

$$\mu_A(x) = \begin{cases} 1, & x \in A \\ 0, & x \notin A \end{cases} \tag{7-1}$$

则称 $\mu_A(x)$ 为集合 A 的特征函数。

(2) 模糊集合及运算

原有的经典集合的概念不足以解决模糊性的问题。1965 年,Zadeh 教授提出了模糊集合。相应地,我们来学习模糊集合和隶属度函数的概念。

① 模糊集合和隶属度函数

在基本术语中我们已经给出隶属度函数和模糊集合的概念。由隶属度函数和模糊集合的定义描述我们可以看出,模糊集合可以使用隶属度函数来描述。下面我们举例说明隶属度函数的使用情况。

例:假设 B 是远大于 30 的所有整数的模糊集合,其隶属函数可由下式计算:

$$\mu_B(x) = \begin{cases} 0, & x < 30 \\ \dfrac{x-30}{100}, & 30 \leqslant x \leqslant 130 \\ 1, & x > 130 \end{cases} \tag{7-2}$$

根据隶属度函数定义,我们可以知道不属于集合 B 的数,它们的隶属度是 0。当 $x=31$ 时,隶属度为 0.01,然而当 $x=120$ 时,隶属度为 0.9。通过这个例子我们可以看出,隶属度函数能很好地表示一个元素隶属于模糊集合的程度。

当然我们仍然需要有相对完善的集合定义,因此也定义了空集和模糊子集的概念。

② 模糊空集

如果对于模糊集合 A,任取 $x \in X$,都有 $\mu_A(x)=0$,则 A 为空集,记为 ϕ。

③ 模糊集合相等

如果对于论域 X 上的任意元素 x,均有 $\mu_A(x)=\mu_B(x)$,则称模糊集合 A 和 B 相等。这意味着属于一个模糊集的元素必属于另一个模糊集,且具有相同的隶属度。

④ 模糊子集

若对于任意的 $x \in X$,均有

$$\mu_A(x) \leqslant \mu_B(x) \tag{7-3}$$

则称模糊集合 A 是模糊集合 B 的模糊子集。

⑤ 论域

模糊集合元素的所有量化值范围被称为论域。有连续的论域也有离散的论域。连续论域的元素是无限的,即无界的,因此也称为无限论域。无限论域 X 上的模糊集合 A 可表示为

$$A = \int_{x \in X} \frac{\mu_A(x)}{x}$$

一般来说,离散论域的元素是有限的,也就是说离散论域一般是有界的。因此离散论域也称为有限论域。在有限论域的情况下,如论域 $X = \{x_1, x_2, \cdots, x_n\}$ 上的模糊集合 A:

$$A = \sum_{i=1}^{n} \frac{\mu_A(x_i)}{x_i} = \frac{\mu_A(x_1)}{x_1} + \frac{\mu_A(x_2)}{x_2} + \cdots + \frac{\mu_A(x_n)}{x_n}$$

为了将经典集合和模糊集合统一起来,研究者们又定义了以下几个概念。

⑥ 模糊集合支集

如果一个模糊集合是由论域 X 中所有满足 $\mu_A(x)>0$ 的元素构成的集合,则称该集合为模糊集合 A 的支集,记为 suppA。

⑦ 模糊集合的核

如果单点 $x = c_A \in A$ 具有最大隶属度值 $\mu_A(c_A) = 1$，则 x 称为模糊集合 A 的质心。如果存在一系列 x 值，它们的隶属度均为最大值，则称 $\mathrm{ker}A = \{x \in X | \mu_A(x) = 1\}$ 为模糊集合 A 的核。

⑧ 模糊集合的质心

我们把具有核的模糊集合 A 的质心定义为 $c_A = (x_a + x_b)/2$，其中 x_a 和 x_b 分别为核的边界。而只含有质心 c_A 一个元素的模糊集合 A 称为模糊单点或单点模糊集合。

⑨ 模糊集合的重心

模糊集合的重心是论域中的元素相对其隶属度的加权平均，可以表示模糊集合的隶属度在论域内集中的地方，是度量模糊集合几何形状的一种有效手段。对于形状对称的模糊集合，其重心在论域上的投影与质心相等。这也是模糊集合的质心经常被视为重心的原因。

⑩ 相邻模糊集

设 A 和 B 分别是论域 X 上的两个模糊集合，质心分别为 c_A 和 c_B，且 $c_A < c_B$。如果在论域 X 上不存在其他的模糊集合 S，其质心 c_s 满足 $c_A < c_s < c_B$，那么就称 A 和 B 为相邻模糊集。

⑪ 模糊集合的并、交、补

设 A 和 B 均是论域 X 上的模糊集合，定义 $A \cup B$、$A \cap B$、$\overline{A}$，它们分别具有隶属度函数：

$$\left.\begin{aligned}
\mu_{A \cup B}(x) &= \mu_A(x) \vee \mu_B(x) = \max\{\mu_A(x), \mu_B(x)\} \\
\mu_{A \cap B}(x) &= \mu_A(x) \wedge \mu_B(x) = \min\{\mu_A(x), \mu_B(x)\} \\
\mu_{\overline{A}}(x) &= 1 - \mu_A(x)
\end{aligned}\right\} \tag{7-4}$$

模糊集合运算具有以下一些基本性质。

① 恒等律：$A \cup A = A$，$A \cap A = A$

② 交换律：$A \cup B = B \cup A$

　　　　　$A \cap B = B \cap A$

③ 结合律：$(A \cup B) \cup C = A \cup (B \cup C)$

　　　　　$(A \cap B) \cap C = A \cap (B \cap C)$

④ 分配律：$A \cap (B \cup C) = (A \cap B) \cup (A \cap C)$

　　　　　$A \cup (B \cap C) = (A \cup B) \cap (A \cup C)$

⑤ 吸收律：$A \cap (A \cup B) = A$

　　　　　$A \cup (A \cap B) = A$

⑥ 两级律：设 X 为论域上的模糊全集

　　　　　$A \cap X = A$，$A \cup X = X$

　　　　　$A \cap \phi = \phi$，$A \cup \phi = A$

⑦ 复原律：$\overline{\overline{A}} = A$

⑧ 摩根律：$\overline{A \cup B} = \overline{A} \cap \overline{B}$，$\overline{A \cap B} = \overline{A} \cup \overline{B}$

（3）隶属度函数及确定方法

隶属度函数有多种形状，常见的有三角型、高斯型等。对于不同的模糊概念会选用不同的隶属度函数来刻画。当然对于相同的模糊问题，每个人的理解不同，选取的隶属度函数也可能不同。因此选取隶属度函数也有很多确定方法，下面介绍几种常用的隶属度函数，并且简单介绍几种确定隶属度函数的方法[9]。

① 常用隶属度函数

本节我们介绍 5 种常用的隶属度函数。在下面式子中 a、b、c、d 为确定隶属度函数形态的主要参数。

a. 三角型（式中 $a<b<c$）

$$\mu_A(x)=\begin{cases}0, & x<a \\ \dfrac{x-a}{b-a}, & a\leqslant x\leqslant b \\ \dfrac{c-x}{c-b}, & b\leqslant x\leqslant c \\ 0, & x>c\end{cases} \tag{7-5}$$

b. 梯型（$a\leqslant b,c\leqslant d$）

$$\mu_A(x)=\begin{cases}0, & x\leqslant a \\ \dfrac{x-a}{b-a}, & a<x\leqslant b \\ 1, & b<x\leqslant c \\ \dfrac{d-x}{d-c}, & c<x\leqslant d \\ 0, & x>d\end{cases} \tag{7-6}$$

c. 钟型（c 决定函数中心，a 和 b 决定函数形状）

$$\mu_A(x)=\dfrac{1}{1+\left|\dfrac{x-c}{a}\right|^{2b}} \tag{7-7}$$

d. 高斯型（c 决定函数的中心，σ 决定函数曲线的宽度）

$$\mu_A(x)=e^{-\frac{(x-c)^2}{2\sigma^2}} \tag{7-8}$$

e. sigmoid 型（a 和 c 决定函数的形状，曲线关于 $(a,0.5)$ 点对称）

$$\mu_A(x)=\dfrac{1}{1+e^{-a(x-c)}} \tag{7-9}$$

② 隶属度函数的基本确定方法

上文中我们介绍了几种常用的隶属度函数，一般确定隶属度函数的方法有统计法、对比排序法、经验法等。这里我们只对经验法进行描述，经验法是指根据实际操作人员的经验、主观感知和分析，推出各个元素隶属于某个模糊集的程度。

例如，$\mu_A(x)$ 表示模糊集"高个子"的隶属函数，A 表示模糊集"高个子"。当身高 $x\leqslant150$ 时，$\mu_A(x)=0$ 表明 x 不属于模糊集 A；当 $x\geqslant180$ 时，$\mu_A(x)=1$ 表明 x 完全属于

A；当 $150<x<180$ 时，$0<\mu_A(x)<1$，且 x 越接近 180，$\mu_A(x)$ 越接近 1，x 属于 A 的程度就越高。

3. 模糊推理系统组成

如图 7-3 所示，我们可以看出模糊推理系统整体上划分为 4 个部分，分别是模糊化、模糊规则库、模糊推理机和去模糊化模块。首先要将输入进行模糊化处理转换为模糊语言变量才能作为模糊推理机的输入；模糊规则库由多条模糊规则组成；模糊推理机根据模糊规则将输入映射为输出；去模糊化模块则是将输出的模糊值解模糊化变换成实值输出[10]。下面我们具体分析每个部分。

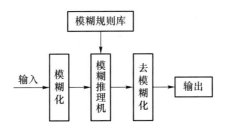

图 7-3　模糊推理系统结构图

（1）模糊化

模糊化是模糊推理系统的第一步，目的是将输入的精确量转化为模糊量。这里介绍几种常见的模糊化方法供读者学习[9]。

① 分档模糊集法

分档模糊集法就是将精确量分成若干档，而分出的每一个档都对应一个模糊集合。例如，对于离散数域 $N=\{-6,-5,-4,-3,-2,-1,0,1,2,3,4,5,6\}$，将它分为 7 档，表 7-2 列出了每个元素对应每个档的隶属度。对于其他的离散数域或者连续数域可通过类似操作进行模糊化。

表 7-2　分档模糊集

离散数	−6	−5	−4	−3	−2	−1	0	1	2	3	4	5	6
正大 PB (Positive Big)	0	0	0	0	0	0	0	0	0.1	0.4	0.8	1.0	
正中 PM (Positive Middle)	0	0	0	0	0	0	0	0	0.2	0.7	1.0	0.7	0.2
正小 PS (Positive Small)	0	0	0	0	0	0	0	0.9	1.0	0.7	0.2	0	0
零 ZE (Zero)	0	0	0	0	0	0.5	1	0.5	0	0	0	0	0
负小 NS(Negative Small)	0	0	0.2	0.7	1.0	0.9	0	0	0	0	0	0	0
负中 NM(Negative Middle)	0.2	0.7	1.0	0.7	0.2	0	0	0	0	0	0	0	0
负大 NB(Negative Big)	1.0	0.8	0.4	0.1	0	0	0	0	0	0	0	0	0

② 输入点隶属度取 1 法

这种方法是当输入的精确量有隶属度为 1 时，处理方式和分档模糊集法相同。例如，$n^*=+6$ 时，它对 PB 的隶属度为 1，则模糊化结果为 $A^*=\mathrm{PB}$，即

$$A^* = PB = \frac{0}{-6} + \frac{0}{-5} + \frac{0}{-4} + \frac{0}{-3} + \frac{0}{-2} + \frac{0}{-1} + \frac{0}{0} + \frac{0}{1} + \frac{0}{2} + \frac{0.1}{3} + \frac{0.4}{4} + \frac{0.8}{5} + \frac{1}{6}$$

当没有隶属度为 1 的情况时,则将要模糊化的精确量 n^* 处的隶属度设为 1,它左、右相邻两个整数点处的隶属度设为 0.5。例如,$n^* = +5$ 时,模糊化结果为

$$A^* = \frac{0}{-6} + \frac{0}{-5} + \frac{0}{-4} + \frac{0}{-3} + \frac{0}{-2} + \frac{0}{-1} + \frac{0}{0} + \frac{0}{1} + \frac{0}{2} + \frac{0}{3} + \frac{0.5}{4} + \frac{1}{5} + \frac{0.5}{6}$$

这种方法可以用于离散数域 N,对于连续论域的模糊集合则可以使用等腰三角形进行模糊化。

③ 单点形模糊集合法

在介绍这个方法之前,我们需要知道的是什么是单点模糊集合。模糊集合的隶属度只在 x^* 处为 1,其余均为 0,即为单点模糊集合,用公式表示为:设 A 为 x 模糊化后对应的模糊集合,$x^* \in X$,则

$$A(x) = \begin{cases} 1, & x = x^* \\ 0, & x \neq x^* \end{cases} \tag{7-10}$$

转化后的值虽然并不具备模糊性,但是由于这种方法比较简单,所以被经常使用。

④ 隶属度值法

隶属度值法就是将输入量的隶属度值作为模糊化的结果,对于表 7-2 中这种离散的数域,我们从表中可以直接得到模糊化后的结果。对于连续数域可采用三角形隶属度函数求每个元素的隶属度值作为模糊化的结果。

(2) 模糊规则

模糊规则指的是 IF-THEN 规则,模糊规则库中包含了许多模糊规则。模糊规则既可以通过领域内相关人员的经验确定,也可以基于样本数据或者根据过程来制定。一般来说,模糊规则库的规模取决于系统输入输出的数量和模糊集合的数量。下面我们给出模糊规则的具体定义以及一些相关概念[10]。

设 A 和 B 是模糊集合。那么结构

$$\text{IF } x \text{ is } A \text{ THEN } y \text{ is } B$$

称为模糊规则。IF x is A 称为前提,THEN y is B 则称为结论。

当然可以不止一个前提或者结论,我们常用到的是两个输入一个输出的结构,即:

$$\text{IF } x_1 \text{ is } A_1 \text{ and } x_2 \text{ is } A_2 \text{ THEN } y \text{ is } B$$

这种形式的规则称为"与"模糊规则。

① 模糊规则库的一致性

如果模糊规则库不包含如下形式的规则 FR^i 和 FR^j:

$$FR^i: \text{IF } R_{qp} \text{ THEN } P_m$$

$$FR^j: \text{IF } R_{qp} \text{ THEN } P_n$$

则称模糊规则库是一致的或相容的。

② 模糊规则的完备性

如果对于每一个输入的语言变量 $x, y, z, \cdots$,构成的关系 $R_{ijk} \cdots : P_i^x \& P_j^y \& P_k^z \& \cdots$,均存在一条模糊规则,其前提部分为关系 $R_{ijk} \cdots$,那么就称模糊规则是完备的。

完备性是设计模糊规则库前提之一,也是体现设计人员的能力所在,如果模糊规则有冲突或者不完备会直接影响模糊推理系统的最终结果。

(3) 模糊推理机

模糊推理的结果与使用的模糊推理法有关,不同模糊推理法的推理过程不同。这里我们主要介绍 Mamdani 推理法、Larsen 推理法、Zadeh 推理法,并且使用简单的单前提单规则的例子进行讲解,这里的方法同样适用于多前提多规则的模糊问题[11]。

① Mamdani 模糊推理法

这种推理方法采用的是极大-极小合成运算,在这里模糊集合 $\widetilde{A}$ 和 $\widetilde{B}$ 的蕴含关系 $\widetilde{R}_M(X,Y)$ 采用笛卡儿积(取小)来定义,即:

$$\mu_{\widetilde{R}_M}(x,y)=\mu_{\widetilde{A}}(x)\wedge\mu_{\widetilde{B}}(y) \tag{7-11}$$

这里我们针对简单的单前提、单规则问题进行分析,设 $\widetilde{A}^*$ 和 $\widetilde{A}$ 是论域 X 上的模糊集合,$\widetilde{B}$ 是论域 Y 上的模糊集合,$\widetilde{A}$ 和 $\widetilde{B}$ 间的模糊关系是 $\widetilde{R}_M(X,Y)$,有

大前提(规则):　　　　　IF x is $\widetilde{A}$　　　THEN y is $\widetilde{B}$

小前提(事实):　　　　　　　　　x is $\widetilde{A}^*$

结论:　　　　　　　　　y is $\widetilde{B}^*=\widetilde{A}^*\circ\widetilde{R}_M(X,Y)$

当 $\mu_{\widetilde{R}_M}(x,y)=\mu_{\widetilde{A}}(x)\wedge\mu_{\widetilde{B}}(y)$ 时,有

$$
\begin{aligned}
\mu_{\widetilde{B}^*}(y)&=\bigvee_{x\in X}\{\mu_{\widetilde{A}^*}(x)\wedge[\mu_{\widetilde{A}}(x)\wedge\mu_{\widetilde{B}}(y)]\}\\
&=\bigvee_{x\in X}\{[\mu_{\widetilde{A}^*}(x)\wedge\mu_{\widetilde{A}}(x)]\wedge\mu_{\widetilde{B}}(y)\}\\
&=\omega\wedge\mu_{\widetilde{B}}(y)
\end{aligned}
\tag{7-12}
$$

其中,$\omega=\bigvee_{x\in X}[\mu_{\widetilde{A}^*}(x)\wedge\mu_{\widetilde{A}}(x)]$,$\omega$ 称为 $\widetilde{A}$ 和 $\widetilde{A}^*$ 的适配度。"$\circ$"运算指的是两个模糊集合的合成运算。

如果已知模糊集合 $\widetilde{A}^*$、$\widetilde{A}$ 及 $\widetilde{B}$,则根据以上方法进行模糊推理的结果如图 7-4 所示。

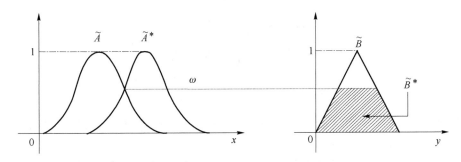

图 7-4　单前提单规则的推理过程

根据上面的求解过程我们可以看出,想要求得 $\widetilde{B}^*$,应先求出适配度 ω(即 $\mu_{\widetilde{A}^*}(x)$ $\wedge\mu_{\widetilde{A}}(x)$ 的最大值);然后用适配度 ω 去切割 $\widetilde{B}$ 的隶属度曲线,就能获得推论结果 $\widetilde{B}^*$,如

图 7-4 中阴影区域。我们常称这种方法为削顶法。

对于单前件、单规则(即若 x 是 $\tilde{A}$,则 y 是 $\tilde{B}$)问题,当 $x=x_0$ 时,基于 Mamdani 推理方法的模糊推理过程如图 7-5 所示。

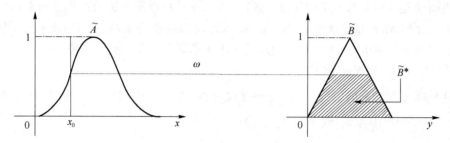

图 7-5 $x=x_0$ 时的单前提单规则推理过程

例:设 $\tilde{A}$ 和 $\tilde{B}$ 是论域 X 和 Y 上的模糊集合,$X=\{\,0\,,20\,,40\,,60\,,80\,,100\,\}$ 表示水温,$Y=\{\,1\,,2\,,3\,,4\,,5\,,6\,,7\,\}$ 表示蒸汽压力,$\tilde{A}$=温度高,$\tilde{B}$=压力大。模糊规则"如果 $\tilde{A}$,则 $\tilde{B}$",在此模糊规则下,试求在"$\tilde{A}^*$=温度较高"时对应的压力情况 $\tilde{B}^*$。

解:首先确定各模糊集合的隶属度为

$$\mu_{\tilde{A}}(x)=\frac{0}{0}+\frac{0.1}{20}+\frac{0.3}{40}+\frac{0.6}{60}+\frac{0.85}{80}+\frac{1}{100}$$

$$\mu_{\tilde{B}}(y)=\frac{0}{1}+\frac{0.1}{2}+\frac{0.3}{3}+\frac{0.5}{4}+\frac{0.7}{5}+\frac{0.85}{6}+\frac{1}{7}$$

$$\mu_{\tilde{A}^*}(x)=\frac{0.1}{0}+\frac{0.15}{20}+\frac{0.4}{40}+\frac{0.75}{60}+\frac{1}{80}+\frac{0.8}{100}$$

求 $\tilde{A}^*$ 对 $\tilde{A}$ 的适配度 ω:

$$\omega=\bigvee_{x\in X}\left(\frac{0\wedge0.1}{0}+\frac{0.1\wedge0.15}{20}+\frac{0.3\wedge0.4}{40}+\frac{0.6\wedge0.75}{60}+\frac{0.85\wedge1}{80}+\frac{1\wedge0.8}{100}\right)$$

$$=\bigvee_{x\in X}\left(\frac{0}{0}+\frac{0.1}{20}+\frac{0.3}{40}+\frac{0.6}{60}+\frac{0.85}{80}+\frac{0.8}{100}\right)=0.85$$

用适配度 ω 去切割 $\tilde{B}$ 的隶属函数,即可获得 $\tilde{B}^*$

$$\mu_{\tilde{B}^*}(y)=\omega\wedge\mu_{\tilde{B}}(y)=0.85\wedge\left(\frac{0}{1}+\frac{0.1}{2}+\frac{0.3}{3}+\frac{0.5}{4}+\frac{0.7}{5}+\frac{0.85}{6}+\frac{1}{7}\right)$$

$$=\frac{0}{1}+\frac{0.1}{2}+\frac{0.3}{3}+\frac{0.5}{4}+\frac{0.7}{5}+\frac{0.85}{6}+\frac{0.85}{7}$$

推理结果是"$\tilde{B}^*$=压力较大",这一结果与我们平常的推理结果是相符合的。

(2) Larsen 模糊推理法

与 Mamdani 模糊推理法不同,Larsen 模糊推理法模糊集合之间合成运算是乘积运算。

这里我们针对简单的单前题、单规则问题进行分析,设 $\tilde{A}^*$ 和 $\tilde{A}$ 是论域 X 上的模糊集合,$\tilde{B}$ 是论域 Y 上的模糊集合,$\tilde{A}$ 和 $\tilde{B}$ 间的模糊关系确定,求此关系下的 $\tilde{B}^*$,即大前提(规则)：　　　　　　IF x is $\tilde{A}$　　　THEN y is $\tilde{B}$

小前提(事实)：　　　　　　　　　　x is $\tilde{A}^*$

结论：　　　　　　　　　　　　　　y is $\tilde{B}^*$

首先求适配度：

$$\omega = \bigvee_{x \in X}\left[\mu_{\tilde{A}^*}(x)\wedge\mu_{\tilde{A}}(x)\right] \tag{7-13}$$

然后用适配度与后件作乘积：

$$\mu_{\tilde{B}^*}(y) = \omega\mu_{\tilde{B}}(y) \tag{7-14}$$

在给定模糊集合 $\tilde{A}^*$、$\tilde{A}$ 及 $\tilde{B}$ 的情况下，Larsen 模糊推理的结果 $\tilde{B}^*$ 如图 7-6 所示。

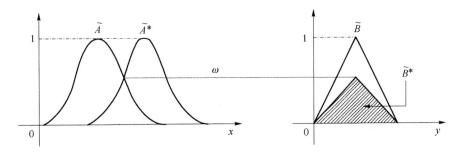

图 7-6　单前提、单规则的推理过程

③ Zadeh 模糊推理法

模糊推理的结果不仅与运算法则有关，还与模糊关系有关。Zadeh 模糊推理法与 Mamdani 推理法都是使用取小运算，但是它们的模糊关系定义不同。

设 $\tilde{A}^*$ 和 $\tilde{A}$ 是论域 X 上的模糊集合，$\tilde{B}$ 是论域 Y 上的模糊集合，$\tilde{A}$ 和 $\tilde{B}$ 间的模糊关系是 $\tilde{R}_Z(X,Y)$。Zadeh 把 $\tilde{R}_Z(X,Y)$ 定义为

$$\mu_{\tilde{R}_z}(x,y) = \left[\mu_{\tilde{A}}(x)\wedge\mu_{\tilde{B}}(y)\right]\vee\left[1-\mu_{\tilde{A}}(x)\right] \tag{7-15}$$

如果已知模糊集合 $\tilde{A}$ 和 $\tilde{B}$ 的模糊关系为 $\tilde{R}_Z(X,Y)$ 和 $\tilde{A}^*$，那么 Zadeh 模糊推理法得到的结果 $\tilde{B}^*$ 为

$$\tilde{B}^* = \tilde{A}^* \circ \tilde{R}_Z(X,Y) \tag{7-16}$$

其中，"。"表示合成运算，即是模糊关系的 Sup—$\wedge$ 运算。

$$\mu_{\tilde{B}^*}(y) = \underset{x \in X}{\mathrm{Sup}}\{\mu_{\tilde{A}^*}(x)\wedge[\mu_{\tilde{A}}(x)\wedge\mu_{\tilde{B}}(y)\vee(1-\mu_{\tilde{A}}(x))]\} \tag{7-17}$$

其中，"Sup"表示取上界。如果 Y 为有限论域，Sup 就是取大运算 $\vee$。

(4) 去模糊化

去模糊化是对模糊集进行清晰化操作，这里我们介绍 3 种常见的去模糊化方法供读者学习[12]。

① 面积中心法

利用面积中心法对模糊集进行清晰化，首先要求出隶属函数曲线与横轴围成区域的面积中心。模糊集的代表就是这个中心的横坐标。设 A 为论域 U 上的模糊集，其隶属

度函数为 $A(u)$。假设中心的横坐标是 u_c（图 7-7），那么按照中心法的定义，u_c 可以按如下公式确定：

$$u_c = \frac{\int_U A(u)u\mathrm{d}u}{\int_U A(u)\mathrm{d}u} \tag{7-18}$$

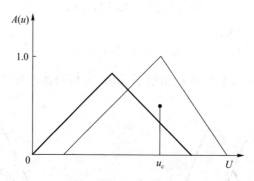

图 7-7　连续论域上面积中心法清晰化

对于离散的论域 $U=(u_1,\ u_2,\ \cdots,\ u_n)$，设 u_i 处的隶属度函数为 $A(u_i)$，那么 u_c 可以按如下公式确定：

$$u_c = \frac{\sum_{i=1}^{n} u_i A(u_i)}{\sum_{i=1}^{n} A(u_i)} \tag{7-19}$$

② 面积平分法

利用面积平分法对模糊集进行清晰化，首先要确定模糊集的隶属函数曲线与横坐标轴围成的区域面积，然后确定一条能将该面积平均分为两份的平分线，用该平分线的横坐标值代表该模糊集。

设 A 为论域 U 上的模糊集，其隶属度函数为 $A(u)$。假设隶属度函数与坐标轴围成的图形的平分线的横坐标是 u_c，那么按照面积平分法的定义，设 $u\in[a,\ b]$，有

$$\int_a^{u_c} A(u)\mathrm{d}u = \int_{u_c}^{b} A(u)\mathrm{d}u = \frac{1}{2}\int_a^b A(u)\mathrm{d}u \tag{7-20}$$

对于离散的论域 $U=(u_1,\ u_2,\ \cdots,\ u_n)$，隶属度函数与横坐标轴大多围成三角形、梯形、矩形，此时只要求出对应于面积一半的垂直于横坐标轴的直线即可[13]。

③ 最大隶属度法

利用隶属度最大的点所对应的元素来代表模糊集是一种最简单的方法，称为最大隶属度法。当有多个元素都对应最大隶属度时，又有平均值法、最大值法和最小值法确定模糊集代表。但是最大隶属度法也会遗漏模糊集的信息，它属于以点代面，没有把隶属度函数的所有信息考虑进去[13]。

7.3.2　实现

1. 流程图

如图 7-8 所示,我们给出设计一个模糊推理系统的流程图。

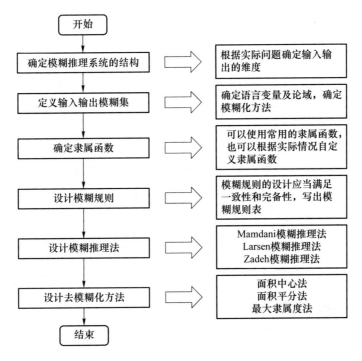

图 7-8　模糊推理系统设计流程图

2. MATLAB 工具箱介绍

随着模糊推理的广泛应用,MATLAB 推出了模糊逻辑工具箱,大大地方便了科研人员的使用。表 7-3 介绍了模糊推理系统的相关函数[14]。

表 7-3　模糊推理系统的相关函数

函数名	功　能	函数名	功　能
newfis( )	创建新的模糊推理系统	writefis( )	保存模糊推理系统
readfis( )	读取存储的模糊推理系统	setfis( )	设置模糊推理系统的特性
getfis( )	获得模糊推理系统的相关数据	plotfis( )	绘图函数

MATLAB 模糊逻辑工具箱提供了向模糊推理系统添加或删除模糊语言变量的函数[14]。

addvar( ):添加模糊语言变量。

rmvar( ):删除模糊语言变量。

MATLAB 还提供了丰富的隶属度函数(表 7-4),提供了建立和修改模糊规则的相关函数和模糊推理计算与去模糊化的相关函数(表 7-5)[14]。

表 7-4　语言变量的隶属度函数

函数名	功　能	函数名	功　能
plotmf( )	绘制隶属度函数曲线	sigmf( )	sigmiod 型的隶属度函数
addmf( )	添加模糊语言变量的隶属度函数	trapmf( )	梯形隶属度函数
rmmf( )	删除隶属度函数	trimf( )	三角型隶属度函数
gaussmf( )	高斯型隶属度函数	zmf( )	Z 型隶属度函数
gauss2mf( )	双边高斯型隶属度函数	mf2mf( )	隶属度函数间的参数转换
gbellmf( )	钟型隶属度函数	psigmf( )	求两个 sigmiod 隶属度函数之积
pimf( )	r 型隶属度函数	dsigmf( )	求两个 sigmiod 隶属度函数之和

表 7-5　建立和修改模糊规则的相关函数和模糊推理计算与去模糊化的相关函数

函数名	功　能	函数名	功　能
addrule( )	向模糊推理系统添加模糊规则	evalfis( )	执行模糊推理计算
parsrule( )	解析模糊规则	defuzz( )	执行输出去模糊化
showrule( )	显示模糊规则	gensurf( )	生成模糊推理系统的输出曲面并显示

此外,还可以使用 GUI 界面设计模糊逻辑,在命令行窗口输入 fuzzy 即可打开如图 7-9 所示 GUI 界面进行相关操作。

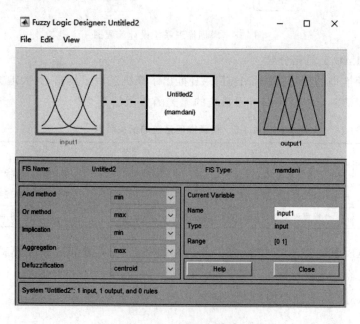

图 7-9　MATLAB模糊逻辑工具

7.3.3　实例:模糊洗衣机

1. 背景

实际使用洗衣机时,人们往往根据经验设置洗衣时长。为了实现洗衣机的智能化,利用模糊推理设计一个洗衣机控制系统,使得洗衣机根据衣物脏污程度推理出适当的洗衣时长。

2. 系统设计

💡 系统结构

设计两个输入、一个输出的二维模糊控制器,输入为衣物的污泥和油渍,输出选择洗涤时间(分钟)。

💡 确定输入输出模糊集

将待洗衣物按照污泥程度分为 3 个模糊集,即{SD(污泥少),MD(中等污泥),LD(污泥多)}。

按照油渍程度分为 3 个模糊集,即{NG(无油脂),MG(中等油脂),LG(油脂多)}。

输出按照洗涤时长分为 5 个模糊集,即{VS(很短),S(短),M(中等),L(长),VL(很长)}。

输入的是被洗衣物的污泥和油脂,论域:[0,100]克。

输出的是洗衣机的洗涤时间,论域:[0,60]分钟[15]。

💡 确定隶属度函数

如图 7-10 和图 7-11 所示,该案例选用三角形隶属度函数。

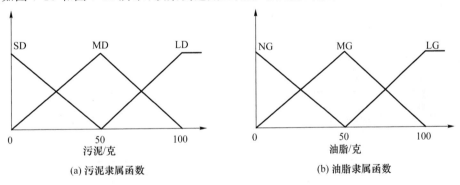

(a) 污泥隶属函数　　　　　　(b) 油脂隶属函数

图 7-10　输入隶属度函数

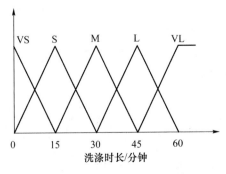

图 7-11　洗涤时间隶属函数

💡 确定模糊规则

根据经验我们知道,当衣物上的油污较少时,洗涤时间可以短一些。相反,当衣物上的油污较多时,应该延长洗涤时间。建立洗衣机洗涤时间模糊规则如表7-6所示。

表7-6　洗衣机洗涤时间模糊规则

污泥类别	油脂类别		
	NG(无油脂)	MG(中等油脂)	LG(油脂多)
SD(污泥少)	VS(很短)	M(中等)	L(长)
MD(中等污泥)	S(短)	M(中等)	L(长)
LD(污泥多)	M(中等)	L(长)	VL(很长)

💡 模糊推理

(1) 当给定输入时,如"污泥＝60;油脂＝70",可以求出隶属度[16]:

$$\mu_{MD}(60)=\frac{4}{5}, \quad \mu_{LD}(60)=\frac{1}{5}$$

$$\mu_{MG}(70)=\frac{3}{5}, \quad \mu_{LG}(70)=\frac{2}{5}$$

(2) 根据表7-6,可以得到四条模糊规则,如表7-7所示。

表7-7　输出隶属度

污泥类别	输出隶属度		
	NG(无油脂)	MG(3/5)(中等油脂)	LG(2/5)(油脂多)
SD(污泥少)	0	0	0
MD(中等污泥)(4/5)	0	$\mu_M(z)$	$\mu_L(z)$
LD(污泥多)(1/5)	0	$\mu_L(z)$	$\mu_{VL}(z)$

(3) 在表7-7中,前提之间通过取小运算,可以得到前提的隶属度,如表7-8所示。

表7-8　前提隶属度

污泥类别	前提隶属度		
	NG(无油脂)	MG(3/5)(中等油脂)	LG(2/5)(油脂多)
SD(污泥少)	0	0	0
MD(中等污泥)(4/5)	0	3/5	2/5
LD(污泥多)(1/5)	0	1/5	1/5

(4) 将表7-7与表7-8取小合成运算,然后将4条规则取并集,得到模糊系统总推理结果。

$$\mu(z)=\max\left\{\min\left(\frac{3}{5},\mu_M(z)\right),\min\left(\frac{2}{5},\mu_L(z)\right),\min\left(\frac{1}{5},\mu_L(z)\right),\min\left(\frac{1}{5},\mu_{VL}(z)\right)\right\}$$

$$=\max\left\{\min\left(\frac{3}{5},\mu_M(z)\right),\min\left(\frac{2}{5},\mu_L(z)\right),\min\left(\frac{1}{5},\mu_{VL}(z)\right)\right\}$$

💡 去模糊化

最后采用面积中心法将模糊值去模糊化得到精确的洗衣机洗涤时长。

系统设计完成后可使用 MATLAB 模糊逻辑工具箱实现。(扫描封底二维码获取相关代码。)

7.4 习题与实例精讲

7.4.1 习题

【习题一】

举例说明什么是模糊性? 它的对立含义是什么?

【习题二】

什么是模糊集合和隶属函数或隶属度?

【习题三】

模糊集合有哪些运算,满足哪些规律?

【习题四】

举例说明模糊化有哪几种常见的方法。

【习题五】

模糊规则库的设计主要有哪些途径?

7.4.2 案例实战

1. 汽车辅助驾驶系统

💡 案例背景

汽车辅助驾驶系统利用感知技术获取外界信息,将外界信息进行处理传递给驾驶人员,帮助驾驶人员安全驾驶。在道路上驾驶汽车,司机们往往根据经验进行油门加减。当本车与同车道前车距离较远时,可以适当"开得快一些",当本车与同车道前车距离较近时,应当"慢一些"。利用模糊推理的相关知识设计汽车辅助驾驶系统[17]。

💡 解题思路

该系统是由两个输入和一个输出构成。由驾驶员经验设计了 49 条模糊规则构建模糊规则库。

(1) 输入和输出空间以及模糊化运算

该模糊推理系统的一个输入是同车道两车的距离,其计算公式如下[17]:

$$e_{\mathrm{pd}}=\frac{d_{\mathrm{r}}-d_{\mathrm{f}}}{d_{\mathrm{f}}}\times100\% \tag{7-21}$$

这里的距离实际是一种距离误差,d_{r} 为实际距离,d_{f} 为期望距离。如图 7-12 所示,该案例使用 7 个语言变量,隶属函数选用三角形隶属函数。

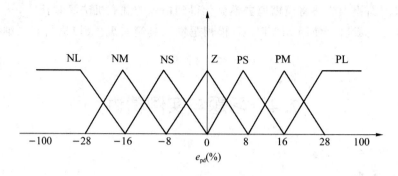

图 7-12　相对距离误差隶属度函数

相对速度 e_v 作为输入量,使用与相对距离相同的语言变量,其隶属度函数如图 7-13 所示。

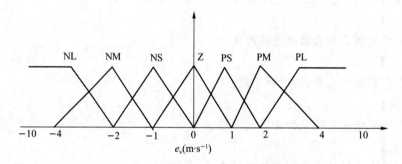

图 7-13　相对速度隶属度函数

前文已经介绍了单点模糊法,对于输入量采用此方法进行模糊化。输出量是车辆期望的加速度 a_{des},一般来说加速度为 $-2.5 \sim +1$ m/s^2 是合理的。如图 7-14 所示,我们将其分割为 9 个值。其隶属函数采用三角形隶属函数,并且对于输出量的清晰化计算采用中心法。图 7-14 中 NVL 与 PVL 的重心分别处于 -2.5 和 $+1$,以保证输出控制量的范围在 $-2.5 \sim +1$ m/s^2。

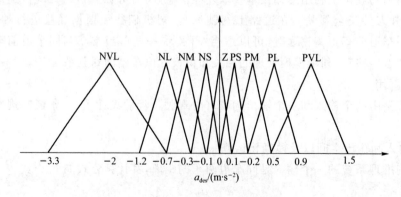

图 7-14　期望加速度隶属度函数

（2）模糊控制规则

如表 7-9 所示,该案例共使用了 49 条模糊规则,这里仅列出相对距离误差的模糊控制表供读者参考。

表 7-9　模糊控制规则

a_{des}	e_{pd}						
	NL	NM	NS	Z	PS	PM	PL
	NL	NVL	NVL	NVL	NL	NM	NS	NS
	NM	NVL	NL	NM	NS	NS	Z	Z
	NS	NL	NM	NS	NS	Z	Z	PS
e_v	Z	NM	NS	Z	Z	Z	Z	PS
	PS	NS	Z	Z	PS	PS	PM	PM
	PM	NS	Z	Z	PS	PM	PL	PL
	PL	NS	Z	Z	PS	PL	PL	PVL

（3）模糊推理和去模糊化计算

为了便于表达,设上述已建立的模糊规则表示如下。

Rule1:如果 e_{pd} 是 A1 and e_v 是 B1,那么 a_{des} 是 C1。

Rule 2:如果 e_{pd} 是 A2 and e_v 是 B2,那么 a_{des} 是 C2。

$$\vdots$$

Rule49:如果 e_{pd} 是 A49 and e_v 是 B49,那么 a_{des} 是 C49。

在模糊推理中,蕴含运算采用求交的方法,"and"则使用取小运算,合成运算采用最大-最小的方法。根据模糊规则进行推理后,得到 $\mu_C(z)=\bigcup\limits_{i=1}^{49}\alpha_i \wedge \mu_{C_i}(z)$,其中 $\alpha_i=\mu_{A_i}(A) \wedge \mu_{B_i}(B)$。

输出变量的去模糊化计算采用的是中心法。系统设计完成后可使用 MATLAB 模糊逻辑工具箱实现。

2. 火灾预警

🔅 案例背景

如今,在各种公众场所,如商场、酒店,随处可见火灾报警器。火灾及时预警可以帮助人们迅速扑救和及时逃生,可以极大地保护公众财产和居民人身安全。本案例使用模糊推理设计一款火灾报警系统,能根据烟雾和温度判断火情,及时报警[18]。

🔅 解题思路

该案例使用图 7-15 方法设计火灾预警系统。

（1）输入和输出空间以及模糊化运算

设置输入和输出的语言变量模糊值均为零（ZO）、小（PS）、中（PM）、大（PB）。

输入的是烟雾浓度和温度,论域:[0,1500]和[0,50]。

输出的是火情等级,论域:[0，100]。

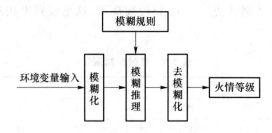

图 7-15　火灾预警推理系统

该案例选用的隶属度函数如式(7-22)所示:

$$\mu_A(x) = \begin{cases} 0, & x < a \\ \dfrac{x-a}{b-a}, & a \leqslant x \leqslant b \\ \dfrac{c-x}{c-b}, & b \leqslant x \leqslant c \\ 0, & x > c \end{cases} \tag{7-22}$$

(2) 模糊控制规则

如表 7-10 所示,采用经验法设置模糊规则,实际应用时可能需要根据系统效果进行不断调整。

表 7-10　火灾预警规则

温度	烟雾浓度			
	ZO	PS	PM	PB
ZO	ZO	ZO	PS	PB
PS	ZO	PS	PS	PB
PM	PS	PS	PM	PB
PB	PB	PB	PB	PB

(3) 模糊推理和去模糊化计算

在模糊推理中,蕴含运算采用求交的方法,"and"则使用取小运算,合成运算采用最大-最小的方法。根据模糊规则进行推理后,得到火情等级。最后,输出变量的去模糊化计算采用的是"面积中心法"。

系统设计完成后可使用 MATLAB 模糊逻辑工具箱实现。

3. 运动目标分类

💡 案例背景

随着科技的发展,各国军事实力不断增强,对空域实施监控并且对经过其中的运动目标进行识别变得至关重要。本案例通过捕捉运动目标的高度和速度,推理该目标是直升机,还是民航客机,还是战斗机[19]。

💡 解题思路

(1) 输入和输出空间以及模糊化运算如表 7-11 所示。

表 7-11　输入和输出模糊变量

模糊变量		模糊值
输入	高度	高、较高、中、较低、低
	速度	非常快、快、较快、中、较慢、慢、非常慢
输出	战斗机	是、可能是、中、可能不是、不是
	直升机	是、可能是、中、可能不是、不是
	民航客机	是、可能是、中、可能不是、不是

（2）模糊规则：该案例共使用 35 条模糊规则，这里不一一列出。规则形式为：

IF（高度）and（速度）THEN（战斗机）and（直升机）and（民航客机）

（3）模糊推理：本例题使用 Mamdani 模糊推理算法。

（4）去模糊化：该案例中使用的是面积中心法。

系统设计完成后可使用 MATLAB 模糊逻辑工具箱实现。

7.5　结　束　语

本章首先介绍了确定性问题和不确定性问题，以模糊数学作为理论基础，逐步引入了模糊推理系统；然后详细介绍了模糊推理系统的 4 个组成部分以及各部分常用的方法；最后引入实例帮助读者学习如何设计模糊推理系统解决实际问题。

从提出到发展，模糊理论已经被广泛应用于信息处理和实现机器智能。从数学发展史的角度来看，相比于经典数学，模糊数学的诞生时间并不长。模糊数学的发展为模糊推理提供了理论基础，但仍有许多未知的、有趣的领域需要广大学者去探索。让我们一起期待未来模糊理论的进一步发展。

7.6　阅 读 材 料

7.6.1　推荐书籍

（1）《模糊数学方法及其应用》（谢季坚、刘承平著）

此书介绍了模糊数学方法，包括模糊集合、模糊统计方法、模糊聚类分类、模糊控制等，以及这些方法在科学技术和经济管理领域的应用。

（2）《基于不确定规则的模糊逻辑系统：导论与新方向》（Jerry M. Mendel 著，张奇业、谢伟献译）

模糊逻辑系统一直是模糊推理领域的研究热点，此书介绍了一型模糊集、一型模糊逻辑系统与模糊逻辑的入门知识，以及二型模糊集、二型模糊逻辑系统的相关知识及应用。

（3）《MATLAB辅助模糊系统设计》（吴晓莉、林哲辉著）

此书分为基础篇、应用篇和高级应用篇。基础篇讲解了模糊逻辑和模糊推理系统的基础知识，应用篇介绍了如何利用MATLAB进行模糊逻辑系统设计，高级应用篇介绍了模糊逻辑系统应用设计实例。

7.6.2 推荐论文

（1）"Type-2 fuzzy logic systems"

此论文介绍了一种能处理规则不确定性的二型模糊逻辑系统（FLS），该系统的实现涉及模糊化、推理和输出处理等操作。

（2）"Interval type-2 fuzzy logic systems：Theory and design"

此论文介绍了区间二型模糊逻辑系统（FLSs）的理论和设计，提出了一种基于一般推理公式的计算区间二型FLSs输入和先行运算的方法。介绍了上、下隶属函数的概念，并对高斯主隶属函数的情况给出了有效的推理方法，提出了一种区间二型模糊函数的设计方法。

本章参考文献

[1] 史忠植.高级人工智能[M].3版.北京：科学出版社,2011：421.

[2] 陈水利,李敬功,王向公.模糊集理论及其应用[M].北京：科学出版社,2005：212-223.

[3] 黄崇福.模糊集理论与近似推理[M].武汉：武汉大学出版社,2004：124-129.

[4] xingyuxiaxiang.常用隶属度函数[EB/OL].(2018-03-01)[2020-12-25].https://max.book118.com/html/2018/0301/155300228.shtm.

[5] 巩敦卫,孙晓燕.智能控制技术简明教程[M].北京：国防工业出版社,2010：103.

[6] 陈文伟,黄金才,赵新昱.数据挖掘技术[M].北京：北京工业大学出版社,2002：142.

[7] ice_pill.模糊逻辑学习笔记[EB/OL].(2017-05-24)[2020-12-27].https://blog.csdn.net/ice_pill/article/details/72716909.

[8] 谢季坚,刘承平.模糊数学方法及其应用[M].武汉：华中科技大学出版社,2000：146.

[9] 陈晖.模糊化方法的研究[J].自动化博览,2008(07)：71-73.

[10] 张立权.基于模糊推理系统的工业过程数据挖掘[M].北京：机械工业出版社,2009：46.

[11] jongsuny.模糊推理方法[EB/OL].(2010-10-17)[2020-12-27].https://wenku.baidu.com/view/5f7db329bd64783e09122bda.html.

［12］　Jerry M. Mendel. 基于不确定规则的模糊逻辑系统:导论与新方向［M］. 北京:清华大学出版社,2013:315.

［13］　石辛民,郝整清. 模糊控制及其 MATLAB 仿真［M］. 2 版. 北京:清华大学出版社,2018:167.

［14］　万媛云. MATLAB 模糊逻辑工具箱函数［EB/OL］. (2019-11-24)［2021-01-04］. https://wenku. baidu. com/view/b090f807edf9aef8941ea76e58fafab069dc44f9. html.

［15］　陈诚,朱伟. 一种基于逻辑的洗衣机模糊控制器［J］. 中国科技信息,2013,000(007):117-118.

［16］　刘金琨. 以洗衣机模糊控制为例的教学案例设计方法［J］. 大学教育,2020,000(005):76-79.

［17］　于立萍,刘法胜. 基于模糊推理的汽车辅助驾驶系统控制算法［J］. 计算机工程与应用,2007,43(007):221-223.

［18］　黄明明,黄全振,孙清原. 基于模糊推理的智能家居安防系统设计［J］. 河南工程学院学报(自然科学版),2019,031(004):54-58.

［19］　杜磊,郭坤鹏,薛安克,等. 模糊逻辑推理系统的运动目标分类算法［J］. 绍兴文理学院学报(自然科学),2017,37(01):40-46.

第 8 章
支持向量机

8.1　概　　述

　　1964 年,以 Vladimir Naumovich Vapnik 为代表的众多学者在充分研究了统计学习理论后,第一次提出了支持向量机这个创新性的概念。支持向量机以监督学习的方式对小样本数据进行二元分类(可推广到多元分类),使用结构风险来描述所用学习模型的性质,使用经验风险来描述模型与样本的拟合度。不断地优化经验风险,能够更好地满足人们对于模型的复杂度、拟合度不断提升的需求,从而提高分类准确性[1]。因此,支持向量机能适应样本数量的变化,对于小样本的情况也具有很好的兼容性。

　　与线性分类问题相比,非线性问题更为复杂,它通常没有固定的数学模型,需要针对具体的数学关系进行建模。非线性问题常常需要建立黑匣子模型,特点是看不见内部的数学关系,对外只暴露输入和输出。支持向量机已经被广泛应用于解决工程实践中的非线性分类问题。概念提出以后,人们首先将支持向量机应用在手写体邮政编码识别中,由于取得了良好的效果,模式识别等相关领域工作的国内外研究人员纷纷开始引入这一模型,人们逐渐发现了支持向量机在非线性分类问题上的重要作用。现有的非线性分类模型大多根据经验进行预测,准确率受到经验的制约,支持向量机则避开了这一障碍,它不需要过分依赖经验。如今,将支持向量机作为分类器的科研成果大量呈现,其应用范围渗透了农业、渔牧业、医学、金融等多个领域[2]。

8.2　目　　的

　　支持向量机的使用场景有线性分类和非线性分类两种。支持向量机以监督学习的方式进行样本训练,通过优化结构风险来降低训练器的负担,提高泛化能力,避免过学习的情况发生。同时,通过优化经验风险来满足人们对于模型复杂度的需求,强化分类能力, 适应小样本数据的分类, 从而提高兼容性与通用性[3]。

8.2.1　基本术语

1. 问题术语

支持向量机问题术语如表 8-1 所示。

表 8-1　支持向量机问题术语[4]

术　语	解　释
分类	将不同类别的样本分开
回归	建立数学模型使模拟值与真实值尽可能接近
线性可分问题	存在一个超平面可以将两类样本正确划分
线性不可分问题	无法使用一个超平面将两类样本完全划分, 需要借助核函数的方法进行空间转换

2. 方法术语

支持向量机方法术语如表 8-2 所示。

表 8-2　支持向量机方法术语[5]

术　语	解　释
训练样本集 D	供训练阶段使用
样本空间	试验可能出现的结果集合
划分超平面	用于将不同类别样本分开的超平面
支持向量	距离超平面最近的训练样本点
间隔	两个异类支持向量到超平面的距离之和
凸二次规划	运筹学中的一种优化问题
对偶问题	相同问题的另一种表示方法
拉格朗日乘子法	引入新的参数来解决具有等式约束的多元函数求解极值问题
KKT	给出了判断 x^* 是否为最优解的必要条件
核函数	将低维空间映射到高维空间的一种变换方法
核矩阵	每两个样本之间进行一次核函数映射, 这些点的内积放在一个矩阵里称为核矩阵
序列最小优化算法	用于解决二次规划问题, 英文简写为 SMO
硬间隔	所有样本都被正确地分类
软间隔	不要求所有样本都满足约束条件
损失函数	表现预测与实际数据的差距程度
松弛变量	表征样本与约束的违背程度
结构风险	描述模型的某些性质
经验风险	描述训练模型和样本的拟合度
范数	度量某个向量空间(或矩阵)中的每个向量的长度

8.2.2　思维导图

支持向量机思维导图如图 8-1 所示。

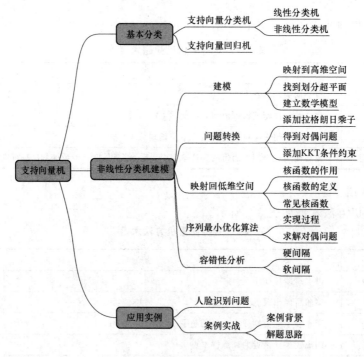

图 8-1　支持向量机思维导图

8.3　理论和实例

8.3.1　原理

1. 问题与模型

在传统研究中,线性可分的问题是一种简单的基础研究问题,我们能够在有限的样本空间中找到一个分界线将所有样本分到正确的类别中。然而,在现实问题中,完全线性问题十分罕见,使用一个超平面将所有样本完全线性划分是难以实现的。如图 8-2 所示,不存在一个完全划分的超平面,这种问题称为"异或"问题[6]。

针对这类不可分的"异或"问题,我们的解决思路是进行空间映射。既然在当前空间中无法将样本完全正确划分,那么就考虑找到一种映射关系,将当前样本空间映射成一个高维的线性可分空间,将问题化简。接下来的任务是,找到这个高维空间中的一个超平面,将样本正确划分,问题即可得到解决。以图 8-2 中的样本为例,若可以找到某种特殊的变换方法将左侧的二维空间转化成右侧的三维空间,这个超平面就能够被找到。统计学理论证明,若一个样本是有限维的,那么一定能够在高维找到一个合适的超平面来使样本得到正确划分,这个结论印证了上述思路的可行性。

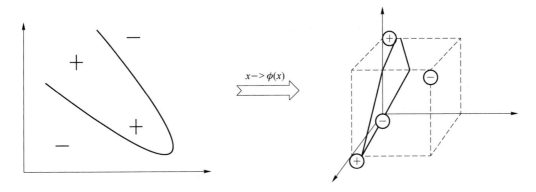

图 8-2　线性不可分示例

如式(8-1)所示,我们使用 $f(x)$ 表示图 8-2 右侧的高维空间划分超平面,$\boldsymbol{\phi}(x)$ 表示高维空间中的特征向量。

$$f(x)=\boldsymbol{\omega}^{\mathrm{T}}\boldsymbol{\phi}(x)+b \tag{8-1}$$

其中,$\boldsymbol{\omega}=(\omega_1;\omega_2;\cdots;\omega_d)$ 表示右侧高维空间超平面的法向量,$\boldsymbol{\omega}$ 决定了这个超平面的方向;b 表示超平面的位移,定义了超平面到原点的距离大小。当法向量 $\boldsymbol{\omega}$ 和位移 b 是确定的,这个超平面便是唯一的。在下面的描述中,我们使用$(\boldsymbol{\omega},b)$来表示这个超平面,样本中的任意一点 x 到超平面$(\boldsymbol{\omega},b)$的距离 r 可以表示为

$$r=\frac{|\boldsymbol{\omega}^{\mathrm{T}}\boldsymbol{\phi}(x)+b|}{\|\boldsymbol{\omega}\|} \tag{8-2}$$

我们假设使用高维空间中的这个超平面$(\boldsymbol{\omega},b)$能够将样本分类到正确的位置,那么对于任意点$(x_i,y_i)\in D$,如果 $y_i=+1$,则有 $\boldsymbol{\omega}^{\mathrm{T}}\boldsymbol{\phi}(x_i)+b>0$,即该点在超平面以上;若 $y_i=-1$,则有 $\boldsymbol{\omega}^{\mathrm{T}}\boldsymbol{\phi}(x_i)+b<0$,即该点在超平面以下。令

$$\begin{cases}\boldsymbol{\omega}^{\mathrm{T}}\boldsymbol{\phi}(x_i)+b\geqslant1, & y_i=+1\\ \boldsymbol{\omega}^{\mathrm{T}}\boldsymbol{\phi}(x_i)+b\leqslant-1, & y_i=-1\end{cases} \tag{8-3}$$

对于所有满足式(8-3)的样本点,距离划分超平面最近的几个样本点被定义为"支持向量",超平面两侧的两个样本点到平面的距离之和如下:

$$\gamma=\frac{2}{\|\boldsymbol{\omega}\|} \tag{8-4}$$

它被称为"间隔"(margin)。

使"间隔"最大的超平面,能够更加清晰地将两类样本进行分类,降低不同类样本混淆在一起的概率,从而获得更好的分类结果。因此我们的所求目标是在满足式(8-3)中约束的前提下,最大化式(8-4)所表示的"间隔",得到的目标函数以及约束条件如下:

$$\max_{\boldsymbol{\omega},b}\frac{2}{\|\boldsymbol{\omega}\|}$$
$$\text{s.t. } y_i(\boldsymbol{\omega}^{\mathrm{T}}\boldsymbol{\phi}(x_i)+b)\geqslant1, \quad i=1,2,\cdots,m \tag{8-5}$$

显而易见，$\|\boldsymbol{\omega}\|^{-1}$ 与目标函数值成正比。因此将最大化目标函数转化为最大化 $\|\boldsymbol{\omega}\|^{-1}$，也就是说，我们需要求 $\|\boldsymbol{\omega}\|^2$ 的最小值。那么，式(8-5)能够被化简如下：

$$\min_{\boldsymbol{\omega},b} \frac{1}{2} \|\boldsymbol{\omega}\|^2$$

$$\text{s. t. } y_i(\boldsymbol{\omega}^{\mathrm{T}}\boldsymbol{\phi}(x_i)+b) \geqslant 1, \quad i=1,2,\cdots,m \tag{8-6}$$

上述过程是推导非线性支持向量机数学模型的全部过程。下面的任务是解出这个数学模型，找到用于分类的超平面。

2. 问题转换：拉格朗日乘子法

回到最开始的问题，我们要求解出一个能够将样本正确划分的超平面模型，我们根据式(8-6)的目标函数和约束条件来求解如下的数学模型[7]。

$$f(x) = \boldsymbol{\omega}^{\mathrm{T}}\boldsymbol{\phi}(x)+b \tag{8-7}$$

我们对式(8-6)进行分析，它符合凸二次规划问题的基本形式。针对这类问题，数学中专门设计了优化计算包来进行求解。然而，这种方法的效率较低，会影响算法性能，我们考虑新的解答思路，拉格朗日乘子法在优化问题中表现了优良的性能，我们采用这种方法来求解。

拉格朗日乘子法主要作用在于将复杂问题转化为它的对偶问题，而问题的本质不变，从而将复杂的问题简单化。对于我们要解决的式(8-6)所述模型，我们将它的约束条件添加拉格朗日乘子 $a_i \geqslant 0$，那么拉格朗日函数表示如下：

$$L(\boldsymbol{\omega},b,\boldsymbol{a}) = \frac{1}{2} \|\boldsymbol{\omega}\|^2 + \sum_{i=1}^{m} a_i(1-y_i(\boldsymbol{\omega}^{\mathrm{T}}\boldsymbol{\phi}(x_i)+b)) \tag{8-8}$$

其中，$\boldsymbol{a} = (a_1;a_2;\cdots;a_m)$，令 $L(\boldsymbol{\omega},b,\boldsymbol{a})$ 对 $\boldsymbol{\omega}$ 和 b 的偏导为零可得

$$\boldsymbol{\omega} = \sum_{i=1}^{m} a_i y_i \boldsymbol{\phi}(x_i) \tag{8-9}$$

$$0 = \sum_{i=1}^{m} a_i y_i \tag{8-10}$$

将式(8-9)代入式(8-8)，即可将 $L(\boldsymbol{\omega},b,\boldsymbol{a})$ 中的 $\boldsymbol{\omega}$ 和 b 消去，再考虑式(8-10)的约束，就得到式(8-6)的对偶问题：

$$\max_{a} \sum_{i=1}^{m} a_i - \frac{1}{2} \sum_{i=1}^{m} \sum_{j=1}^{m} a_i a_j y_i y_j \boldsymbol{\phi}(x_i)^{\mathrm{T}}\boldsymbol{\phi}(x_j)$$

$$\text{s. t. } \sum_{i=1}^{m} a_i y_i = 0 \tag{8-11}$$

$$a_i \geqslant 0, \quad i=1,2,\cdots,m$$

解出 a 后，求出 $\boldsymbol{\omega}$ 与 b 即可得到模型

$$f(x) = \boldsymbol{\omega}^{\mathrm{T}}\boldsymbol{\phi}(x)+b = \sum_{i=1}^{m} a_i y_i \boldsymbol{\phi}(x_i)^{\mathrm{T}}\boldsymbol{\phi}(x)+b \tag{8-12}$$

从上述对偶问题中求解出式(8-8)中的拉格朗日乘子 a_i，这个下标为 i 的乘子与训练样本 (x_i,y_i) 相对应。由于式(8-6)所述的约束是不等式，因此在进行求解时会受到如下 KKT 条件的约束：

$$\begin{cases} a_i \geqslant 0 \\ y_i f(x_i) - 1 \geqslant 0 \\ a_i (y_i f(x_i) - 1) = 0 \end{cases} \tag{8-13}$$

于是,对于任意训练样本 (x_i, y_i), $a_i = 0$ 或 $y_i f(x_i) = 1$ 恒成立。我们根据 a_i 的不同取值分为如下两种情况进行讨论:(1)若 $a_i = 0$,则带有该项的乘式值为 0,式(8-12)的第一项将被消去,也就是说,y_i 被消去了,便对 $f(x)$ 的值产生影响;(2)若 $a_i > 0$,则等式 $y_i f(x_i) = 1$ 恒成立,这意味着样本点 (x_i, y_i) 位于最大间隔的边界上,它是一个支持向量。上述讨论结果充分表明:支持向量机的性质与训练样本无关,最终的分类模型仅与支持向量有关,不受其他任何因素的限制。

3. 映射回低维空间:核函数

根据上面的计算,求解划分超平面的对偶问题是

$$\max_{a} \sum_{i=1}^{m} a_i - \frac{1}{2} \sum_{i=1}^{m} \sum_{j=1}^{m} a_i a_j y_i y_j \boldsymbol{\phi}(x_i)^{\mathrm{T}} \boldsymbol{\phi}(x_j)$$

$$\text{s. t. } \sum_{i=1}^{m} a_i y_i = 0 \tag{8-14}$$

$$a_i \geqslant 0, \quad i = 1, 2, \cdots, m$$

要想求解式(8-14),便需要求解 $\boldsymbol{\phi}(x_i)^{\mathrm{T}} \boldsymbol{\phi}(x_j)$ 的值,这个乘积表示的是低维空间中的样本点 x_i 和 x_j 映射到高维空间之后的内积。在本例中,特征空间是三维的,但是在其他实际问题中,特征空间可能是更多维甚至是无穷维。因此直接计算 $\boldsymbol{\phi}(x_i)^{\mathrm{T}} \boldsymbol{\phi}(x_j)$ 的难度很大,是现实不了的。为了简化这一问题,我们设想一个映射函数如下:

$$\kappa(x_i, x_j) = \langle \boldsymbol{\phi}(x_i), \boldsymbol{\phi}(x_j) \rangle = \boldsymbol{\phi}(x_i)^{\mathrm{T}} \boldsymbol{\phi}(x_j) \tag{8-15}$$

在式(8-15)中,我们使用 $\kappa(\cdot, \cdot)$ 函数将 $\boldsymbol{\phi}(x_i)^{\mathrm{T}} \boldsymbol{\phi}(x_j)$ 的计算映射回原始的低维空间。这样一来,我们便解决了计算高维特征空间中内积这一难点。有了这种映射关系,我们将式(8-14)重新表示如下:

$$\max_{a} \sum_{i=1}^{m} a_i - \frac{1}{2} \sum_{i=1}^{m} \sum_{j=1}^{m} a_i a_j y_i y_j \kappa(x_i, x_j)$$

$$\text{s. t. } \sum_{i=1}^{m} a_i y_i = 0 \tag{8-16}$$

$$a_i \geqslant 0, \quad i = 1, 2, \cdots, m$$

求解后即可得到如下结果:

$$\begin{aligned} f(x) &= \boldsymbol{\omega}^{\mathrm{T}} \boldsymbol{\phi}(x) + b \\ &= \sum_{i=1}^{m} a_i y_i \boldsymbol{\phi}(x_i)^{\mathrm{T}} \boldsymbol{\phi}(x) + b \\ &= \sum_{i=1}^{m} a_i y_i \kappa(x, x_i) + b \end{aligned} \tag{8-17}$$

我们在上面使用的映射函数 $\kappa(\cdot, \cdot)$ 就是"核函数"(Kernel Function)[8]。式(8-17)表明,要想求解出划分超平面,只要求解出这个核函数即可,其中,这个展开式称为"支持向量展式"(Support Vector Expansion)。

显然,我们求解出合适映射 $\phi(\cdot)$ 的具体数学表达式,则可写出核函数 $\kappa(\cdot,\cdot)$ 的表达式。然而,在现实问题中,我们通常无法写出 $\phi(\cdot)$ 的具体数学形式,因此无法通过这种方式求解核函数。那么,在解决实际问题时核函数是如何确定的? 我们首先来看看核函数的定义。

定义 1(核函数): 如式(8-18)所示,假设 X 为输入空间,$\kappa(\cdot,\cdot)$ 是定义在 $X \times X$ 上的对称函数,如果当且仅当对于任意数据 $D = \{x_1, x_2, \cdots, x_m\}$,"核矩阵"(Kernel Matrix)$K$ 总是半正定的,那么 κ 是核函数。

$$K = \begin{bmatrix} \kappa(x_1,x_1) & \cdots & \kappa(x_1,x_j) & \cdots & \kappa(x_1,x_m) \\ \vdots & & \vdots & & \vdots \\ \kappa(x_i,x_1) & \cdots & \kappa(x_i,x_j) & \cdots & \kappa(x_i,x_m) \\ \vdots & & \vdots & & \vdots \\ \kappa(x_m,x_1) & \cdots & \kappa(x_m,x_j) & \cdots & \kappa(x_m,x_m) \end{bmatrix} \tag{8-18}$$

从核函数的定义角度进行分析,可得到如下推理:给定任意一个函数,若可以证明它是对称的,且对应的核矩阵符合半正定的特征,那么这个函数一定是核函数。此外,若一个核矩阵是半正定的,与之对应的映射 ϕ 一定存在。

通过前面的讨论可知,我们解决非线性分类问题的思路是特征空间的映射,而这种映射是通过核函数来实现的,因此,核函数的选择与我们的分类器性能息息相关。为了训练出好的分类器,我们必须加深对核函数的理解,了解其内部原理,深入分析需要解决的问题,选出最合适的核函数。若我们选择了最合适的核函数,将会得到最佳的分类结果,大大地降低分类错误率。

如表 8-3 所示,我们对常用的核函数进行了一一列举,给出了它们的表达式以及对应的参数。

表 8-3 常用核函数

名称	表达式	参数
线性核	$\kappa(x_i,x_j) = \boldsymbol{x}_i^{\mathrm{T}} x_j$	
多项式核	$\kappa(x_i,x_j) = (\boldsymbol{x}_i^{\mathrm{T}} x_j)^d$	$d \geqslant 1$ 为多项式的次数
高斯核	$\kappa(x_i,x_j) = \exp\left(-\dfrac{\parallel x_i - x_j \parallel^2}{2\sigma^2}\right)$	$\sigma > 0$ 为高斯核的带宽
拉普拉斯核	$\kappa(x_i,x_j) = \exp\left(-\dfrac{\parallel x_i - x_j \parallel}{\sigma}\right)$	$\sigma > 0$
Sigmoid 核	$\kappa(x_i,x_j) = \tanh(\beta \boldsymbol{x}_i^{\mathrm{T}} x_j + \theta)$	$\tanh$ 为双曲正切函数,$\beta > 0$,$\theta < 0$

除表 8-3 列出的核函数外,我们还可以通过常用核函数的线性组合来得到新的核函数,三种组合情况如下。

(1) 若 κ_1 和 κ_2 为核函数,任意选取两个正数 γ_1、γ_2,得到它们的线性组合如下:

$$\gamma_1 \kappa_1 + \gamma_2 \kappa_2 \tag{8-19}$$

它们的线性组合也是核函数。

（2）若 κ_1 和 κ_2 为核函数，则核函数的直积

$$\kappa_1 \bigotimes \kappa_2(x,z) = \kappa_1(x,z)\kappa_2(x,z) \tag{8-20}$$

也是核函数。

（3）若 κ_1 是核函数，则对于任意函数 $g(x)$

$$\kappa(x,z) = g(x)\kappa_1(x,z)g(z) \tag{8-21}$$

也是核函数。

4. 序列最小优化算法

转化为核函数后，我们依然面临着求解问题，我们对式（8-16）的求解方法进行分析。根据运筹学的基础知识，我们发现式（8-16）是一个简单的二次规划问题。在二次规划问题上，已经有很多比较成熟的算法。然而，传统方法的求解过程十分复杂，随着训练样本数的增加，算法的复杂度也直线上升，这给求解带来了难度。因此，我们需要对（8-16）进行进一步化简。在所有的优化算法中，序列最小优化算法（Sequential Minimal Optimization，SMO）常常和支持向量机配合使用，在这里，我们使用该算法进行求解。下面，我们介绍 SMO 算法的基本使用[9]。

SMO 的解答思路与物理学中的"控制变量法"类似，同时解出全部变量是不可能的，因此，SMO 先给除 a_i 以外的所有变量都赋予固定值，然后求出在 a_i 上的极值就容易实现了。由于存在约束 $\sum_{i=1}^{m} a_i y_i = 0$，固定了 a_i 之外的其他变量后，可以通过这些变量的值顺利推导出 a_i。于是，SMO 每次选择两个变量 a_i 和 a_j，将剩余的其他参数设置为定值。首先进行各个参数的初始化，然后不断迭代，重复以下步骤，最终得到一个收敛的结果，便停止迭代。

- 选取一对需更新的变量 a_i 和 a_j；
- 将剩余的其他变量设置为定值，按照上述设置求解式（8-16），不断地更新 a_i 和 a_j 的值。

值得注意的是，我们选取的变量 a_i 和 a_j 的值需要严格满足式（8-13）规定的 KKT 条件，否则，随着迭代次数的增加，目标函数值将不断减小，无法收敛。简单来说，与 KKT 条件相差得越多，迭代更新后的变量值将会距离目标值越远。因此，参数的选取与 KKT 条件息息相关。然而，这个过程要求我们一一比较各个变量对应的目标函数增大或者减小的幅度范围，这一过程会降低算法性能。在解决这类问题方面，SMO 算法引入了启发式方法，首先求得选取的两个变量 a_i 和 a_j 对应的样本间隔，然后对更新后的目标函数值进行预测。经推导可知，样本间隔越大，更新后的目标函数值变化就越大。综上所述，SMO 的变量选取规则是选择样本间隔尽可能大的两个变量。

SMO 算法十分高效，原因主要在于固定了大部分参数，只对两个参数进行优化。需要处理的参数越少，算法复杂度就越低。下面以公式的形式来说明这一问题，当仅考虑 a_i 和 a_j 这两个变量时，式（8-16）中的目标函数核约束条件能够写为如下形式：

$$a_i y_i + a_j y_j = c, \quad a_i \geqslant 0, \quad a_j \geqslant 0 \tag{8-22}$$

其中，

$$c = -\sum_{k \neq i,j} a_k y_k \qquad (8\text{-}23)$$

是使$\sum_{i=1}^{m} a_i y_i = 0$成立的常数,用

$$a_i y_i + a_j y_j = c \qquad (8\text{-}24)$$

消去式(8-16)中的变量a_j,则将问题从两个变量简化到了一个变量。该问题也简化为了一个只含有a_i这一个变量的二次规划问题,约束条件也只有一条,即$a_i \geqslant 0$。具有这种数学特征的二次规划问题是存在闭式解的,通俗来讲,我们能够直接计算出更新后的a_i和a_j,不再需要依靠复杂度相对较高的各类优化算法。

接下来,我们需要求解偏移项b,根据上述推导易知,任取一组支持向量(x_s, y_s),等式$y_s f(x_s) = 1$是恒成立的,即

$$y_s\Big(\sum_{i \in S} a_i y_i \kappa(x_i, x_s) + b\Big) = 1 \qquad (8\text{-}25)$$

其中,求和项$S = \{i \mid a_i > 0, i = 1, 2, \cdots, m\}$是由全部支持向量的下标值组成的集合。在数学上,随机选取一组支持向量代入式(8-17)中即可解出偏移项的值,但是这种算法的鲁棒性不好,可能会产生较大的误差。为了减小误差,充分利用所有数据,我们先求得所有支持向量的平均值,进而求解出b,结果如下:

$$b = \frac{1}{|S|} \sum_{s \in S}\Big(y_s - \sum_{i \in S} a_i y_i \kappa(x_i, x_s)\Big) \qquad (8\text{-}26)$$

5. 分类容错性

💡 硬间隔:线性可分支持向量机

上面讨论的线性不可分问题是通过空间映射来进行处理的。与线性不可分问题相比,线性可分问题的求解更为简单。在这类问题中,能够在样本空间中找到一个合适的平面将数据分到正确的类别中。如图8-3所示,这是一个典型的线性可分问题,中间的平面将样本进行了正确划分。

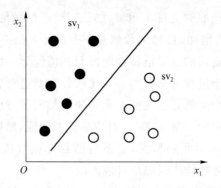

图8-3 线性可分支持向量机

硬间隔是相对于线性可分训练集而言的。对于一个线性可分训练集,我们找到两个能够将样本严格划分的超平面,若这两个超平面满足二者平行和二者距离最大,那么位于这两个超平面上的所有样本点都被称为“支持向量”。超平面确定后,求得这两个超平

面的平均值,这个平均出来的超平面就是用于分类的超平面。我们定义这两个超平面间的区域为"间隔",这个间隔就是硬间隔。

最大间隔超平面可以表示为

$$\boldsymbol{W} * \boldsymbol{X} + b = 0$$

两个相互平行的超平面可以分别表示为

$$\boldsymbol{W} * \boldsymbol{X} + b = 1, \quad \boldsymbol{W} * \boldsymbol{X} + b = -1$$

💡 软间隔:线性不可分支持向量机

通过上面的描述可知,线性可分问题中使用硬间隔来描述分类效果。与之相对应,支持向量机使用软间隔来描述线性不可分问题。上面我们已经详细叙述了线性不可分问题的原理以及数学模型。我们知道,影响线性不可分问题分类效果的是所选核函数是否合适,这也是解决这类问题的最大难点。事实上,很难找到绝对合适的核函数能够使得样本在高维空间中完全线性可分,即将线性不可分问题转化为超平面上线性可分问题是十分困难的。从另一个角度上说,即使成功转化为了线性可分问题,也无法确定是不是发生了过拟合这一现象。

由于线性不可分问题在分类时存在众多难点,我们便可以对它适当放宽要求,可以允许支持向量机在某些样本上出错,即具有一定的容错性。为了描述这一问题,我们定义了一种与"硬间隔"相对应的"软间隔",如图 8-4 所示[10]。

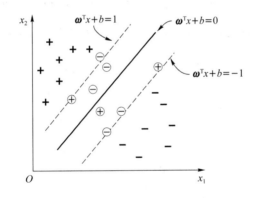

图 8-4　软间隔示意图

软间隔与硬间隔这两种概念含义相反。硬间隔规定线性可分问题的所有样本数据都必须被分到正确的类别中,而软间隔具有一定的容错性,它允许个别样本点被划分到错误的类别中。

$$y_i(\boldsymbol{\omega}^{\mathrm{T}} x_i + b) \geqslant 1 \tag{8-27}$$

虽然允许个别样本分类出错,但是这种被错误划分的样本数量越少,分类器的性能越好,因此优化目标能够被重新表示为

$$\min_{\boldsymbol{\omega},b} \frac{1}{2} \parallel \boldsymbol{\omega} \parallel^2 + C \sum_{i=1}^{m} l_{0/1}(y_i(\boldsymbol{\omega}^{\mathrm{T}} x_i + b) - 1) \tag{8-28}$$

其中,C 是一个常数,并且需要满足 $C > 0$,$l_{0/1}$ 是一种损失函数,称为"0/1 损失函数"。

$$l_{0/1}(z) = \begin{cases} 1, & z<0 \\ 0, & \text{其他} \end{cases} \qquad (8\text{-}29)$$

分析式(8-28)可知,当参数 C 的取值为无穷大时,若保证了式(8-28)成立,那么式(8-27)也一定成立,那么,式(8-28)与式(8-6)存在等价关系。若参数 C 的取值是一个有限的常数,那么式(8-28)允许个别样本违背约束条件,即分类出错。

然而,上述使用的 0/1 损失函数 $l_{0/1}$ 具有非凸和非连续等特性,与连续函数相比,非连续函数增大了求解难度。由于式(8-28)中包含 $l_{0/1}$,因此求解起来更为复杂。针对这一问题,研究人员选择了一些具有良好数学特性、易于求解的函数来代替 $l_{0/1}$,这种函数被称为"替代损失函数",这种函数往往是连续的,下面列举出 3 种工程实践中常用的替代损失函数,式(8-30)~式(8-32)是 3 种损失函数的数学表达式,依次是指数损失函数(Exponential Loss)、hinge 损失函数和对率损失函数(Logistic Loss),其图像如图 8-5 所示。

$$l_{\exp}(z) = \exp(-z) \qquad (8\text{-}30)$$

$$l_{\text{hinge}}(z) = \max(0, 1-z) \qquad (8\text{-}31)$$

$$l_{\log}(z) = \log(1 + \exp(-z)) \qquad (8\text{-}32)$$

若我们使用 hinge 损失来代替 $l_{0/1}$,则式(8-28)变成

$$\min_{\boldsymbol{\omega}, b} \frac{1}{2} \parallel \boldsymbol{\omega} \parallel^2 + C \sum_{i=1}^{m} \max(0, 1 - y_i(\boldsymbol{\omega}^{\mathrm{T}} x_i + b)) \qquad (8\text{-}33)$$

使用松弛变量重新描述式(8-33),且松弛变量满足 $\xi_i \geqslant 0$,可得如下目标和约束:

$$\min_{\boldsymbol{\omega}, b, \xi_i} \frac{1}{2} \parallel \boldsymbol{\omega} \parallel^2 + C \sum_{i=1}^{m} \xi_i \qquad (8\text{-}34)$$

$$\text{s. t.} \quad y_i(\boldsymbol{\omega}^{\mathrm{T}} x_i + b) \geqslant 1 - \xi_i$$
$$\zeta_i \geqslant 0, \quad i = 1, 2, \cdots, m \qquad (8\text{-}35)$$

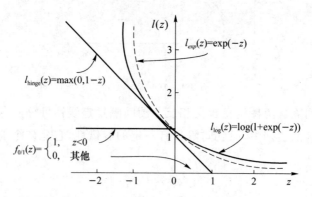

图 8-5　3 种常见的损失函数

这就是常用的"软间隔支持向量机"。

松弛变量是一个用来表示每个样本与式(8-27)中约束的违背程度的数学变量,不同样本的松弛变量自然也不同。式(8-34)是一个典型的二次规划问题,我们仍然采用拉格

朗日乘子法来解决这一问题,得到的拉格朗日函数如下:

$$L(\boldsymbol{\omega},b,\boldsymbol{a},\boldsymbol{\xi},\boldsymbol{\mu}) = \frac{1}{2}\parallel\boldsymbol{\omega}\parallel^2 + C\sum_{i=1}^{m}\xi_i +$$

$$\sum_{i=1}^{m}a_i(1-\xi_i-y_i(\boldsymbol{\omega}^\mathrm{T}x_i+b)) - \sum_{i=1}^{m}\mu_i\xi_i \tag{8-36}$$

其中,$a_i\geqslant0$,$\mu_i\geqslant0$ 是拉格朗日乘子。

令 $L(\boldsymbol{\omega},b,\boldsymbol{a},\boldsymbol{\xi},\boldsymbol{\mu})$ 对 $\boldsymbol{\omega},b,\xi_i$ 的偏导为零可得

$$\boldsymbol{\omega} = \sum_{i=1}^{m}a_iy_ix_i \tag{8-37}$$

$$0 = \sum_{i=1}^{m}a_iy_i \tag{8-38}$$

$$C = a_i + \mu_i \tag{8-39}$$

将式(8-37)~式(8-39)带入式(8-36)即可得到式(8-35)的对偶问题:

$$\max_{a}\sum_{i=1}^{m}a_i - \frac{1}{2}\sum_{i=1}^{m}\sum_{j=1}^{m}a_ia_jy_iy_jx_i^\mathrm{T}x_j$$

$$\mathrm{s.\,t.}\ \sum_{i=1}^{m}a_iy_i = 0 \tag{8-40}$$

$$0\leqslant a_i\leqslant C,\quad i=1,2,\cdots,m$$

观察式(8-11)所述的对偶问题与式(8-40)所述的对偶问题发现,它们的目标函数是完全相同的,区别在于约束条件中变量的取值范围。式(8-11)中是 $a_i\geqslant0$,而式(8-40)中则是 $0\leqslant a_i\leqslant C$。因此,我们在这里采用与式(8-11)相同的解法,使用核函数进行空间映射后得到了与式(8-24)完全相同的支持向量展式。

上述的软间隔支持向量机需要满足的 KKT 条件如下:

$$\begin{cases} a_i\geqslant0,\quad \mu_i\geqslant0 \\ y_if(x_i)-1+\xi_i\geqslant0 \\ a_i(y_if(x_i)-1+\xi_i)=0 \\ \xi_i\geqslant0,\quad \mu_i\xi_i=0 \end{cases} \tag{8-41}$$

分析可知,任选一组训练样本 (x_i,y_i),$a_i=0$ 或 $y_if(x_i)=1-\xi_i$ 恒成立。当 $a_i=0$ 时,选择不同的样本点不会对 $f(x)$ 造成任何影响;若 $a_i>0$,则必有 $y_if(x_i)=1-\xi_i$,即该样本是支持向量。由式(8-39)可知,若 $a_i<C$,则 $\mu_i>0$,进而有 $\xi_i=0$,即该样本恰在最大间隔边界上;若 $a_i=C$,则有 $\mu_i=0$,此时若 $\xi_i\leqslant1$,样本将会落在最大间隔区域内,若 $\xi_i>1$,样本将会被划分到一个错误的类别中,产生误判。通过上述分析可知,影响软间隔支持向量机分类模型的唯一因素是支持向量,将损失函数替换为 hinge 没有问题,仍然保持了模型的稀疏性。

那么,能否对式(8-28)使用其他的替代损失函数呢?

式(8-28)使用的是 0/1 损失函数,如果我们选择对率损失函数 $l_{\log}$ 来代替,将会得到一个对率回归模型。从理论角度分析能够知道,支持向量机和对率回归模型的优化目标是十分接近的,实验结果表明,它们产生的性能差距并不大。那么它们之间的区别是什么呢？支持向量机最终的输出是分类的结果,而对率模型不仅能够输出分类结果,还能

够给出相应的概率。要想达到与对率模型相同的效果,支持向量机需要增加一些额外的操作。另外,由于对率回归具有这种特殊的分类特性,它在解决多分类任务方面得到了广泛的应用,支持向量机则不能达到这种效果。说了对率损失的优势,那么它的劣势呢?从图像的角度上看,如图 8-5 所示,hinge 损失函数的曲线有一块与 x 轴重合的区域,这也是使支持向量机具有稀疏性的主要原因。显然,对率损失函数的曲线是一条连续的递减曲线,没有支持向量的概念,也不具有稀疏性。综上所述,若要使用对率损失函数解决分类问题,为保证分类结果的准确性,需要输入更大数量的训练样本,这会带来更大的预测开销。所有的替代损失函数都有自己的优缺点,我们要从实际需求出发,选择最合适的函数。

如上所述,我们可以用对率损失函数代替等式(8-28)中的 0/1 损失函数,损失函数种类众多,用其他的代替也能达到效果,但使用不同的损失函数,得到的学习模型具有不同的特性。虽然得到的模型互不相同,但是它们有一些共同的特点:在优化目标中,函数第一项表征划分超平面的"间隔"大小,第二项 $\sum_{i=1}^{m} l(f(x_i), y_i)$ 用于表示训练集的误差,因此可以用更普通的形式来书写:

$$\min_{f} \Omega(f) + C \sum_{i=1}^{m} l(f(x_i), y_i) \tag{8-42}$$

其中,f 表示使用的模型种类;第一项 $\Omega(f)$ 称为"结构风险"(Structural Risk),用来表示出模型 f 的一些数学性质;第二项 $\sum_{i=1}^{m} l(f(x_i), y_i))$ 称为"经验风险"(Empirical Risk),用来表示我们选用的学习模型对训练样本集拟合程度的好坏;选择模型时,要权衡这两方面的影响,因此使用参数 C 作为权衡参数。支持向量机需要保证经验风险尽可能小。在这种情况下,$\Omega(f)$ 表示了使用者对模型做出的要求,这为引入使用者的意愿提供了良好的方法。这一信息有利于减少假设空间,保证样本被正确拟合,避免出现过拟合的情况,因此,式(8-42)也可以被定义为"正则化"问题,其中,$\Omega(f)$ 是正则化项,权衡参数 C 被称为正则化常数。

除此之外,这一信息能够有效地减少假设空间,因此降低了训练器由于想要减小训练误差而造成过拟合的可能性。由于处理了过拟合问题,式(8-42)也可以叫做"正则化问题",那么 $\Omega(f)$ 就是对应的正则化项,C 叫做正则化常数。在工程实践中,L_p 范数(norm)经常被用来做正则化项,但不同下标的范数作用原理各不相同。其中,L_2 范数 $\|\omega\|_2$ 需要保证 ω 的分量取值分布较为平均,这意味着需要使非零分量的分布保持密集,与之相反,L_0 范数 $\|\omega\|_0$ 和 L_1 范数 $\|\omega\|_1$ 则要求 ω 的分量尽量稀疏,也就是要使非零分量的数量尽量少。

8.3.2 实现

1. 算法流程图
支持向量机的算法流程如图 8-6 所示,每个步骤的详细解释在流程图的右侧给出。

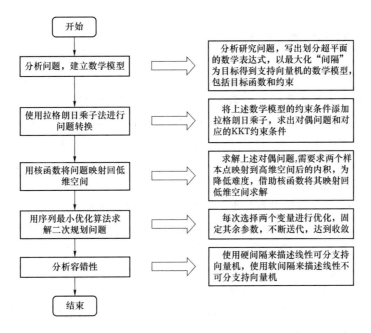

图 8-6　支持向量机算法流程图

2. libSVM 库介绍

为了简化支持向量机的训练与分类过程,人们在 MATLAB 中引入了各种库。libSVM 是目前被广泛接受的支持向量机库,libSVM 为我们提供了很多封装好的训练函数和核函数,只要在 MATLAB 中下载安装便可以方便地调用接口函数实现基于 SVM 的样本分类,大大减少了我们的代码量。下面我们介绍这个库的一些常用接口函数。

libSVM 包含如下 4 种常用的执行工具[11]。

① svm-scale:预处理工具,用来对输入的数据进行归一化处理。

② svm-toy:以图形化界面的方式展示支持向量机的二元分类这一基本功能。

③ svm-train:用于支持向量机的训练,训练数据输入格式如下:

<标签号><序号 1>:<特征值 1><序号 2>:<特征值 2>…

④ svm-predict:分类预测函数,用于根据训练模型进行样本分类。

libSVM 中包含 C_SVC、NU_SVC、ONE_CLASS、EPSILON_SVR 和 NU_SVR 这 5 种可供选择的支持向量机模型,包含如下 5 种可供选择的核函数类型[12]。

① LINEAR:线性核函数(linear kernel)。

② POLY:多项式核函数(ploynomial kernel)。

③ RBF:径向基核函数(radical basis function)。

④ SIGMOID:神经元的非线性作用函数核函数(sigmoid tanh)。

⑤ PRECOMPUTED:用户自定义核函数。

8.3.3 实例:人脸识别

1. 数据集介绍

用于人脸识别的数据集已经提前进行了一系列处理,由于格式为 Linux,无法直接用 Windows 的图片查看器打开,但是可以借助 MATLAB 来打开,打开命令为 imshow (imread('图片存放位置')),我们使用的数据集样本总量为 400,来源于 40 个人,每人有 10 张不同形态、不同表情的图片[13]。

2. 提取特征向量

可以使用主成分分析法进行数据的特征提取,操作步骤如下。

步骤一:特征中心化。首先计算出每一维的均值,将处于同一维中的每一个数据与这个均值作差。其中,每一维表示人脸图片的一个特征。

步骤二:为了进行各维度之间的比较,计算出协方差矩阵。

步骤三:计算步骤二中得到的矩阵特征值和特征向量。

步骤四:将所有特征值进行排序,筛选出特征值大的,并提取出它们的特征向量,这些特征向量组成新的数据集。

本例中提取特征向量的过程如下[14]。

步骤一:将所有人脸图像的集合记为 S,下标依次表示图像的编号,即共有 M 张人脸。将每张图像转换维度,以像素为单位排列成一行,得到一个 N 维的向量。由于图像数量为 M,最终将得到 M 个 N 维向量,将其存储在集合 S 中,如下:

$$S = \{\boldsymbol{\Gamma}_1, \boldsymbol{\Gamma}_2, \boldsymbol{\Gamma}_3, \cdots, \boldsymbol{\Gamma}_M\} \tag{8-43}$$

步骤二:计算"平均脸"。通俗来讲,就是求出 M 个 N 维特征向量的平均图像 $\boldsymbol{\Psi}$,计算公式如式(8-44)所示。简而言之,就是依次取出集合 S 中的所有向量,求出这些向量的和,与数量 M 作商后得到平均值。若将这个平均向量映射成图像格式,得到的是"平均脸"。

$$\boldsymbol{\psi} = \frac{1}{M}\sum_{n=1}^{M}\boldsymbol{\Gamma}_n \tag{8-44}$$

步骤三:遍历图像集合,计算每张图像和式(8-44)得到的平均图像的差值 $\boldsymbol{\Phi}$,具体操作就是用 S 集合里的每个元素减去步骤二中的平均值。

$$\boldsymbol{\Phi}_i = \boldsymbol{\Gamma}_i - \boldsymbol{\psi} \tag{8-45}$$

步骤四:我们选用正交的单位向量来描述每张图像与平均图像的差值分布,共选取 M 个正交的单位向量 $\boldsymbol{u}_n$,$\boldsymbol{u}_n$ 里面的第 $k(k=1,2,3,\cdots,M)$ 个向量 $\boldsymbol{u}_k$ 计算如下:

$$\lambda_k = \frac{1}{M}\sum_{n=1}^{M}(\boldsymbol{u}_k^{\mathrm{T}}\boldsymbol{\Phi}_n)^2 \tag{8-46}$$

当 λ_k 取最小的值时,$\boldsymbol{u}_k$ 的值就确定了。由于这 M 个向量是正交单位向量,因此 $\boldsymbol{u}_k$ 必须满足下式:

$$\boldsymbol{u}_i^{\mathrm{T}}\boldsymbol{u}_k = \delta_{ik} = \begin{cases} 1, & l=k \\ 0, & \text{其他} \end{cases} \tag{8-47}$$

式(8-47)保证了 u_k 是正交单位向量。u_k 的计算等价于如下协方差矩阵特征向量的计算：

$$C = \frac{1}{M} \sum_{n=1}^{M} \boldsymbol{\Phi}_n \boldsymbol{\Phi}_n^{\mathrm{T}} = \boldsymbol{A}\boldsymbol{A}^{\mathrm{T}} \tag{8-48}$$

其中，

$$\boldsymbol{A} = \{ \boldsymbol{\Phi}_1, \boldsymbol{\Phi}_2, \boldsymbol{\Phi}_3, \cdots, \boldsymbol{\Phi}_n \} \tag{8-49}$$

上述特征向量的计算复杂度与图像维数的平方成正比，因此当维数较大时，特征向量计算的复杂度实在太大。当图像为 100×100 维时，为了计算出协方差矩阵，复杂度会达到 10000×10000。

步骤五：正式进行人脸识别。完成了上面的准备工作，便找到了人脸的特征向量，下面我们需要对特征脸进行标识：

$$\omega_k = \boldsymbol{u}_k^{\mathrm{T}} (\boldsymbol{\Gamma} - \boldsymbol{\psi}) \tag{8-50}$$

其中，$k = 1, 2, \cdots, M$，计算式(8-50)的值能够得到 M 个特征脸的权重，以向量的形式来表示这 M 个数值如下：

$$\boldsymbol{\Omega}^{\mathrm{T}} = [\omega_1, \omega_2, \cdots, \omega_M] \tag{8-51}$$

特征脸标识后，开始进行人脸识别：

$$\varepsilon_k = \| \boldsymbol{\Omega} - \boldsymbol{\Omega}_k \|^2 \tag{8-52}$$

人脸识别过程是通过比较两张人脸的欧氏距离来实现的，从未判别的人脸中任意取出一张，记为 Ω，然后从训练集中取出人脸 Ω_k，设置一个合理的判别阈值。若待判别的人脸与第 k 个人脸的距离小于阈值，说明这两张脸的差别不大，是属于同一个人；反之，若距离大于阈值，说明两张脸的差别较大，不属于同一个人。在这个过程中，阈值的选取对于判别的准确率至关重要，因此需要慎重选择。

3. SVM 支持向量机训练和测试

SVM 支持向量机本质上是针对二分类问题，然而，本实例是要分出 40 类（因为有 40 个人）。

顾名思义，机器学习假定机器可以使用不同的学习方法进行学习。其中，支持向量机采用的学习方法是有监督学习。这是一种提前给出正确结果的方法，给出题和标准答案，不断学习来使机器尽可能做出正确答案。

训练集相当于提前给出的试题答案，按照这套答案进行学习，测试集是全新的测试题目，根据之前积累的做题经验完成这套新的试题。训练集能够被细分为标签和数据这两部分，其中，标签代表着标准答案。在传统的二分类问题中，由于类别为 2，因此用 0 和 1 这两种标签即可表示。然而，在本例中，共有 40 类数据，因此标签数量为 40，即 0~39。数据是用来表示图像属性的，在监督学习中相当于一套试题。

测试集适用于检验分类准确率，其中也包含了数据和标签，这些数据是待分类的图像，相当于全新的题目。根据之前训练的结果来完成这套新题目，测试集的标签被用来判题，若测试出来的结果与标签相符，则分类正确。

在本例中，我们按照 1:1 的比例划分训练集和数据集，由于图片总数量为 400，那么训练集和测试集的样本数量均为 200。

我们在 MATLAB 中引入了 libSVM 库,在进行训练和测试时,首先选定使用的核函数为库中自带的线性核函数,调用工具箱中的 Svmtrain 函数进行模型的训练,调用 Svmpredict 函数进行实际的分类预测,得到最终的分类结果,计算分类准确率。

4. 实现代码

扫描封底二维码获取相关代码。

8.4　习题与实例精讲

8.4.1　习题

【习题一】

给定一个样本空间,在其中任取一点 x,证明该点到超平面(ω,b)的距离为公式(8-2)。

【习题二】

给出一个线性可分问题,试推导它的数学模型。

【习题三】

在习题二的基础上,仿照原理部分非线性可分问题的推导过程,写出线性可分问题的对偶问题。

【习题四】

线性判别分析与线性核支持向量机在什么条件下可以等价?

【习题五】

有一个样本数量非常多的训练集,每个样本都有多个特征,想要训练这种模型,应该使用支持向量机的原始问题还是求出对偶问题?

8.4.2　案例实战

1. 手写数字识别

🔖 案例背景

在当前社会,手写数字被广泛应用于银行、医院等单位签署单据中,为了保证数据的准确性,手写数字的识别技术渐渐发展起来[15]。该研究具有如下特点。

(1) 阿拉伯数字是一种被全世界广泛认可的数字符号,因此在各个国家都具有广泛的研究前景,各个国家能够集合各种有效的资源开展合作、研究,这为该项研究创造了较好的客观条件,能够有效地推动该项技术的发展。

(2) 手写数字识别的应用领域十分广泛,如银行签署存取款、转账金额,邮局处理信封上的邮政编码,税务机构处理税务单据等。需要手写数字的单位大量存在,这产生了进行手写数字识别这一需求。精确的识别将会大大提高各机构的工作效率,减少工作上的错误。

（3）阿拉伯数字只有 10 个基础数字，且笔画相对简单，因此识别的难度较小，可以作为很多技术的基础研究来验证有效性。例如，想要将其他机器学习类方法（神经网络、决策树等）应用于分类领域，可以先验证其对于手写数字识别的有效性。验证了有效性后，再将其应用于复杂的分类领域中，这有利于研究的顺利进行，减少一些无用功。

（4）在完成了手写数字识别后，可以很容易地将技术推广到一些复杂的英文字母识别和文本识别中，这些问题具有很强的相似性，往往可以放到一起来做研究。

阿拉伯数字的类别较少，只有 0～9 这 10 个种类，而且笔画较为简单，理论上讲，识别应该相对容易。然而，通过大量的实验数据可以看出，数字识别准确率较低，甚至低于印刷体的汉字识别。汉字的笔画多且更为复杂，为什么识别准确率反而高于数字呢？我们对其中的原因进行了分析。

（1）数字的笔画简单，不同的笔画之间差异较小，因此会造成很多相似的地方，这给准确识别造成了很大的影响。

（2）虽然数字的笔画简单，种类少，但是使用数字的人多且复杂，世界上有很多国家使用阿拉伯数字，不同的人书写的字体差异较大，要想做出一套适应性强、兼容性强的手写数字识别系统是存在较大难度的。

（3）在书写数字时，往往没有上下文，不像普通的文字识别，可以根据上下文信息进行一定的推断与预判。

本案例采用 MNIST-image 手写数字集进行训练和测试，利用电子计算机自动辨认手写在纸张上的阿拉伯数字。

💡 解题思路

步骤一：数据预处理。将固定像素的图片文件转换为 1×400 的向量，然后将数字相同的所有样本转化为一个矩阵，并确定训练集和测试集数据样本。

步骤二：分别使用 libSVM 库中的 4 种核函数训练样本。

步骤三：分别测试 4 种核函数产生的训练模型。

步骤四：对测试结果进行分析比较，选择最佳的核函数和训练模型作为最终策略。

步骤五：使用最终策略进行最终识别，统计结果。

（代码扫描封底二维码获取。）

2. 鸢尾花分类

💡 案例背景

鸢尾花可以被细分为多个品种，包括山鸢尾、变色鸢尾和弗吉尼亚鸢尾等，不同品种的花朵具有不同的特征。本题是对鸢尾花进行具体的品种分类，我们选用安德森鸢尾花卉数据集（Anderson's Iris Data Set）来使用，这个数据集已经被广泛用于研究花卉种类的分类。Iris 数据集是一个 150×5 的数据表格，行数为 150 行，代表着 150 个样本，列数为 5 列，前 4 列代表花萼长度、花萼宽度、花瓣长度和花瓣宽度这 4 种花朵特征，第 5 列是品种名。根据每个样本前 4 列的特征数据将它们分类到正确的品种中。因此本案例的任务是建立一个基于支持向量机的分类器，根据样本的特征判断它属于哪种品种[16]。

💡 解题思路

步骤一：绘制花卉 4 个特征的散点图，分析特征之间的关系。

步骤二:确定训练集与测试集的数量。在这里,我们选定前 100 个样本作为训练集,后 50 个样本作为测试集。

步骤三:数据预处理——将训练数据和测试数据都进行归一化处理。

步骤四:使用 libSVM 库函数进行支持向量机的训练。

步骤五:使用步骤四训练出来的模型进行支持向量机的预测,统计预测准确率。

(代码扫描封底二维码获取。)

3. 验证码识别

💡 案例背景

互联网技术的快速发展为我们的生活带来了众多便利,使人们的沟通交流与信息的共享更为简单。同时,也给了黑客们一些可乘之机,黑客们通过跨站请求伪造、有害脚本攻击等方式攻击我们的电脑,获取我们的关键隐私信息,这给人们带来了巨大的损失。为了解决这些网络安全相关问题,人们提出了验证码技术来保护我们的个人信息。我们都经历过,在登录一个网站时需要输入验证码信息。当忘记了登录密码时,需要进行验证码的验证才能找回密码,这主要为了鉴别操作者是人还是机器。系统需要识别用户的输入是否正确,这就产生了验证码识别这一需求,本例使用支持向量机来进行验证码的识别。本案例爬取网站上的验证码图片,然后基于支持向量机识别出上面的字母或数字[17]。由于需要进行爬取操作,因此我们用 Python 实现。

💡 解题思路[18]

步骤一:图像二值化处理。将每一个像素点用 0 或 1 来表示,图像的每个像素点都有 rgb 三个值,我们首先将图像转化成灰度图,这样每个像素点就只有一个灰度值了。接下来根据自己设定的阈值来确定每个像素点是该为 0,还是为 1。

步骤二:图像去噪处理。在二值化之后,还存在一个问题就是图像之中还有许多黑点,这成为噪点,是干扰项,可以使用最简单的 8-邻域去除噪点法。依次检查每个像素点周围 8 个点的情况,如果黑点少于阈值,那么就可以认为该点是噪点。

步骤三:图片分割。每个二维码图片上面包含多个字符,在合适的位置进行分割,得到每张只有一个字符的小图片。

步骤四:图片分类。对所有图片进行筛选、分类,手动将数字或者字母相同的小图片放在一个文件夹中,并且为每类打上不同的标签,确定训练集和测试集。

步骤五:模型训练。使用 libSVM 库对训练集中的样本进行训练得到训练模型。

步骤六:分类预测。使用上述训练模型对测试集中的样本进行分类预测,计算准确率。

(代码扫描封底二维码获取。)

8.5 结 束 语

20 世纪 60 年代,支持向量机这一理论被正式提出。自提出以来,由于具有良好的性能,支持向量机被应用于各个领域,并表现出了很好的推广能力和开发潜力。它不仅被成功应用于文本分类,还与模式识别相关算法相互配合,在人脸识别、图像识别等方面开辟了自己的一席之地[17]。

支持向量机是机器学习的一个子算法,虽然发展速度很快,但是目前仍处于研究的初始阶段,很多问题还没有得到很好地解决,实际应用领域还需要进一步开拓,目前还需要深入研究和解决的问题如下。

(1) 以往的研究主要针对有限维的空间,并且取得了较为成熟的研究成果,未来需要探索更多维空间的支持向量机。

(2) 开展创新性的尝试,将其他分类方法与支持向量机深入融合,创造出一种新的研究方法,提高分类准确性。

(3) 提高支持向量机的鲁棒性,使其能够应对数据中含有噪声的情况。

(4) 对支持向量机的应用领域进行深入挖掘、发散,使它能够更好地为人类生活服务。

8.6　阅读材料

8.6.1　推荐书籍

(1)《支持向量机导论》(克里斯特安尼著)

此书讲述了大量支持向量机的基础理论知识,从机器学习开始讲起,一步步推广到线性分类器、核函数特性、凸优化相关理论,最后很自然地引出了支持向量机,详细介绍了支持向量机的原理和实现。

(2)《统计学习理论的本质》(Vladimir N. Vapnik 著,张学工译)

此书的作者是统计学相关理论的创始人之一,也是支持向量机的提出者。此书通过严格的数学分析找到机器学习的关键问题,详细介绍了支持向量机的重要思想。要想读懂这本书,读者需要具备一定的数学基础。

(3)《数据挖掘中的新方法:支持向量机》(邓乃扬、田英杰著)

此书主要讲述了支持向量机在数据挖掘领域的相关应用,没有给出支持向量机的推导,更多的是从支持向量机优化的角度来进行描述。

8.6.2　推荐论文

(1) "LIBSVM:A Library for Support Vector Machines"

该论文详细介绍了支持向量机库的实现细节与使用方法,是一本实用的参考手册,供读者在实践中查询遇到的问题。

（2）"A Tutorial on Support Vector Machines for Pattern Recognition"

该论文详细描述了支持向量机训练的具体实现方法，将支持向量机与模式识别相结合，讲述了在模式识别领域的重要作用。

本书的附录三总结了机器学习相关期刊、会议以及公开数据集。

本章参考文献

[1] VLADIMIR N V. Statistical Learning Theory [M]. NewYork：Wiley-Interscience，1998：768.

[2] 杨晓伟，郝志峰. 支持向量机的算法设计与分析[M]. 北京：科学出版社，2013：102.

[3] 数据科学家 corten. 机器学习与支持向量机[EB/OL]. (2017-11-30)[2020-12-19]. https://blog. csdn. net/qq_37634812/article/details/78672877.

[4] 邓乃扬，田英杰. 支持向量机：理论、算法与扩展[M]. 北京：科学出版社，2009：25.

[5] 白鹏，张喜斌，张斌，等. 支持向量机理论及工程应用实例[M]. 西安：西安电子科技大学出版社，2008：59.

[6] 周志华. 机器学习[M]. 北京：清华大学出版社，2016：121-139.

[7] 王文剑，门昌骞. 支持向量机建模及应用[M]. 北京：科学出版社，2014：169.

[8] JOHN SHAWE-TAYLOR, NELLO CRISTIANINI. Kernel Methods for Pattern Analysis[M]. Cambridge：Cambridge University Press，2004：325.

[9] 李航. 统计学习方法[M]. 北京：清华大学出版社，2012：64.

[10] Mosay_dhu. 支持向量机(SVM)-软间隔与正则化[EB/OL]. (2018-06-22)[2021-01-15]. https://blog. csdn. net/weixin_40859436/article/details/80726029.

[11] xiao 图图. libSVM 介绍[EB/OL]. (2013-09-10)[2021-01-18]. https://blog. csdn. net/kuaile123/article/details/11525559.

[12] liulina603. libSVM 简介及核函数模型选择[EB/OL]. (2013-01-29)[2021-01-20]. https://blog. csdn. net/liulina603/article/details/8552424.

[13] 圣僧散散心. 基于 MATLAB，运用 PCA＋SVM 的特征脸方法识别人脸[EB/OL]. (2014-10-29)[2021-01-20]. https://blog. csdn. net/yb536/article/details/40586695.

[14] 兔死机. 人脸识别经典算法一：特征脸方法(Eigenface)[EB/OL]. (2014-03-30)[2021-01-21]. https://blog. csdn. net/smartempire/article/details/21406005.

[15] Eating Lee. 基于 SVM 技术的手写数字识别[EB/OL]. (2019-07-29)[2021-01-25]. https://blog. csdn. net/qq_40369926/article/details/97687450 ♯1％E6％95％B0％E6％8D％AE％E9％9B％86％E4％BB％8B％E7％BB％8D.

[16] dbmmn64000. 基于 SVM 的鸢尾花数据集分类实现［使用 MATLAB］[EB/OL].

（2018-11-28）［2021-01-26］.　https://blog. csdn. net/dbmmn64000/article/details/102236851.

[17]　王倩文. 基于 SVM 的验证码识别算法研究[J]. 黑龙江科技信息,2013(20):190.

[18]　weixin_30642561. 基于 SVM 的字母验证码识别［EB/OL］.（2018-07-10）［2021-01-26］. https://blog. csdn. net/weixin_30642561/article/details/97249896.

第9章
神 经 网 络

9.1 概　述

随着人类社会的发展,研究者们从各个方面对人脑为什么能进行复杂运算进行了深入研究。世界各国普遍重视脑科学研究,并且相继启动"脑计划"。为了搞清楚大脑如何实现认知功能,科学家们致力于绘制大脑图谱结构。神经网络是最热门的研究课题之一。为了使计算机能够模拟人脑的"学习"能力,研究者们从数学的角度出发,将人脑神经网络进行抽象,进而构造得到了一种新的模型。这就是人们通常所称的人工神经网络(Artificial Neural Networks, ANN),简称神经网络。据估计,人脑神经网络约由 10^{11} 个神经元组成,平均每个神经元约与 10^4 个神经元相连接,这种规模是我们目前的人工神经网络远远不能比拟的。与人类的信息处理能力相似,神经网络也能同时处理多条输入信息,拥有强大的自适应能力。通过人为设定的网络结构和学习算法,神经网络能够进行复杂的训练过程,反复迭代调整网络参数,最终实现输出。

人工神经网络的研究经历过低潮阶段,随着各种突破性论文的发表,神经网络研究复兴,期间诞生了各种复杂神经网络。其中,Geoffrey Hinton 等人的研究更是掀起了深度神经网络(Deep Neural Networks, DNN)的研究热潮。深度神经网络同样是受到生物学启发采用了与浅层神经网络相似的分层结构。它们的区别在于训练算法的不同,深度神经网络一般采用逐层训练的方法。这是由于它的网络结构更深,传统的反向传播算法不能达到满意的训练效果。

鉴于上述浅层神经网络与深度神经网络的区别与联系,本章我们只介绍经典的反向传播(Back Propagation, BP)网络,为读者后续学习其他更深层的网络奠定基础。

9.2 目　　的

人工神经网络受生物大脑结构的启发诞生,由大量神经元相互联接构成。人工神经网络具有极强的非线性表达能力,能够实现输入与输出间复杂的映射过程。神经网络是通过"学习"从外界获取知识的,神经元之间的连接权值储存着这些获取的知识。

9.2.1　基本术语

表 9-1 列出了本章用到的基本术语。

表 9-1　基本术语表

术　语	解　释
人工神经元	从数学的角度以人脑神经元结构为基础构造出来的模型。在网络中有时也被称为"节点",是神经网络的基础结构。
权值	作用于神经元的输入,为每个神经元的输入分配一个乘数,这个乘数称为权值。在模型训练过程中,使用相应的学习法则更新权值。
阈值	加在神经元输入与权值乘积之上,可以看作一个输入为"－1"的神经元的权值。在神经网络训练过程中,阈值也会被更新。
激活函数	又叫传输函数,主要作用是引入非线性因素。构建网络时通常使用 Sigmoid、Tanh 和 ReLU 等作为传输函数。
输入层	输入层是网络的第一层,作用是接收输入。
输出层	输出层是网络的最终层,作用是生成网络输出。
隐藏层	输入层与输出层中间的即为隐藏层,作用是接收输入并经过处理将数据送至输出层。隐藏层可以由多层构成。
正向传播	数据从输入层经过隐藏层流向输出层的过程。
反向传播	将输出层结果误差通过隐藏层流回,以更新网络参数。
损失函数	用于反向传播,反映输出值与实际值之间的误差。
学习率	其作用是调控权值调整的步长。
BP 网络	通常指使用误差反向传播算法训练出来的多层前馈神经网络。
深度神经网络	具有深层结构的神经网络。

9.2.2 思维导图

图9-1为本章节的思维导图，读者可根据该图加深对本章节的理解。

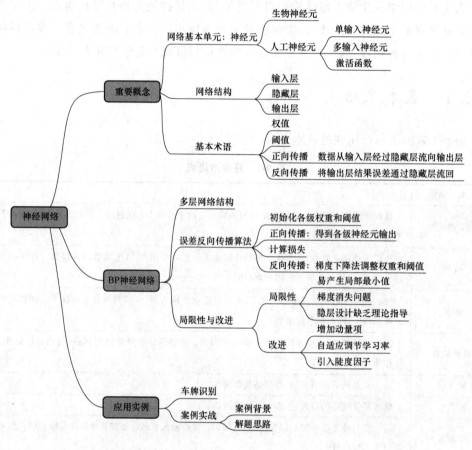

图9-1 神经网络思维导图

9.3 理论和实例

9.3.1 原理

1. 神经元

🔘 生物神经元

据估计，人脑神经网络约由10^{11}个神经元组成[1]。神经元主要包括细胞体、树突、轴突及突触等部分。

（1）细胞体是神经元的主体,是其他结构相互连接的核心。它由细胞核、细胞质和细胞膜组成,为生物活动提供能量。

（2）树突是细胞体呈树状延伸出来的部分,作为细胞体的输入端。

（3）轴突是细胞体呈长轴状延伸出来的部分,作为细胞体的输出端。

（4）突触是不同神经元轴突与树突之间传递信号的结构。

💡 人工神经元模型

（1）单输入神经元

如图 9-2 所示,将上述神经元中的树突、轴突、突触和细胞体抽象成相应的数学模型,分别对应于输入、输出、权值、累加器和激活函数部分[2]。输入、权值和阈值构成了净输入,净输入通过激活函数得到最终神经元输出:$y = f(wx - \theta)$。

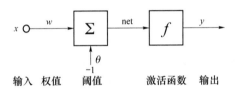

图 9-2　单输入神经元

（2）多输入神经元

我们知道,神经网络由多个神经元相互连接构成,所以一个神经元可以接受多个神经元的输出作为其输入。如图 9-3 所示,神经元接收 n 个输入 $x_1, x_2, \cdots, x_n$,对应 n 个权值 $w_{11}, w_{21}, \cdots, w_{n1}$。

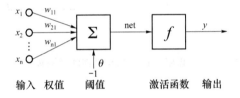

图 9-3　多输入神经元

可以看出,激活函数的净输入为 $w_{11}x_1 + w_{21}x_2 + \cdots + w_{n1}x_n - \theta$。净输入通过激活函数得到最终神经元输出:

$$y = f(\sum_{i=1}^{n} w_{i1}x_i - \theta) \tag{9-1}$$

这就是最著名也最常用的神经元模型 M-P 神经元。

（3）激活函数

下面介绍 3 种常用的传输函数。

① 线性传输函数

线性传输函数如图 9-4 所示,其表达式为 $f(u) = u$。

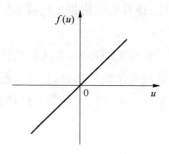

图 9-4   线性传输函数

② 硬极限函数

硬极限函数如图 9-5(a)所示,其表达式为

$$f(u) = \begin{cases} 1, & u \geq 0 \\ 0, & u < 0 \end{cases} \tag{9-2}$$

对称硬极限函数如图 9-5(b)所示,其表达式为

$$f(u) = \begin{cases} +1, & u \geq 0 \\ -1, & u < 0 \end{cases} \tag{9-3}$$

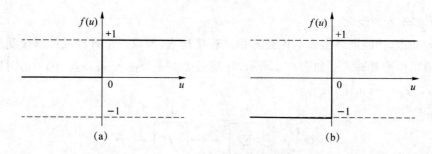

图 9-5   硬极限传输函数和对称硬极限传输函数

③ 对数-S 形传输函数

对数-S 形(logsig)传输函数又称 Sigmoid 函数,如图 9-6 所示。单极性 Sigmoid 函数如图 9-6(a)所示,数学表达式为

$$y = \frac{1}{1 + e^{-u}} \tag{9-4}$$

双极性 Sigmoid 函数如图 9-6(b)所示,数学表达式为

$$y = \frac{1 - e^{-u}}{1 + e^{-u}} \tag{9-5}$$

Sigmoid 函数具有可微特性,可用于训练 BP 网络。

在实际设计网络时,我们根据问题要求确定各层神经元数量、选择合适的激活函数,在设定的学习规则中调整参数权值 w 和阈值 θ,以满足特定的需要[3]。

2. BP 神经网络与训练

我们首先回顾了多层网络的特点,然后描述反向传播算法。

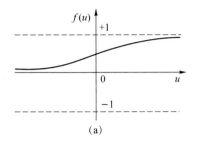 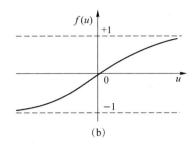

图 9-6   单极性和双极性对数-S形传输函数

🔘 多层网络结构

如图 9-7（a）所示的多层网络结构，输入层与输出层中间的即为隐藏层（或隐含层）。如图 9-7（b）所示，隐藏层可以不止一层。输入数据通过输入层流入隐含层，经过隐含层处理后流入输出层。其中隐含层和输出层均可以是功能性神经元，这种结构类型的网络称为前馈神经网络。从图中可以看出，在这种类型的网络中，不存在同层之间（如输入层之间）的相互连接的情况。另外，也不存在输出层神经元越过隐含层直接与输入层神经元连接的情况。多层网络是一种解决非线性问题的有效途径[4]。

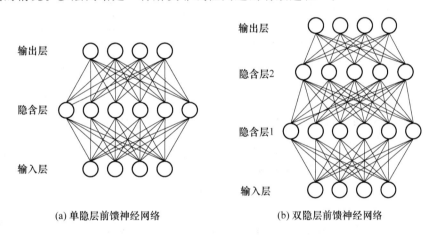

(a) 单隐层前馈神经网络   (b) 双隐层前馈神经网络

图 9-7   多层神经网络示意图

🔘 误差反向传播算法

为训练复杂的多层网络，学者们研究了许多更适合多层网络的训练算法。误差反向传播（Error Back Propagation）算法是其中最具代表性的一种算法，简称为 BP 算法。请注意，我们通常提到的 BP 网络是指使用 BP 算法训练出来的多层前馈神经网络[4]。但这并不代表 BP 算法只能用于训练这种类型的网络，实际上它还可以训练其他网络。BP 算法训练出来的神经网络已经被成功用于解决各种现实中的问题，我们将在后面介绍一些基于 BP 网络的案例。

BP 网络采用的激活函数一般是 Sigmoid 函数。图 9-6 所示为一种非线性传输函数，它的特点是函数本身及其导数都连续[5]。但是由于函数会进入饱和区，会给网络训练带来一些问题,我们将在后面介绍。

下面介绍 BP 算法。图 9-8 所示的多层前馈网络,给定一个训练样本集 $D=\{(\boldsymbol{x}_1,\boldsymbol{y}_1),(\boldsymbol{x}_2,\boldsymbol{y}_2),\cdots,(\boldsymbol{x}_m,\boldsymbol{y}_m)\}$,$\boldsymbol{x}_i\in\boldsymbol{R}^d$,$\boldsymbol{y}_i\in\boldsymbol{R}^l$,即 d 个输入,l 维输出,假设隐含层节点个数为 q。输入层接收 d 个输入 x_1,x_2,$\cdots$,x_d;隐含层第 h 个节点的输入为 $\alpha_h=\sum\limits_{i=1}^d v_{ih}x_i$,其中 v_{ih} 为输入层第 i 个节点与隐含层第 h 个节点之间的权值;输出层第 j 个节点的输入为 $\beta_j=\sum\limits_{h=1}^q w_{hj}b_h$,其中 w_{hj} 为隐含层第 h 个节点与输出层第 j 个节点之间的权值。输出层和隐含层均为功能性神经元,其阈值分别为 θ_j 和 γ_h。

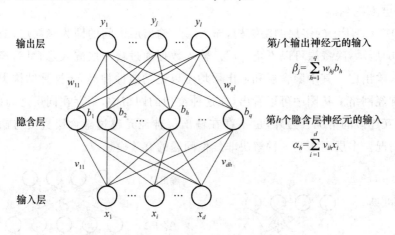

图 9-8　BP 神经网络示意图

对于 $(\boldsymbol{x}_k,\boldsymbol{y}_k)$,神经网络的输出为 $\hat{\boldsymbol{y}}_k=(\hat{y}_1^k,\hat{y}_2^k,\cdots,\hat{y}_l^k)$,即

$$\hat{y}_j^k=f(\beta_j-\theta_j) \tag{9-6}$$

则网络在 $(\boldsymbol{x}_k,\boldsymbol{y}_k)$ 上的均方差(损失函数)为

$$E_k=\frac{1}{2}\sum_{j=1}^l(\hat{y}_j^k-y_j^k)^2 \tag{9-7}$$

接下来介绍反向传播过程。在 BP 算法中,反向传播过程采取负方向梯度下降法更新权值。对于式(9-7)的损失函数的值 E_k,定义学习率 $\eta\in(0,1)$,可以得到权值更新:

$$\Delta w_{hj}=-\eta\frac{\partial E_k}{\partial w_{hj}} \tag{9-8}$$

其中,学习率控制了权值更新的步长,太大的学习率会导致权值改变值过大,引起振荡;过小的学习率会导致权值变化缓慢。

在正向传播的过程中,权值 w_{hj} 作用于输出层神经元的输入 $\beta_j=\sum\limits_{h=1}^q w_{hj}b_h$,输入值通过输出层神经元得到输出值 $\hat{y}_j^k$,最后根据输出值 $\hat{y}_j^k$ 和标准值 y_j^k 得到损失函数值 E_k,因此可以将式(9-8)展开为式(9-9),这种方法被称为链式规则[4]。

$$\frac{\partial E_k}{\partial w_{hj}}=\frac{\partial E_k}{\partial \hat{y}_j^k}\times\frac{\partial \hat{y}_j^k}{\partial \beta_j}\times\frac{\partial \beta_j}{\partial w_{hj}} \tag{9-9}$$

根据输入 β_j 的定义：

$$\frac{\partial \beta_j}{\partial w_{hj}} = b_h \tag{9-10}$$

根据激活函数 Sigmoid 函数的性质：

$$f'(x) = f(x)(1 - f(x)) \tag{9-11}$$

结合式（9-6）和式（9-7）有

$$
\begin{aligned}
g_j &= -\frac{\partial E_k}{\partial \hat{y}_j^k} \times \frac{\partial \hat{y}_j^k}{\partial \beta_j} \\
&= -(\hat{y}_j^k - y_j^k) f'(\beta_j - \theta_j) \\
&= \hat{y}_j^k (1 - \hat{y}_j^k)(y_j^k - \hat{y}_j^k)
\end{aligned} \tag{9-12}
$$

将式（9-10）和式（9-12）代入式（9-9），再代入式（9-8），就得到了 BP 算法中关于权值 w_{hj} 的更新公式

$$\Delta w_{hj} = \eta g_j b_h \tag{9-13}$$

类似可得其他权值和阈值的更新公式：

$$\Delta \theta_j = -\eta g_j \tag{9-14}$$

$$\Delta v_{ih} = \eta e_h x_i \tag{9-15}$$

$$\Delta \gamma_h = -\eta e_h \tag{9-16}$$

其中，式（9-13）、式（9-14）中输出层权值与阈值更新的学习率与式（9-15）、式（9-16）中隐含层权值与阈值更新的学习率不一定相等。式（9-15）与式（9-16）中的 e_h 为

$$
\begin{aligned}
e_h &= -\frac{\partial E_k}{\partial b_h} \times \frac{\partial b_h}{\partial \alpha_h} \\
&= -\sum_{j=1}^{l} \frac{\partial E_k}{\partial \beta_j} \times \frac{\partial \beta_j}{\partial b_h} f'(\alpha_h - \gamma_h) \\
&= \sum_{j=1}^{l} w_{hj} g_j f'(\alpha_h - \gamma_h) \\
&= b_h (1 - b_h) \sum_{j=1}^{l} w_{hj} g_j
\end{aligned} \tag{9-17}
$$

通过反复迭代训练最终使得训练集 D 上的累积误差达到最小[4]。

$$E = \frac{1}{m} \sum_{k=1}^{m} E_k \tag{9-18}$$

不同于单层网络，BP 网络能够模拟非线性函数，所以求解复杂问题的能力大大优于单层网络。前向计算和反向传播的训练过程使其拥有强大的学习能力，这种能力帮助 BP 网络不仅能够处理简单数据问题，也能处理经过噪声干扰后的数据问题。值得注意的是，在局部神经元和权值受损的情况下，BP 神经网络还能保持较好的性能[6]。

💡 局限性与改进

由于 BP 算法的良好性能与优势，国内外许多研究者都对其进行了研究，并将其应用于训练多层网络解决实际问题。然而，上述 BP 算法在实际应用中仍表现出一些局

限性[7]：

（1）BP 算法可以用来解决非线性问题，其通过反复迭代不断地修改权值和阈值，但这样很容易导致产生局部极小值，而不能获得全局最优；

（2）BP 算法使用梯度下降法更新权值和阈值，在式（9-12）中，$g_j = \hat{y}_j^k(1-\hat{y}_j^k)(y_j^k - \hat{y}_j^k)$，当输出值接近 0 或者 1 时，梯度值极小，进而导致式（9-13）中 $\Delta w_{hj} = \eta g_j b_h$ 的权值更新极小，算法收敛速度慢；

（3）解决实际问题时，隐含层的设计一般根据经验设定，缺乏详细理论指导，导致 BP 网络效果不一；

（4）训练 BP 网络需要大量训练样本，然而在解决实际问题时，选取大量合适的训练样本并不是件容易的事。

针对上述问题，国内外学者已经提出了许多解决办法，下面介绍其中的 3 种改进方法。

（1）增加动量项

标准 BP 算法在调整权值时，只考虑了本次迭代的误差作用，原来的梯度方向不会参与本次调整。这可能导致权值发生振荡，针对这种现象，我们可以考虑修改权值更新公式：

$$\Delta w_{h_j}(t) = \eta g_j(t) b_h(t) + \alpha \Delta w_{h_j}(t-1) \tag{9-19}$$

其中，$\alpha \in (0,1)$称为动量系数。新增的动量项表征了上一次调整的方向和大小，反映了以前积累的调整经验[1]。

（2）自适应调节学习率

在神经网络训练过程中，很难确定一个固定的、始终表现良好的学习率。在训练初期表现较好的学习率，不一定在训练后期同样有效。根据训练误差的不同表现需要引入不同大小的学习率。比如，在权值变化平坦时，可能需要增大学习率，加速收敛；在权值剧烈变化时，需要降低学习率，以免错过全局最优值[7]。针对上述特点，在实际训练网络时，可以根据需求变化自适应调整学习率。

（3）引入陡度因子

我们前面说过，训练到一定阶段时梯度可能变得很小导致权值变化缓慢。这是因为输出进入了激活函数的饱和区。所以我们可以采取措施使得输出退出饱和区。如图 9-9 所示，在原激活函数基础上加入了一个陡度因子 λ：

$$\hat{y}_j^k = \frac{1}{1+e^{-(\beta_j-\theta_j)/\lambda}} \tag{9-20}$$

当发现 ΔE 接近零而 $|\hat{y}_j^k - y_j^k|$ 仍较大时，说明已经进入饱和区。此时令 $\lambda > 1$，从图 9-9 可以看出，当 $\lambda > 1$ 时，在饱和区内函数曲线变得更为陡峭，此时函数输出值不再接近 1。但同时，在函数输入值接近 0 的区域内曲线变化也更为平坦，因此在输出值退出饱和区后应该恢复原来的激活函数[7]。

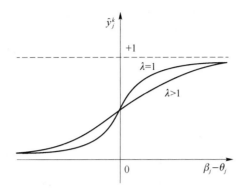

图 9-9　引入陡度因子前后激活函数的曲线

9.3.2　实现

1. 伪码

伪码给出了 BP 算法的实现过程，其中，第 2 行的停止条件可以是训练误差到达阈值或者迭代次数达到预设值。

误差逆传播算法

输入：训练集 $D=\{(\boldsymbol{x}_k,\boldsymbol{y}_k)\}_{k=1}^{m}$
　　　学习率 η
输出：BP 神经网络
过程：
　　设置权值和阈值的初始值为 $[0,1]$ 随机数
　　while（没有满足停止条件）
　　　for all $(\boldsymbol{x}_k,\boldsymbol{y}_k)\in D$ do
　　　　　根据 $\hat{y}_j^k=f(\beta_j-\theta_j)$ 前向计算得到输出 $\hat{y}_k$
　　　　　根据 $g_j=\hat{y}_j^k(1-\hat{y}_j^k)(y_j^k-\hat{y}_j^k)$ 计算 g_j
　　　　　根据 $e_h=b_h(1-b_h)\sum_{j=1}^{l}w_{hj}g_j$ 计算 e_h
　　　　　根据式(9-13)～式(9-16)更新权值 w_{hj}、v_{ih} 与阈值 θ_j、γ_h
　　　end for
　　end

2. MATLAB 工具箱介绍

利用 C 语言、Python、MATLAB 等都可以实现神经网络。MATLAB 强大的计算能力以及其自带的神经网络工具箱大大方便了科研人员的使用。科研人员不必去面对烦琐的编程,只需要调用相关设计和训练函数,就可以获得一个神经网络。下面介绍利用 MATLAB 实现神经网络的常用函数。

利用 newff 函数可以创建一个前馈网络,通过 net.trainParam.* 可以设置网络参数,如:

(1)net.trainParam.goal 表示训练的目标误差;

(2)net.trainParam.lr 表示设置学习率;

(3)net.trainParam.epochs 表示设置网络最大迭代次数。

设计网络后即可开始训练,Train 函数表示训练一个神经网络,Sim 函数表示使用网络进行仿真。结束训练后还可以使用各种 Plot 类型函数绘制有关曲线。表 9-2 列出了常用的训练函数和激活函数。此外,MATLAB 还提供了丰富的误差分析函数、学习函数等其他有关神经网络的函数[8]。函数及详细用法可以参考 MATLAB 帮助文档。

表 9-2　MATLAB 常用的训练函数和激活函数

训练函数	描述	激活函数	描述
Traingd	梯度下降法	Hardlim	硬限幅传递函数
Traingdm	增加动量项的梯度下降法	Purelin	线性传递函数
Traingda	自适应学习率梯度下降法	Logsig	对数 S 型传递函数
Traingdx	自适应学习率带动量梯度下降法	Tansig	正切 S 型传递函数

此外,还可以使用 GUI 界面创建神经网络,输入 nntool 命令即可打开 GUI 界面进行相关操作,如图 9-10 所示。

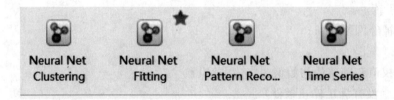

图 9-10　MATLAB 的 4 个神经网络工具

9.3.3　实例:车牌识别

1. 背景介绍

近年来,各种交通工具的类型和数量繁多,给交通管理带来了巨大的挑战。智能交通控制系统保证了汽车的数字化和智能化控制,提高了交通管理水平,确保了交通安全和管制,避免了交通堵塞,对交通管理的自动化发挥着重要作用,具有很大的实施可能性。其中机动车的车牌识别技术已经得到广泛使用[9]。

车牌识别技术的实现步骤:首先,是获取车牌图像,可以通过城市交通摄像头、停车场入口摄像头等将车辆拍下来。然而,实际道路上的各种情况(如光线、车辆速度、对焦不成功等)使得图像不清晰,所以需要通过图像预处理手段,有效提高车牌识别率;然后,得到更为清晰的图像信息后,通过车牌定位技术,利用图像腐蚀、图像膨胀、开闭运算、图像变换等手段找出车牌的位置并把车牌进行校正;最后,通过字符分割手段和字符归一化得到字符图像。上述手段均为数字图像处理技术。在本节中,我们重点关注车牌识别系统的最后一步,通过 BP 神经网络识别字符图像得到最后的识别结果[10]。

2. 特征选取

在设计神经网络时,首先要确定输入输出层神经元数量。输入层神经元数量应当与字符的特征数量密切相关,因此第一步是选取字符的有效特征[9]。

特征的选取很重要,选取有效特征需要参考以下条件:

(1) 有效区别各个字符;

(2) 受字形影响尽量小;

(3) 计算机易实现;

(4) 具有互补性、抗干扰性、高稳定性。

这里我们介绍几种常用的字符特征提取手段。

(1) 骨架特征提取法

该方法是人们对字符的抽象认识,将图像骨架提取为一个线条细化识别特征,该算法依赖于图像的精细质量,噪声干扰会影响图像的拓扑结构。现在此方法已经不常用,此方法适用于一些小型图像的提取。

(2) 统计特征提取法

该算法依次从左到右、从上到下扫描图像,分别得到列和行白色像素点数。最终结果就是该字符的特征向量。此算法实现起来简单快捷,同时减小了特征向量的维度。

(3) 13 特征提取法

此特征提取算法的优势是可识别高误差,特别是有偏移量、斜率的字符,并且具有较大的维数。它的过程主要是把字符分成 8 个部分,每个部分的黑色像素点可以看成特征值的一部分。

我国标准车牌中含有标识省份的汉字以及字母和数字。相对于字母和数字,汉字识别难度更高。本实例采用统计特征提取法。标准图像的上限或下限是通过将文字图像除以一个 $M \times N$ 网格来确定;从左到右,从上到下,按列和行扫描字符图像,计算各网格内的白色像素数,形成每个网格的特征,对应该字符的特征向量。如果提取的字符特征点很多,则需要增加 BP 网络节点的数量,训练的时间和识别率就会下降。因此,结合本实例,$M \times N$ 设置的参数为 10×5,总共 50 个特征点。

3. 网络设计

合理地设计网络与结构对于神经网络发挥作用极为重要。利用 BP 神经网络识别的过程如图 9-11 所示。

图 9-11　利用 BP 神经网络车牌识别流程

本实例主要研究车牌识别的最后一阶段字符识别,利用 MATLAB 自带的的神经网络工具箱,其目的是简化整个网络的训练。下面介绍具体实现过程。

为了提高车牌识别率,应当选择大量、类型丰富的训练样本。常用的汉字有 50 个左右,汉字样本选择 50 个;英文有 26 个字母,I 和 O 不使用,英文样本选择 50 个;数字样本选择 60 个。

(1) 层数

实际应用中,随着隐含层数量的增加,网络误差会相应减少,识别准确率会提高,但是相对地网络复杂性增加,进而导致训练时长增加。对于相对简单的问题,三层网络即单隐层网络足以满足需求,因此本实例设置网络层数为三层。

(2) 输入输出层

通过在网络上输入数据源来缓冲存储器,节点代表每个数据源,其数目取决于图像特性的大小。如果输入层当作分类器,m 个分类器就有 m 个神经元,取决于抽取图像特征的维度。字母和数字是 13 维,汉字是 33 维。因此车牌的第一位汉字字符的 BP 网络的识别有 33 个输入节点、53 个输出节点;车牌的第二位大写英文字母的 BP 网络识别具有 13 个输入节点、24 个输出节点;车牌的后五位数字和英文字母组合的 BP 网络识别具有 13 个输入节点、34 个输出节点[10]。

(3) 隐含层

对于相对简单的问题,三层网络即单隐层网络足以满足需求。如果层数增多,误差变小,但训练时间增加。本书采用的 BP 网络结构简单,隐层节点个数控制在 [8,30]。根据自身和实际情况,采用试凑法对节点的个数适当调整。隐含层节点数计算公式为

$$n = \sqrt{n_1 + n_0} + a \tag{9-21}$$

其中,n_1 和 n_0 为输入/输出层节点个数,a 为 9~10 间的常数。在实际使用过程中,可以逐个增加隐含层节点个数、测试误差率、最终确定节点数。隐含层有神经元 tansig.m 函数和线性 purelin.m 函数。

(4) 初始化权值

随机初始化网络权重和阈值。此外,默认隐含层激活函数为 tansig 函数,输出层激活函数为 purelin 函数。

(5) 学习率

在原理部分,我们已经了解到学习率的选取对于训练速度与结果会产生影响。当固定学习率时,为了避免网络发生振荡,一般选取较小的学习率,如 0.01~0.8 之间。此外,还可以采用上文提到的自适应的方法调节学习率,使用 MATLAB 自带的训练函数 Traingdx。

(6) 期望误差的选取

设计 BP 网络时,还需要设定期望误差作为最后系统结束迭代条件。设置网络的目标训练误差为 0.001。此外,为了避免网络始终达不到期望误差值,还应设置最大训练次数 epochs。

4. 网络训练与使用

一旦神经网络的算法设计完成,下一步就是大量训练样本。通过反向传播算法,不

断更新网络权值与阈值。相对于字母和数字,车牌第一位复杂的汉字的识别率可能低于车牌后几位。此外,照片的模糊程度以及车牌本身的磨损、污渍也会影响识别精度。(扫描封底二维码获取相关代码。)

9.4　习题与实例精讲

9.4.1　习题

【习题一】

试设计一个分类器,设定学习率为 1,权值全部初始化为 0。训练样本如下:

1 类:$\boldsymbol{X}^1=(0.8,0.5,0)^{\mathrm{T}}$,$\boldsymbol{X}^2=(0.9,0.7,0.3)^{\mathrm{T}}$,$\boldsymbol{X}^3=(1,0.8,0.5)^{\mathrm{T}}$

2 类:$\boldsymbol{X}^4=(0,0.2,0.3)^{\mathrm{T}}$,$\boldsymbol{X}^5=(0.2,0.1,1.3)^{\mathrm{T}}$,$\boldsymbol{X}^6=(0.2,0.7,0.8)^{\mathrm{T}}$

【习题二】

通过本章学习,根据自己的理解,简述 BP 神经网络的优点。

【习题三】

BP 网络存在哪些局限性,有什么改进措施?

【习题四】

为什么要引入非线性激活函数?

【习题五】

试推导 BP 算法中的更新式(9-14)、式(9-15)、式(9-16)。

9.4.2　案例实战

1. 音乐分类

⊙ 案例背景

随着社会的发展,人们越来越注重文化生活。其中,随着音乐文化的普及与发展,各种乐曲已经成为日常生活中(如商场店铺、电视节目等各个场景中)必不可少的元素。人们对于不同类型的音乐也有不同的喜好。本案例基于 BP 神经网络,对民歌、古典乐器、摇滚和流行 4 种不同类型的音乐进行识别分类[11]。

⊙ 解题思路

识别流程如图 9-12 所示。声音信号不是我们计算机可以直接识别的信号,所以应当先对原音乐信号进行采样,将模拟信号转化为数字信号。然后采用 Mel 频率倒谱系数法提取音乐样本的特征向量,提取出来的特征共有 24 维。

隐含层数设置为 1 层,这种简单的 3 层结构只要神经元数量合适,就可以解决大部分非线性问题,可以模拟数据曲线。输入层设计 24 个神经元,对应音乐信号提取特征的24 个维度[12];输出层使用 4 个神经元,对应 4 种类型的音乐。隐含层神经元个数初始化

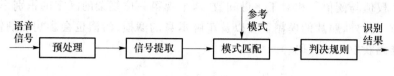

图 9-12 识别流程

设置为 25 个,但这并不一定是最佳神经元个数,在训练过程中应当逐个增加隐层神经元个数,不断试验得到较好的网络性能。这种方法的原理是在满足精度要求的前提下,采用尽可能紧凑的结构[13]。功能性节点的激活函数仍然选择 Sigmoid 函数,其余网络参数可在实际应用时根据经验设置与调整。(该案例代码可扫描封底二维码获取。)

2. 水果识别

💡 案例背景

水果及各种果类制品利用人眼进行分拣存在效率低、漏检率高的缺点。现在大多数工厂、企业已经实现了智能化水果分拣。由于机器识别不存在视觉疲劳、注意力不集中的问题,使用机器识别代替人眼识别大大地提高了工作效率和准确率。本案例基于 BP 神经网络设计一个水果识别系统,要求能识别图片中的香蕉、橘子、苹果。

💡 解题思路

首先通过网络下载或者实际拍摄的方式获取大量水果图片作为训练样本,图片内容可以是单个水果或者混合水果。与实例中的车牌识别类似,需要对图像进行处理。首先将彩色图像转换为灰度图像,对图像进行去噪和锐化处理,得到对比度更强的水果图像。然后对图像进行分割和边缘算子检测就可以得到水果区域[14]。

本案例利用 BP 神经网络进行水果识别。面对问题要求,首先应该确定能客观反映水果类型的因素。如图 9-13 所示,从面积、周长、弧度、颜色 4 个方面提取水果特征作为神经网络输入。采用 3 层 BP 神经网络,输出层设置为 3 个输出,对应识别结果为香蕉时输出[1, 0, 0],识别结果为苹果时输出[0, 1, 0],识别结果为橘子时输出[0, 0, 1]。隐含层节点数的确定依然没有明确的参考依据,通过试凑法观察实验结果得到最佳隐层节点数。功能性节点的激活函数仍然选择 Sigmoid 函数,其余网络参数可在实际应用时根据经验设置与调整[15]。(该案例代码可扫描封底二维码获取。)

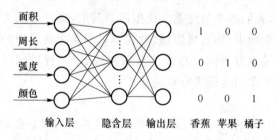

图 9-13 基于 BP 神经网络的水果识别

3. 跳高成绩预测

💡 案例背景

现代的竞技体育不仅是运动员个人身体素质的比拼,还是训练团队的比拼。先进的训练场地、器械,以及科学的训练方案能最大程度地提高运动员的比赛成绩。通过提取关联项目,有针对性地进行训练,形成力量、速度、耐力、灵敏和柔韧的平衡发展。本案例基于 BP 神经网络对运动员的跳高成绩进行预测。

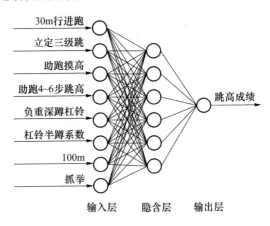

图 9-14　网络结构示意图

💡 解题思路

采用文献研究法、实地调研法得到影响运动员跳高成绩的各项相关指标。根据文献确定 8 项相关指标[16],如图 9-14 所示,进而确定 8 个输入神经元。训练样本可以通过网络搜集相关数据集[17]。各项输入参数应当进行归一化处理。输出层包含一个神经元,即输出最后的预测结果。隐层节点数的确定依然没有明确的参考依据。根据式(9-21),推测隐含层神经元个数为 4～13 较佳,采用试凑法根据实验结果确定最佳隐含层节点个数。其余网络参数可在实际应用时根据经验设置与调整。(该案例代码可扫描封底二维码获取。)

9.5　结 束 语

本章首先从生物神经元过渡到人工神经元,介绍了两种神经元模型和常用的激活函数;然后介绍了多层前馈型神经网络,重点学习了误差反向传播算法。BP 算法分为两个过程:净输入前向计算和误差反向传播。本章推导了使用梯度下降法的误差反向传播时权值的更新公式。针对标准 BP 算法的局限性,本章介绍了 3 种改进方法:增加动量项法、自适应学习率法和引入陡度因子法。本章最后引入了实例说明如何设计 BP 网络解决实际问题。

人工神经网络的研究已经经历了很长的历史,期间演化出了各种其他神经网络。BP 网络的学习为我们研究其他新兴网络提供了思路,我们依然可以从网络结构、学习算法等入手,进一步深入研究。前面我们介绍的 BP 网络是前馈型网络,在实际应用中,还存在另一种拓扑结构的网络——反馈神经网络。不同于前馈型网络,在反馈网络中输出层的输出可以经过一步时移反馈至输入层。常见的反馈型网络有 Hopfield 网络、

Boltzmann 机、Elman 网络等。

随着计算机处理能力的不断提高,深度学习拉开大幕,与此密切相关的就是深度神经网络(DNN)。卷积神经网络(CNN)是一种引入了卷积计算的网络,是深度学习的非常具有代表性的网络之一[18]。典型的卷积神经网络有 LeNet5、AlexNet、GoogLeNet、ResNet 等,这些 CNN 已经在图像理解方面取得了许多突破。

经过多年的探索,神经网络在理论和实践方面都得到了飞跃性地进展,但基于神经网络的研究与挑战还在继续!

9.6 阅 读 材 料

9.6.1 推荐书籍

(1)《神经网络设计》(Martin T. Hagan, Howard B. Demuth, Mark H. Beale 著)

此书前 6 章覆盖了后续章节所需的基本概念,由历史背景和简单的生物学内容引入了神经元模型和网络结构。通过一个说明性实例引出如何使用神经网络解决问题。同时此书还结合神经网络这一主题复习了一些线性代数的基本知识。此书第 7～18 章详细讨论了很多重要的神经网络结构和学习规则。同时每章最后都给出了所有关键概念的详细例题,帮助读者更好地理解。

(2)《神经网络与机器学习》(Simon Haykin 著)

此书前 4 章介绍了监督学习的一些经典方法,包括感知器、通过线性回归建立模型、最小均方算法以及多层感知器。第 5、6 章讨论了基于径向基函数的核方法。第 7 章介绍了机器学习的核心正则化理论。第 8～11 章讨论了非监督学习。此书最后讨论了非线性反馈系统,特别强调了递归神经网络。

(3) *Neural Networks and Deep Learning*(Michael Nielsen 著)

这是一本免费的在线书。读者可以在线获取资源,方便快捷地学习神经网络。同时这本书提供了小型神经网络库的完整代码。

9.6.2 推荐论文

(1) "Gradient-Based Learning Applied to Document Recognition"

这篇论文将卷积运算引入到了神经网络,提出了卷积神经网络 LeNet-5,并将其用于手写体字符识别。

(2) "ImageNet Classification with Deep Convolutional Neural Networks"

这篇文章提出了一种新的卷积神经网络 Alexnet,并且引入了 ReLU 作为激活函数。在图片分类的实践中取得了良好的性能。

本书的附录四给出了神经网络的重要协会、国际会议、期刊以及论坛。

本章参考文献

[1]　米歇尔. 机器学习[M]. 北京:机械工业出版社,2008:175.

[2]　哈根,戴葵. 神经网络设计[M]. 北京:机械工业出版社,2002:213.

[3]　Simon Haykin. 神经网络与机器学习[M]. 3 版. 北京:机械工业出版社,
2011:236.

[4]　周志华. 机器学习[M]. 北京:清华大学出版社,2016:97-115.

[5]　SuPhoebe. 神经网络之 BP 神经网络[EB/OL]. (2015-11-30)[2020-12-15].
https://blog. csdn. net/u013007900/article/details/50118945.

[6]　grimm_chen. BP 神经网络的优缺点介绍[EB/OL]. (2017-04-10)[2020-12-23].
https://blog. csdn. net/chengl920828/article/details/69946881/? utm _ term =
bp％E7％A5％9E％E7％BB％8F％E7％BD％91％E7％BB％9C％E6％A8％A1％
E5％9E％8B％ E4％ BC％ 98％ E7％ BC％ BA％ E7％ 82％ B9&utm _ medium =
distribute. pc _ aggpage _ search _ result. none-task-blog-2 ～ all ～ sobaiduweb ～
default-0-69946881&spm＝3001. 4430.

[7]　韩力群. 人工神经网络教程[M]. 北京:北京邮电大学出版社,2006:235-237.

[8]　张德丰. MATLAB 神经网络应用设计[M]. 北京:机械工业出版社,2009:146.

[9]　吴海雯. 基于 BP 算法的车牌识别与应用[D]. 扬州:扬州大学,2019.

[10]　施鹏程,彭华. 车牌识别系统的设计与实现[J]. 信息与电脑(理论版),2020,32
(16):102-104.

[11]　MATLAB 中文论坛. MATLAB 神经网络 30 个案例分析[M]. 北京:北京航空航
天大学出版社,2010:129.

[12]　尘封的记忆. 语音学习笔记——MATLAB R2015a 实现 BP 神经网络的嗓音识别
[EB/OL]. (2017-03-12)[2021-01-15]. https://blog. csdn. net/wxq _
wuxingquan/article/details/61644882? utm _ medium = distribute. pc _ relevant _
download. none-task-blog-2 ～ default ～ BlogCommendFromBaidu ～ default-2.
nonecase&dist_request_id = &depth_1-utm _ source = distribute. pc _ relevant _
download. none-task-blog-2 ～ default ～ BlogCommendFromBaidu ～ default-2.
nonecas.

[13]　兰嵩,黄珺. 基于 BP 神经网络的教学质量评价模型设计[J]. 机电技术,2020
(05):31-33,95.

[14]　陈源,张长江. 水果自动识别的 BP 神经网络方法[J]. 微型机与应用,2010,29
(22):40-43,48.

[15]　机械 TOP 的店. 基于 MATLAB 的 BP 神经网络的水果数字图像识别[EB/OL].
(2019-05-19)[2021-01-18]. https://wenku. baidu. com/view/
299193a066ec102de2bd960590c69ec3d4bbdb32. html.

[16] 陈发平,叶风玲. 世界优秀男子跳高运动员的各项身体素质指标与其运动成绩间的灰关联度分析[J]. 广州体育学院学报,2003,23(3):57-60.

[17] cys119. 数据预测之 BP 神经网络具体应用以及 MATLAB 代码[EB/OL]. (2019-02-26)[2021-01-20]. https://blog. csdn. net/cys119/article/details/87935099? utm_medium = distribute. pc_relevant_download. none-task-blog-baidujs-2. nonecase&depth_1-utm_source = distribute. pc_relevant_download. none-task-blog-baidujs-2. nonecase.

[18] 江永红. 深入浅出人工神经网络[M]. 北京:人民邮电出版社,2019:182-185.

第 10 章
强 化 学 习

10.1 概　　述

美国心理学家 Thorndike 在 1898 年发表的《动物智慧》一文中,提出了效果律(Law of Effect)[1],指出"在一定的情境下,动物得到满意结果的行为在该情境下出现的频率会上升;相应地,得到不满意结果的行为的再次出现概率会下降。动物将行为与产生的效果建立起联系,效果率的概念与进化论的概念十分相似,这也称为动物的试错学习,强化学习最初的萌芽来自巴甫洛夫的条件反射实验[2],该实验模仿了这种生物智能的学习方式。

1954 年 Minsky 首次将"强化"和"强化学习"的概念和术语写入科技文献[3]。强化学习突出决策要依据于环境,"试错"是核心机制。进一步解释为通过尝试不同的动作,感知环境反馈的评价,最终学会在特定情境下选择最合适的行为,这常被用于求解特定情境下的最优解问题。与监督学习不同,强化学习依据环境的强化信息反馈来评价产生动作的好与坏,且强化学习可以通过与环境交互来感知获得相应信息而不需要提前的信息预备。时间相关、依赖反馈、试错搜索和延期强化是强化学习的主要特点,且后两者是强化学习中最重要的两个特性。

随着强化学习的数学基础理论研究取得了突破性的成效,强化学习开始逐渐引起了关注,并结合人工智能、自动控制、经济学、统计学、信息论等领域开展了进一步的应用研究。如今,强化学习已取得了许多傲人的成绩,现已广泛应用于产品级应用、机器人、计算机视觉、计算机系统等各个领域。

10.2 目　　的

强化学习的目的就是让一个智能体在一个复杂且不确定的环境中,通过与外界的交互来对最优化问题进行求解。强化学习的实现过程为通过模拟试错过程,利用奖惩和试错机制,基于局部最优动作最终实现全局最优的决策。强化学习的应用需要先确定回报,而不需要规定智能体具体的行为,智能体通过试错学习,最终自己学会最佳的策略。

10.2.1 基本术语

强化学习的相关基本术语如表 10-1 所示。

表 10-1 强化学习的相关基本术语

术　语	解　释
智能体(Agent)	学习的主体,可以是机器人或其他做决策的主体。
状态(State)	环境的完整描述,它包含了智能体做出动作所需要的所有信息。
动作(Action)	指智能体所做的动作,这里指决策集合。
奖励(Reward)	指对于信号反馈的标量,智能体从环境中获得的反馈被称为奖励回报。
观测(Observation)	状态的部分描述,相比于完整的状态集,这里可能缺少一些信息。
动作空间(Action Space)	在给定环境中,所有合法动作的集合被称为动作空间。
策略(Policy)	策略是智能体采取动作的规则,它可以是确定性的,也可以是离散的。
值函数	值函数是奖励函数,指的是某个状态或某个状态动作对开始的期望反馈。
贝尔曼函数	贝尔曼函数动态规划数学最佳化方法能够达到最佳化的必要条件。
试错学习(Rrial-and-error Learing)	指的是动物在反复过程中完成学习,这里用于描述智能体通过各种行动的尝试,累计学习经验的过程。
马尔可夫决策过程	Markov 决策过程是决策理论规划、强化学习及随机域中的其他学习问题的一种直观和基本的构造模型。
探索	选择非最优动作,尝试收集更多的信息,寻找其他较优解。
开发	做出当前信息下的最佳决定。

10.2.2　思维导图

强化学习思维导图如图 10-1 所示。

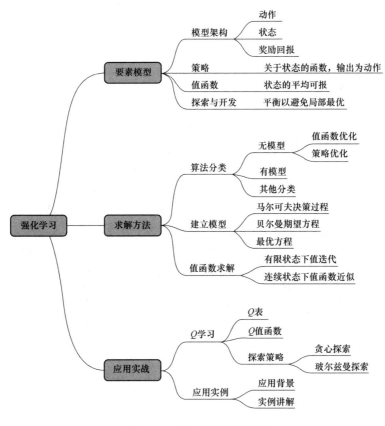

图 10-1　强化学习思维导图

10.3　强化学习理论

10.3.1　模型

强化学习的本质是为了解决如何进行决策的问题,即自动进行决策且可以实现连续决策。如图 10-2 所示,强化学习的基本模型主要包含以下几个元素:智能体、环境、状态、动作和回报。而获得最多的累计奖励是强化学习决策的目标。在学习的过程中,一开始没有任何标签时,强化学习会先尝试一些行为,这一过程被称为探索阶段。通过这些行为的不同反馈,算法会对行为进行不断调整,最终达到做出的行为可以得到最有效的结果,在这一过程中,智能体会去尝试过去经验中最有效的行为,该过程被称为开发。而强化学习就是通过不断地在探索和开发之间做权衡,最终达到最大回报的目标。

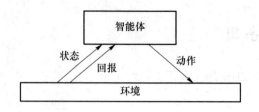

图 10-2 强化学习模型图

10.3.2 算法分类

强化学习的更新速度非常快,且涉及邻域广泛,对其进行准确、全面的分类是具有相当难度的工作。基于是否尝试去理解环境将强化学习分为免模型(Model-free)强化学习算法和基于模型(Model-based)强化学习算法。免模型强化学习算法不需要知道和计算环境模型,只能一步一步地等待环境的反馈,基于模型强化学习算法需要知道环境的模型,并基于模拟环境预判生成反馈。进一步,又将免模型强化学习算法分为策略优化(Policy Based)算法和值函数优化(Value Based)算法;将基于模型强化学习算法分为模型学习(Learn the Model)算法和给定模型(Given the Model)算法两大类。这是强化学习中最常见的分类方式,基于这种方式,常见的强化学习算法分类如图 10-3 所示[4]。

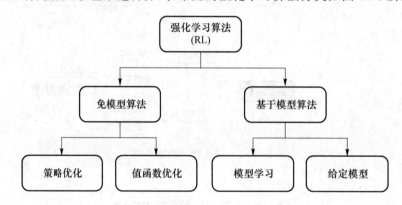

图 10-3 强化学习算法分类

除此之外,其他的分类方式还包含以下两种。

(1) 依据策略或值函数更新方式的不同,强化学习的更新方式分为蒙特卡罗更新(Monte-carlo Update)和时序差分更新(Temporal-difference Update)。蒙特卡罗更新:统计模拟方法,要求游戏结束或达到最大步数后根据不同样本的均值更新。时序差分更新:可以实现每步更新。

(2) 根据智能体是否直接与环境互动将强化学习分为在策略(On-Policy)和离策略(Off-Policy)。强化学习中,策略被分为行为策略和目标策略。

- 在策略:行为策略与目标策略相同。优势在于简单直接,缺点也很明显,易于陷入局部最优。
- 离策略:将目标策略与行为策略进行区分,避免了局部最优。

10.3.3　要素

通常,在不同的强化学习模型中,要素会有所差异,但如下 8 个要素是强化学习模型中最常见的。

(1) 状态:状态通常是算法的输入,它包含了智能体做出动作所需要的所有信息。所以可以说它需要满足的是马尔可夫性质:如果有了当前的状态,过去的状态都可以丢弃。但是实际在大多数场景下,状态很难做到马尔可夫性质,导致了算法无法收敛到最优。

(2) 动作:动作一般就是算法的输出。对于强化学习的智能体而言,它的目标就是给出在每个状态应该做出怎么样的动作。动作是智能体能够对环境产生影响的手段,一个任务的动作设置的最基本要求是能够对环境产生有效影响。

(3) 策略:策略定义了一个特定时刻智能体的行为方式。大概来讲,策略是一个从当前感知到的环境状态到该状态下采取的动作的一个映射。策略是整个强化学习的核心,因为在某种程度上策略本身已经足以决定智能体的行为。

(4) 回报信号:在单独的时间步中,智能体从环境中获得的反馈被称为回报,而我们知道,智能体的目标是在整个运行周期内达到回报总和最大化。进一步解释为回报定义了对于智能体来说什么是有利的,什么是不利的,因此可以理解为,回报信号定义了强化学习问题的目标。总体来说,回报是环境状态和选择动作的随机函数。

(5) 值函数:不同于瞬时回报,值函数刻画了在长期状态下对于某个状态或者行为的偏好。粗略来讲,一个状态的值是一个智能体从这个状态开始一直运行下去能够得到的期望回报总和。回报决定了对于环境状态瞬时的、固有的偏好,而值函数表明了状态长远的利好。这个利好不仅考虑了当前状态的回报,而且考虑了当前状态之后可能导致的状态,以及在这些状态能够获得的回报。

(6) 奖励衰减因子:衰减因子 γ 决定了未来奖励在学习过程中的重视程度。γ 取值在 0~1 之间。当 γ 趋近于 0 时,策略将短视地只考虑当前奖励;当 γ 趋近于 1 时,未来奖励不会受到衰减,与当前奖励地位相当。通常,γ 值要根据环境的随机性变化的程度具体取值,随机性越高,未来不确定性越大,γ 取值越小,反之 γ 取值越大。

(7) 环境模型:环境模型是强化学习的可选要素。环境模型类似于仿真器,模拟环境的行为。环境模型还可以将强化学习和动态规划等方法结合在一起。利用模型时,可以通过模型预测而无须真正等到实际的状态反馈。

(8) 探索率:探索率的设置是为了避免因选择当前最优动作而错过更优动作的情况,因而我们设置了一定的比率不选择当前最优动作来对其他较优动作进行探索。

10.3.4　求解方法

1. 值函数

在强化学习过程建模时,我们通常用 x 来表示状态,用 u 来表示智能体的动作,用 r_0

表示奖赏的反馈。在离散时间下,这些量都可以加入离散的时间索引下标,这里用符号 k 来表示。此外,迁移函数表示为 f,奖励函数表示为 p,策略表示为 h。我们从初始时间步 $k=0$ 开始,对于得到的奖励值进行累积,但是对于未来的奖励,考虑到不确定性,通过衰减因子(γ)进行衰减,这个过程表示如下:

$$\gamma^0 r_1 + \gamma^1 r_2 + \gamma^2 r_3 + \cdots \tag{10-1}$$

折扣因子 $\gamma \in [0,1)$ 引起指数加权,可以看作:考虑奖赏时,对控制器"远视"程度的度量。图 10-4 对其折扣回报的计算进行了进一步说明[5]。

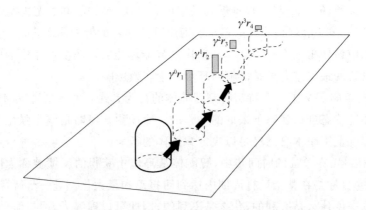

图 10-4　折扣回报示意图

这样一来,我们便得到了一个轨迹序列 $(x_0, u_0, x_1, u_1, \cdots)$,其中每个奖赏 r_{k+1} 是迁移 (x_k, u_k, x_{k+1}) 的结果。奖赏依赖于所遵循的状态动作轨迹,同时,状态动作轨迹依赖于所采取的策略。

从每个初始状态 x_0,可以很方便地计算出各自的回报。这就意味着,回报是关于初始状态的函数。值得注意的是,如果状态迁移是随机的,我们考虑的目标是:考虑从 x_0 开始的所有随机轨迹的回报公式如下,并使该回报的期望最大化。

$$x_0, u_0 = h(x_0), \quad x_1, u_1 = h(x_1), \quad x_2, u_2 = h(x_2), \cdots \tag{10-2}$$

因此,强化学习的核心挑战是如何找到一个解决方案:只利用描述立即性能的奖赏信息构造回报,通过回报优化长期性能。这样,求解强化学习的问题转化为寻找最优策略 h^* 的问题,即对每个初始状态,在策略 h^* 下,使式(10-2)的回报最大化。得到最优策略的方法之一是先计算最大回报,比如最大回报可以是所谓的最优 Q 值函数 Q^*,Q^* 中包含每个状态动作对 (x,u) 的回报,即第一步,在状态 x 中选取动作 u,从第二步开始,选择最优动作。

$$Q^*(x,u) = \gamma^0 r_1 + \gamma^1 r_2 + \gamma^2 r_3 + \cdots \tag{10-3}$$

其中,$x_0 = x$,$u_0 = u$,且对 $x_1, x_2, \cdots$ 采取最优动作。

如果迁移是随机的,通过式(10-3)右端,可以计算出所有随机轨迹的回报,最优 Q 值函数定义为这些回报的期望。使用合适强化学习算法可以得到最优 Q 值函数。那么对于每个状态 x,最优策略可以通过选择一个动作 $h^*(x)$ 得到,对于这个状态来说,$h^*(x)$ 就是使最优 Q 值函数最大的动作,即

$$h^*(x) \in \arg\max_u Q^*(x,u) \tag{10-4}$$

从最优策略 h^* 得到的过程可以看出,在 Q 值函数中,已经包含了从第二步开始的最优回报。在式(10-3)中,第一步选择的动作也是最大化回报的动作,因此,得到的整体回报也是最大的,这样可以得到最优 Q 值函数。

2. 基于值函数的最优策略求解

根据寻找最优策略时采取的方法不同,我们对于强化学习算法进行了如下分类:值迭代、策略迭代和策略搜索[6],具体描述如下,本节将重点介绍值迭代的过程。

- 值迭代算法简单直接,目标就是找到值函数最大值,然后选择该值函数作为当前状态的值函数循环执行该步骤,直到值函数收敛。
- 策略迭代算法从一个初始化的策略开始,构建值函数来对该策略进行评估,然后用该值函数对该策略进行改进。不断地进行策略的评估改进迭代,直到策略收敛。
- 策略搜索算法的出发点是利用策略梯度方法进行更新参数,是一种与模型无关的方法,通用性很高。但由于其无环境模型的内在属性,因而只能依靠不断试错,相对效率就要低很多。

在这 3 种强化学习算法中,根据训练数据来源的不同,每种算法都可以进一步分为离线算法和在线算法。在线强化学习算法通常不依赖于提前训练的数据集,而只依赖于交互学习过程中收集到的数据,因此,在事先难以获得数据或获取数据成本很高的情况下是非常有用的。大部分在线强化学习算法都采用增量方式工作。例如,在线增量式值迭代算法在每次收集样本数据后,都要更新其对最优值函数的估计。在未达到估计精度之前,根据这些最优值函数对最优策略进行估计,然后利用这个估计来收集新的数据[7]。

相比于离线强化学习算法,在线算法更具有挑战性,因为在线算法需要在信息收集的需求以及过程控制的需求间进行很好的平衡。但是需要注意的是,在线强化学习算法要达到最优解需要保证过程不再会随着时间变化而变化。当过程随时间缓慢变化时,就需要考虑这一因素并调整解决方案。

(1)有限状态下值迭代

我们将以 Q 学习为例介绍与模型无关的值迭代算法,并在 10.4 节中讨论在该类算法中应用最广泛的 Q 学习算法的具体应用。与模型无关的值迭代算法从任意初始 Q 值函数 Q_0 开始,利用观察到的状态迁移和奖赏,即使用形如 $(x_k, u_k, x_{k+1}, r_{k+1})$ 的数据元组来更新 Q 值函数,而不需要环境模型[8]。每次迁移后,使用数据元组 $(x_k, u_k, x_{k+1}, r_{k+1})$,并利用式(10-5)来更新 Q 值函数。

$$Q_{k+1}(x_k,u_k)=Q_k(x_k,u_k)+a_k[r_{k+1}+\gamma\max_{u'}Q_k(x_{k+1},u')-Q_k(x_k,u_k)] \tag{10-5}$$

其中,$a_k\in(0,1]$ 为学习率,等号右边的中括号中的部分被称为时间差分项,即 (x_k, u_k) 的最优 Q 值更新估计 $r_{k+1}+\gamma\max_{u'}Q_k(x_{k+1},u')$ 与当前估计 $Q_k(x_k,u_k)$ 之间的差值。在确定性情况下,新估计实际上是在状态动作对 (x_k,u_k) 上对 Q_k 的 Q 值迭代映射,这里用观察到的奖赏值 r_{k+1} 来代替 $\rho(x_k,u_k)$,用观察到的下一状态 x_{k+1} 来代替 $f(x_k,u_k)$。在随机性情况中,通过一个样本来替换原来的随机量。因此,Q 学习可以看成是以该映射为基础,基于样本的随机近似过程[9]。

该方法收敛条件限定在状态和动作空间为离散且为有穷,当状态迁移次数逐渐趋近于无穷时,Q 近似收敛到 Q^{*} [10]。

- $\sum_{k=0}^{\infty} a_k$ 的值为无穷大,而 $\sum_{k=0}^{\infty} a_k^2$ 为一个有穷值。
- 所有的状态-动作对能够(渐近地)被无限次访问到。

第一个条件不难满足。例如,式(10-6)即满足该条件。

$$a_k = \frac{1}{k} \tag{10-6}$$

如果控制器对于每个状态都能以非零概率选择所有动作,那么第二个条件就能得到满足。这就是“探索”。同时,为了获得更好的性能,控制器也必须利用当前掌握的知识。例如,在当前 Q 值函数中选择贪心动作。这是在线强化学习算法中,对探索和利用平衡的一个最有代表性的例证。

(2)连续状态下值函数近似

前面关于强化学习的分析,都是假定其状态空间是有限的,在此状态空间下的值函数可以用数组来表示,被称为有限状态的“表格值函数”(Tabular Value Function)。然而,现实场景中,强化学习任务的状态空间往往是连续的,这时状态空间以及其值函数不能再一一对应为“表格”的形式,我们需要对于无穷状态下强化学习的应用进行进一步分析。

基于之前的有限状态下的分析,很容易联想到将连续状态空间进行离散化,然后借用之前的离散化的方法来对实际的任务进行求解。但是状态空间的有效离散化成为巨大的难题,且在未探索时,如何对状态空间进行分析进一步将该想法扼杀在摇篮当中。

目前对于连续状态空间下的分析通常是直接在该空间下进行学习,将状态空间限定为 n 维的实数空间 $X = \mathbb{R}^n$,而之前的值函数要进一步修改为连续状态下的线性值函数。

$$\boldsymbol{V}_{\theta}(x) = \boldsymbol{\theta}^{\mathrm{T}} \boldsymbol{x} \tag{10-7}$$

此时状态用状态向量 $\boldsymbol{x}$ 表示,$\boldsymbol{\theta}$ 为参数向量。连续状态下值函数无法精确地记录每一个状态的值,我们只能不断逼近,使值函数趋于近似(Value Function Approximation)。并设置了误差度量来定值函数与真实值近似的程度。误差度量采用最小二乘误差并通过式(10-8)进行。

$$E_{\theta} = \mathbb{E}_{x \sim \pi} \left[(\boldsymbol{V}^{\pi}(x) - \boldsymbol{V}_{\theta}(x))^2 \right] \tag{10-8}$$

其中,$\mathbb{E}_{x \sim \pi}$ 表示由策略 π 采样而得的状态的期望。

为了使误差最小化,采用梯度下降法对误差求负导数:

$$-\frac{\partial E_{\theta}}{\partial \theta} = \mathbb{E}_{x \sim \pi} \left[2(\boldsymbol{V}^{\pi}(x) - \boldsymbol{V}_{\theta}(x)) \frac{\partial \boldsymbol{V}_{\theta}(x)}{\partial \theta} \right]$$

$$= \mathbb{E}_{x \sim \pi} \left[2(\boldsymbol{V}^{\pi}(x) - \boldsymbol{V}_{\theta}(x)) x \right] \tag{10-9}$$

于是可得到对于单个样本的更新规则。

我们并不知道策略的真实值函数 V^{π},但可借助时序差分学习,基于 $V^{\pi}(x)=r+\gamma V^{\pi}(x')$ 用当前估计的值函数代替真实值函数,即:

$$\theta = \theta + \alpha(r+\gamma V_{\theta}(x')-V_{\theta}(x))x$$
$$= \theta + \alpha(r+\gamma V^{\mathrm{T}}(x')-V^{\mathrm{T}}(x))x \qquad (10\text{-}10)$$

其中,x' 是下一时刻的状态。

10.4 *Q*-learning 算法及应用实例

Q 学习是最常用的强化学习算法之一。Q 学习[11]是由于其易于实施,直观和能有效地解决大量的问题而被广泛使用和广泛研究[12]。虽然 Q 学习最初是为单一代理域设计的,但它也已经在多代理设置中得到合理使用[13]。Q 学习算法与模型无关,属于强化学习中基于值函数的算法。Q 学习的优势在于运用了时间差分法,通常选择异策学习的方法。对于最优策略的求解与大多数强化学习算法一样,还是基于贝尔曼方程和马尔可夫过程。

10.4.1 *Q* 表

Q 即为 $Q(s,a)$,将某个时刻执行的动作与该动作预期的收益期望联系了起来,Q 学习中,会构建一张 Q 表,以表格的形式来储存 Q 值。后续的动作,都需要参考 Q 表的值来进行决策,这是 Q 强化学习的主要思想。Q 表是状态-动作与估计的未来奖励之间的映射表。Q 表的横纵坐标分别表示动作与状态,表中储存的数值为 Q 值。依据之前的介绍,$Q(s,a)$ 是对于在状态 s 下采取动作 a 的评估,从某种意义上,$Q(s,a)$ 决定了该动作的好与坏。动作的决策在基本的 Q 学习算法中,是选择 Q 值估计最大的动作,当存在多个相同值时,会在这些值中随机选取,重复上述过程,直到到达终点。

10.4.2 *Q* 值函数

在训练的过程中,Q 值函数包含了两个可以操作的因素。一个因素是学习率(Learning Rate)α,学习率规定了新 Q 值信息在 Q 值更新中的比重。学习率的选取取决于当前的问题。当学习率趋近于 0 时,表示新的信息将不会产生影响;当学习率趋近于 1 时,Q 的更新完全取决于新发现的信息。在实际中,学习率的设置可能需要调整,因为学习率会影响 Q 学习算法找到最优解所需的迁移样本的数量。另一个因素被称为折扣因子(Discount Factor)γ,它定义了未来奖励的重要性。贝尔曼方程的定义,即式(10-11):

$$\text{new } Q_{S,A} = (1-\alpha)Q_{S,A}+\alpha(R_{S,A}+\gamma^{*}\max Q'(s',a')) \qquad (10\text{-}11)$$

其中,$(1-\alpha)Q_{S,A}$ 是旧 Q 值在新 $Q_{S,A}$ 中的比重;$\alpha(R_{S,A}+\gamma^{*}\max Q'(s',a'))$ 为本次行动学习到的奖励,分为两个部分,行动本身带来的奖励以及未来潜在的奖励。

学习的最终目的是得到 Q 表,基本算法实现如 Q 学习基本算法伪码所示。根据前面的介绍,Q 表中 Q 值是在状态 s 下采取动作 a 的收益估计。Q 表更新的核心就是用下一状态的 Q 值来更新当前状态的 Q 值,这里利用到了统计学当中的自举(Bootstrapping)算法,在强化学习中,这被称为时序差分更新方法。

10.4.3 贪心探索

在 Q 学习中,经典的平衡探索和利用的方法是 ε 贪心探索[14],算法伪码如贪心探索的 Q 学习算法伪码所示。该方法根据以下方式选择动作:

$$a_k = \begin{cases} a \in \arg\max_{\bar{a}} Q_k(s_k, \bar{a}), & \text{以概率 } 1-\varepsilon_k \\ \text{在动作集中均匀随机地选择动作}, & \text{以概率 } \varepsilon_k \end{cases} \tag{10-12}$$

其中,$\varepsilon_k \in (0,1)$ 是在第 k 步的探索概率。另一种做法是采用 Boltzmann 探索[9],该方法在第 k 步选择动作 u 的概率为

$$P(a \mid s_k) = \frac{e^{Q_k(s_k,a)/\tau_k}}{\sum_a e^{Q_k(s_k,a)/\tau_k}} \tag{10-13}$$

其中,温度参数 $\tau_k \geq 0$ 控制探索的随机性。当 $\tau_k \to 0$ 时,式(10-13)等价于选择贪心动作;当 $\tau_k \to \infty$ 时,选择的动作是均匀随机的。如果参数 τ_k 是非零值,则选择高值动作的机会比选择低值动作的机会多。

通常探索会随着时间步的增加而减少,使得策略会逐渐变得贪心,因此(当 $Q_k \to Q^*$ 时)成为最优策略。这可以通过使 ε_k 或随着 τ_k 的增长而逐步趋向于 0 来实现。例如,在 ε 贪心方法中,取 $\varepsilon_k = 1/k$,随着 $k \to \infty$,ε_k 会逐渐减小到 0,同时仍然满足 Q 学习的第二个收敛条件,即允许无穷多次访问所有状态动作对。注意学习率设置〔式(10-6)〕与探索设置的相似之处。对于 Boltzmann 探索设置,温度参数 τ_k 逐步减少到 0,也满足收敛条件。同学习率设置一样,探索设置对 Q 学习性能也有着重要影响。

注意,以上算法不包括所有情况:除 Q 学习算法外,ε 贪心和 Boltzman 探索过程也可以应用到其他在线 RL 算法。算法也可以采用其他形式的探索。例如,策略可以倾向于采取最近没有访问过的那些动作,或者采取偏向访问状态空间较少访问到的区域的动作。值函数可以初始化为比真实回报大得多的值,即采用我们所说的"乐观面对不确定性"的方法[9]。因为对任何已采取的动作,相应的回报估计值都会被向下调整,所以选择贪心动作就会导致探索新动作。由于可以估计回报的置信区间,因此,可以选择具有最大上置信界限的动作,即选择最有可能获得高回报的动作。很多研究者也针对一些特定问题,研究了探索-利用的平衡问题,如具有线性迁移动态的问题,以及没有任何动态性的问题,其状态空间减少到只有一个元素。

10.4.4　实现伪码

Q-学习基本算法

输入: 环境 E

　　　动作空间

　　　起始状态 x_0

　　　奖赏折扣 γ

　　　更新步长 α

输出: 策略 π

过程:

$$Q(x,a)=0 \ , \pi(x,a)=\frac{1}{|A(x)|}$$

$x=x_0$

for $t=1,2,\cdots$ **do**

　　　$r,x'=$ 在 E 中执行动作 $\pi^{\epsilon}(x)$ 产生的奖赏与转移的状态

　　　$a'=\pi(x')$

　　　$Q(x,a)=Q(x,a)+\alpha(r+\gamma Q(x',a')-Q(x,a))$

　　　$\pi(x)=\arg\max_{a''}Q(x,a'')$

　　　$x=x' , a=a'$

end for

ε 贪心探索的 Q 学习算法

输入: 环境 E

　　　动作空间

　　　起始状态 x_0

　　　奖赏折扣 γ

　　　探索设置 $\{\epsilon_k\}_{k=1}^{\infty}$

　　　学习率设置 $\{\alpha_k\}_{k=1}^{\infty}$

输出: 策略 π

过程:

　　　初始化 Q 值函数, 如 $Q_0 \leftarrow 0$

　　　给出初始状态 $x=x_0$

　　　for $t=1,2,\cdots$ **do**

$$a_k = \begin{cases} u \in \arg\max\limits_{\overline{u}} Q_k(x_k, \overline{a}), & \text{以概率 } 1-\varepsilon_k \text{(利用)} \\ \text{在动作集中均匀随机地选择动作,} & \text{以概率 } \varepsilon_k \text{(探索)} \end{cases}$$

应用 a_k,观测下一状态 x_{k+1} 和奖赏值 r_{k+1}

$$Q_{k+1}(x_k, a_k) = Q_k(x_k, a_k) + \alpha_k(r_k + 1 + \gamma Q_k(x_{k+1} + 1, a') - Q(x_k, a_k))$$

end for

10.4.5 应用实例

1. 应用背景

强化学习与诸多学科(如计算机科学、数学、心理学、运筹学、工程等学科)有内在的联系,主要以数学、优化、统计为基础,为科学工程各个方面的应用提供了工具。强化学习近年来取得了突破性的进展,强化学习是一种通用的思路,应用邻域极广,比较熟悉的就是游戏 AI 和棋牌类竞技了。

2. 机器人离开房间

💡 问题描述

一个机器人位于一套房间中,各个房间的连通关系如图 10-5 所示。机器人的目标是走出房间,即到达房间外区域 5 即实现目标。先设定在一开始,机器人位于房间 2 中,目标是到达 5 号区域。现如何设计强化学习算法帮助机器人走出房间?

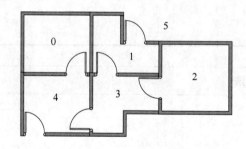

图 10-5 房间结构图

💡 模型建立

根据问题的描述,提炼出强化学习中的两个要素,即当前机器人位于房间的编号(状态)以及下一步要进入的房间,即将选择进入的房间号(动作)。模型可用马尔可夫模型构建,如图 10-6 所示。

图中,圆圈代表机器人当前所位于的房间,箭头则表示为机器人可以执行的动作。

💡 R 表

机器人的唯一目标就是到达 5 号房间,因而将能够到达 5 号房间的动作奖励设置为 100,其他动作奖励设置为 0。对于不能执行的动作奖赏值设置为 -1。此时 R 表设置如图 10-7 所示。

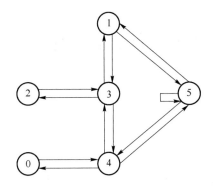

图 10-6　房间结构马尔可夫模型

$$R = \begin{array}{c} \\ \text{状态} \end{array} \begin{array}{c} \quad\quad\quad\quad \text{动作} \\ \begin{array}{cccccc} 0 & 1 & 2 & 3 & 4 & 5 \end{array} \\ \begin{array}{c} 0 \\ 1 \\ 2 \\ 3 \\ 4 \\ 5 \end{array} \left[\begin{array}{cccccc} -1 & -1 & -1 & -1 & 0 & -1 \\ -1 & -1 & -1 & 0 & -1 & 100 \\ -1 & -1 & -1 & 0 & -1 & -1 \\ -1 & 0 & 0 & -1 & 0 & -1 \\ 0 & -1 & -1 & 0 & -1 & 100 \\ -1 & 0 & -1 & -1 & 0 & 100 \end{array} \right] \end{array}$$

图 10-7　R 表

💡 Q 学习实现

首先,将 Q 表进行初始化,Q 表中所有值初始化为 0。

γ 为对未来奖励的衰减值。γ 趋近于 1 时,机器人对未来的奖励看重程度与当前奖励相同。利用最常用的 Q 学习更新公式作为 Q 表的更新法则,公式如下:

$$Q(s,a) = R(s,a) + \gamma^* \max Q'(s',a') \tag{10-14}$$

其中,s 表示状态,a 表示动作,$Q(s,a)$ 表示访问 Q 表中相应的位置,$R(s,a)$ 表示 R 表中的相应位置值,等号右边后半部分说明,该步选择时,会选择下一状态中 Q 值最大的,并更新 Q 表。在不断迭代更新后,最终拿到我们想要的 Q 表,如图 10-8 所示。

$$Q = \begin{array}{c} \\ \begin{array}{c} 0 \\ 1 \\ 2 \\ 3 \\ 4 \\ 5 \end{array} \end{array} \begin{array}{c} \begin{array}{cccccc} 0 & 1 & 2 & 3 & 4 & 5 \end{array} \\ \left[\begin{array}{cccccc} 0 & 0 & 0 & 0 & 80 & 0 \\ 0 & 0 & 0 & 64 & 0 & 100 \\ 0 & 0 & 0 & 64 & 0 & 0 \\ 0 & 80 & 51 & 0 & 80 & 0 \\ 64 & 0 & 0 & 64 & 0 & 100 \\ 0 & 80 & 0 & 0 & 80 & 100 \end{array} \right] \end{array}$$

图 10-8　Q 表

(扫描封底二维码获取相关代码。)

10.5 习题与实例精讲

10.5.1 习题

【习题一】

用于 k-摇臂赌博机的上置信界(UCB)方法每次选择 $Q(k)+\mathrm{UC}(k)$ 最大的摇臂,其中 $Q(k)$ 为摇臂 k 当前的平均奖赏,$\mathrm{UC}(k)$ 为置信区间。例如:

$$Q(k)+\sqrt{\frac{2\ln n}{n_k}} \tag{10-15}$$

其中,n 为已执行所有摇臂的总次数,n_k 为已执行摇臂 k 的次数。试比较 UCB 方法与 ε-贪心法和 Softmax 法的异同。

【习题二】

借鉴伪码,试写出基于 γ 折扣奖赏函数的策略评估算法。

输入:MDP 四元组 $E=<X,A,P,R>$
　　　被评估的策略 π
　　　累计奖赏参数 T
输出:状态值函数 V
过程:
　　$\forall x \in X; V(x)=0$
　　for $t=1,2,\cdots$ do
　　　　$\forall x \in X; V'(x) = \sum_{a \in A} \pi(x,a) \sum_{x' \in X} P_{x \to x'}^a \left(\frac{1}{t} R_{x \to x'}^a + \frac{t-1}{t} V(x') \right)$
　　　　if $t=T+1$ then
　　　　　　break
　　　　else
　　　　　　$V=V'$
　　　　end if
　　end for

【习题三】

借鉴伪码,试写出基于 γ 折扣奖赏函数的策略迭代算法。

输入：MDP 四元组 $E=<X,A,P,R>$
　　　累计奖赏参数 T
输出：状态值函数 V
过程：

$$\forall x \in X; V(x)=0, \pi(x,a)=\frac{1}{|A(x)|}$$

loop
　　for $t=1,2,\cdots$ do

$$\forall x \in X; V'(x) = \sum_{a \in A} \pi(x,a) \sum_{x' \in X} P^a_{x \to x'} \left(\frac{1}{t} R^a_{x \to x'} + \frac{t-1}{t} V(x') \right)$$

　　　　if $t=T+1$ then
　　　　　　break
　　　　else
　　　　　　$V=V'$
　　　　end if
　　end for
　　$\forall x \in X: \pi'(x) = \arg \max_{a \in A} Q(x,a)$
　　if $\forall x: \pi'(x)=\pi(x)$ then
　　　　break
　　else
　　　　$\pi=\pi'$
　　end if
end loop

【习题四】

在缺少马尔可夫决策过程模型时，可以通过感知学习马尔可夫决策过程模型，即模型学习类算法，然后再使用有模型强化学习算法。分析该方法与免模型方法各自的优缺点。

【习题五】

参考下列公式，推导出 Sarsa 方法的更新公式。

$$Q^\pi_{t+1}(x,a) = Q^\pi_t(x,a) + \alpha(R^a_{x \to x'} + \gamma Q^\pi_t(x',a') - Q^\pi_t(x,a)) \tag{10-16}$$

10.5.2　案例实战

1. 赌博摇臂机

💡 问题描述

以 5 个摇臂为例（如图 10-9 所示），1～5 号摇臂分别以 $0, 0.2, 0.4, 0.6, 0.8$ 的概率返回奖赏 1；以 $1, 0.8, 0.6, 0.4, 0.2$ 的概率返回奖赏 0。

形式:

(1)需要重复地对 k 个不同的选项或动作做出选择。

(2)在每一次选择后我们都会获得一个实数型的奖赏,该奖赏是从固定的概率分布中采样获得的,且该概率分布取决于所选择的动作。

(3)我们的目标是在一定的时期内,如 1 000 个动作选择或时步 time step 内,最大化期望的奖赏和。

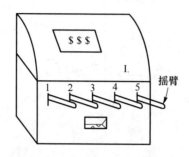

图 10-9　摇臂机示意图

💡 思路

• 探索与利用算法

仅探索:就是将每一个摇杆平等对待,将探索机会平均分配,随机挑选摇臂。

仅利用:择优选择的挑选摇臂,选择当前平均价值最高的摇臂。

尝试的次数有限,所以我们需要在探索和利用中权衡。

• ε-贪心算法

基于之前的分析,如果只选择当前最佳的动作,可能会导致错过其他较优解的可能。因而设置 ε,每次以 ε 的概率取探索,尝试发现其他较优解,1-ε 的概率选择利用,挑选价值较高的摇臂,相当于在探索与利用中进行了一定的平衡。(扫描封底二维码获取相关代码。)

ε 值一般选取一个较小值(通常为 0.1 或 0.01),主要还是进行利用。当然,ε 值也可以随着尝试次数的增加而减小。

• Softmax 算法

Softmax 根据 Boltzmann 分布进行抉择,Boltzmann 分布公式如下所示:

$$P(k) = \frac{e^{\frac{Q(k)}{\tau}}}{\sum_{i=1}^{k} e^{\frac{Q(i)}{\tau}}} \tag{10-17}$$

其中,τ 被称作"温度",τ 越小,则价值较高的摇臂有更大的可能被选择,当 τ 趋近于无穷时,此时方法就相似于仅探索了。

2. 移动机器人

💡 问题模型描述

如图 10-10 所示,这是一个二维的机器人移动问题,机器人的动作空间中只包含两个动作,向左或向右移动,但是每次只能移动一个格。机器人的所处位置被标号,状态空间包含 0～5 这 6 格区域,机器人目标就是从初始位置到达目的地。如初始位于 0,目的地为 5，当机器人在 0 向左走时，任务失败，到达 5 时，奖励 100。

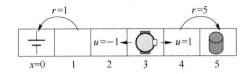

图 10-10　移动机器人运动示意图

💡 思路

其实核心思想就是构建 Q 学习算法的 Q 表，接着根据题目所示奖励构建 R 表，并依据机器人的动作与状态交互更新 Q 表，等系统趋于稳定时，问题的求解达到最优。（扫描封底二维码获取代码。）

3．王子救公主

💡 问题描述

假设有如下场景：下面是一幅 4×4 的地图，最左上角的格子记为 1 号，下面的为 2 号，依此类推，第二列则为 5～8 号……

一位王子需要从下面地图中的某个方格出发，前往城堡寻找公主，他可以有上、下、左、右 4 种移动方式；

公主在 16 号格子的位置（方格），如果找到公主，则可以得到 10 分的奖赏；

由于路途艰辛，王子每走一格就会损失 1 点体力（得到 -1 分的奖赏）；

竖线区域存在障碍物，不可到达；

深色区域存在怪兽，到达时损失 5 点体力（得到 -5 分的奖赏）；

横线区域存在补给，到达时不需损失体力（得到 0 分的奖赏）；

王子可以从 13 号格跳跃到 15 号格，并得到 5 分奖赏。

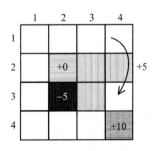

图 10-11　地图示意图

💡 思路

与例题二相似，当时构建网格时，动作状态增加为 4 个，上、下、左、右。边缘处 4 还需要设置无法移动的状态。然后依据这些条件进行 R 表构建，然后初始化 Q 表并对 Q 表进行更新。

💡 代码实现

下面的实现过程有以下改动：

将 5 个房间拓展为 16 个二维网格；

加入障碍、跳跃等元素；

仿照 MATLAB 工具箱，将奖赏矩阵 R 和可移动矩阵 T 分开定义，方便观察；

将一般的移动奖赏由 0 改为 -1，促使其少走弯路；

按照 ε 贪心法的思路，定义策略选择概率，在学习过程中实践，加快收敛速度。

（扫描封底二维码获取相关代码。）

10.6 结 束 语

本章由生物学原理引入了强化学习的核心思想，介绍了强化学习模型，介绍了强化学习通用的 3 种求解策略，且主要介绍了值迭代算法；剖析了强化学习的原理，讨论了值迭代算法不能直接应用于连续空间下的问题，并介绍了通过改进，将该算法应用到连续空间下的处理方法；并以值迭代策略中最常用的 Q 学习算法为例，讲解了 Q 学习的实例应用。

强化学习是一类学习、预测、决策的方法框架。强化学习从环境获取数据获得对环境的精确反应，训练数据易获得，且强化学习考虑序列问题，具有长远眼光，因而在众多邻域中被广泛应用。当然，强化学习目前也还存在短板，由于强化学习依赖过去的经验来对策略的优化，忽略了其他领域的有用信息，因而收敛速度慢。如何将强化学习与其他机器学习技术相结合是目前主要的研究方向。如何从理论上推论算法收敛与否，在更复杂的环境中发展强化学习的研究是强化学习进一步要攻克的难关。

10.7 阅 读 材 料

10.7.1 推荐书籍

（1）*Reinforcement Learning：An Introduction*（Richard S. Sutton 著）

此书由浅入深地介绍了强化学习，主体内容主要分成 3 个方面来阐述，分别是表格化方法、近似方法和强化学习前沿。其中，表格化方法相关内容较多，也介绍得更为详细。

（2）*Reinforcement Learning：State of the Art*（Marco Wiering，Martijn Van Otterlo 著）

此书是强化学习的经典书籍，书中提供了强化学习相关领域的最新研究文献，内容上可分为，部分可观察环境、分任务分解、关系知识表示和预测状态表示。此外，该书还回顾了以往的机器人、游戏、计算神经科学中的强化学习方法。

（3）*Algorithms for Reinforcement Learning*（Csaba Szepesvari 著）

此书十分短小精炼，书中没有进行过多的公式推理赘述，十分适合想要快速了解强化学习的读者。

10.7.2　推荐论文

（1）"A Comprehensive Survey of Multiagent Reinforcement Learning"

该论文主要介绍了多智能系统中强化学习应用的全方面的研究,多智能体学习目标是该论文研究的重点。该论文还介绍了多智能体强化学习的优点和挑战。

（2）"Reinforcement Learning in Robotics：A survey"

通过描述机器人研究于强化学习互相促进发展的关系引入关于机器人强化学习的研究。该文重点阐述了在基于模型和无模型以及基于价值功能和策略搜索方法之间的选择,并对强化学习未来研究潜力进行了描述。

本章参考文献

[1]　爱德华·李·桑代克. 动物智慧:动物联想过程的实验研究[D]. 美国:哥伦比亚大学,1898.

[2]　Windholz G. Pavlov vs. Köhler. Pavlov's little-known primate research[J]. Pavlovian Journal of Biological Science,1984,19(1):23.

[3]　山口,楠雄. Steps Toward Artificial Intelligence[J]. IPSJ Magazine,1961,02(10):25.

[4]　daydayjump. 深度强化学习（二）强化学习算法的分类[EB/OL]. (2019-06-17)[2021-02-16]. https://blog. csdn. net/daydayjump/article/details/92620460.

[5]　周志华. 机器学习[M]. 北京:清华大学出版社,2016:371-393.

[6]　卢西恩·布索尼. 基于函数逼近的强化学习与动态规划[M]. 北京:人民邮电出版社,2019:153.

[7]　王雪松,程玉虎. 机器学习理论、方法与应用[M]. 北京:科学出版社,2009:96.

[8]　Duryea E,Ganger M,Wei H. Exploring Deep Reinforcement Learning with Multi Q-Learning[J]. Intelligent Control & Automation,2016,07(4):129-144.

[9]　Dimitri P. Bertsekas,John N. Tsitsiklis. 概率导论[M]. 2 版. 北京:人民邮电出版社,2009:263.

[10]　Watkins C J C H. Learning From Delayed Rewards[D]. England：Ph. d. thesis Kings College University of Cambridge,1989.

[11]　Watkins C J C H,Dayan P. Technical Note：Q-Learning[J]. Machine Learning,1992,8(3-4):279-292.

[12]　Moll R,Barto A G,Perkins T J,et al. Learning instance-independent value functions to enhance local search[C]. Conference on Advances in Neural Information Processing Systems II. Massachusetts：MIT Press,1998:1017-1023.

[13]　Claus C, Boutilier C. The dynamics of reinforcement learning in cooperative multiagent systems [C]. Fifteenth National/tenth Conference on Artificial Intelligence/innovative Applications of Artificial Intelligence. U. S. A: American Association for Artificial Intelligence, 1998:746-752.

[14]　Sutton R, Barto A. Reinforcement Learning: An Introduction[M]. Massachusetts: MIT Press, 1998:109-238.

第11章

迁移学习

11.1 概　述

在现实生活中,人们经常使用先前学习过程中获得的知识帮助学习新任务,这些活动之间往往有着极高的相似性。例如,婴儿首先学习如何分辨自己的父母,然后利用这种分辨能力去学习如何分辨其他人[1]。再者,生活中常用的"举一反三""照猫画虎"等成语就很好地体现了迁移学习的思想。因此,迁移学习本质上是一种许多人类学习活动都遵循的学习形式。

在人工智能领域,迁移学习是一种利用数据、任务或模型之间的相似性,将在旧领域学习过的模型应用于新领域的学习过程。迁移学习根据学习方式可以分为 4 种:基于样本的迁移学习、基于模型的迁移学习、基于特征的迁移学习以及基于关系的迁移学习。

11.2 目　的

迁移学习的主要目的是从一个或多个应用场景中提取知识以帮助提高目标场景中的学习能力,侧重于将已经学习过的知识迁移应用于新问题中。

11.2.1 基本术语

迁移学习基本术语如表 11-1 所示。

表 11-1　迁移学习基本术语

术　语	解　释
领域	进行学习的主体,主要由两部分构成:数据和生成这些数据的概率分布。通常用 D 来表示领域,用 X 表示数据的特征空间,用 P 和 Q 来表示概率分布。

术 语	解 释
源领域	有知识、有大量数据标注的领域,是迁移的对象。
目标领域	最终要赋予知识、赋予标注的对象。
任务	学习的目标,主要由两部分组成:标签和标签对应的函数。通常用 Y 来表示类别空间,用 $f(\cdot)$ 来表示学习函数。
迁移学习	给定一个有标记的源域和一个无标记的目标域,这两个领域的数据分布不同。迁移学习的目的就是要借助源域的知识,来学习目标域的知识。
度量准则	描述源域和目标域的距离,用来衡量两个数据域的差异。
基于模型的迁移方法	将源域学习到的模型运用到目标域,根据目标域调整模型参数。
基于特征迁移	将源域和目标域特征变换到相同的空间(或者将其中之一映射到另一个的空间中)并最小化源域和目标域的距离来完成知识迁移。
基于样本迁移	根据一定的权重生成规则,对数据样本进行重用,以此来进行迁移学习。
基于关系的迁移学习方法	首先在源域中学习概念之间的关系,然后将其类比到目标域中来完成知识的迁移。

11.2.2　思维导图

迁移学习思维导图如图 11-1 所示。

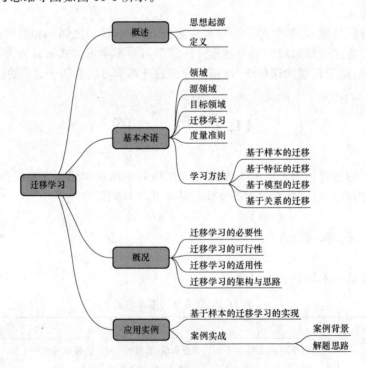

图 11-1　迁移学习思维导图

11.3 概　　况

迁移学习是一个新兴领域，其当前发展还处于"婴儿期"。此外，迁移学习的种类多种多样，本章所介绍的内容也只是冰山一角。如果读者有兴趣，可以阅读我们所推荐的书籍及论文。

11.3.1 迁移学习的必要性

随着机器学习的发展，人工智能领域出现了 4 种主要矛盾：大数据与少标注之间的矛盾、大数据与弱计算之间的矛盾、普适化模型与个性化需求之间的矛盾、普适化模型与个性化需求之间的矛盾，而迁移学习的引入正好解决以上矛盾。

表 11-2 对比描述了机器学习和迁移学习面对 4 种矛盾的举措[2]。

表 11-2　迁移学习的必要性

矛　盾	机器学习	迁移学习
大数据与少标注	增加人工标注，但是昂贵且耗时	数据的迁移标注
大数据与弱计算	只能依赖强大计算能力，但是受众少	模型迁移
普适化模型与个性化需求	通用模型无法满足个性化需求	模型自适应调整
特定应用	冷启动问题无法解决	数据迁移

11.3.2 迁移学习的可行性

关于迁移学习的可行性，在这里仅回答一个问题：为什么数据分布不同的两个领域之间可以进行知识迁移？或者说，到底达到怎样的误差范围才认为知识可以进行迁移？

加拿大滑铁卢大学 Ben-David 等人自 2007 年至今连续发表了 3 篇论文[3,4,5]对迁移学习的可行性进行理论探讨。这 3 篇论文已经成为迁移学习理论的经典文章。在文章中，作者将迁移学习称为"Learning from different domains"，主要回答了"在怎样的误差范围内，从不同领域进行学习是可行的"这一问题。下面介绍两个重要概念。

1. 学习误差

给定源域 D_s 和目标域 D_t，X 是定义在领域内的数据，H 为一个假设类。两个领域 D_s 和 D_t 之间的 H-divergence 被定义为：

$$\hat{d}_H(D_s, D_t) = 2 \sup_{\eta \in H} \left| x_{x \in D_s}[\eta(x)=1] - P_{x \in D_t}[\eta(x)=1] \right| \tag{11-1}$$

因此，H-divergence 依赖于假设类 H 来判别数据是来自 D_s 还是 D_t。对于一个对称假设类 H，可以通过如下的方式进行计算：

$$d_H(D_s, D_t) = 2 \left\{ 1 - \min_{\eta \in H} \left[\frac{1}{n_1} \sum_{i=1}^{n_1} I[\eta(x_i)=0] + \frac{1}{n_2} \sum_{i=1}^{n_2} I[\eta(x_i)=1] \right] \right\} \tag{11-2}$$

其中，$I[\alpha]$ 为指示函数，当 α 成立时其值为 1，否则其值为 0。

2. 目标领域的泛化界

假设 H 为一个具有 d 个 VC 维的假设类，则对于任意的 $\eta \in H$，下面的不等式有 $1-\delta$（对样本的选择）的概率成立：

$$R_{D_t}(\eta) \leqslant R_s(\eta) + \sqrt{\frac{4}{n}\left(d\log\frac{2en}{d} + \log\frac{4}{\delta}\right)} + \hat{d}_H(D_s, D_t) + 4\sqrt{\frac{4}{n}\left(d\log\frac{2n}{d} + \log\frac{4}{\delta}\right)} + \beta$$

(11-3)

其中，

$$\beta \geqslant \inf_{\hat{\eta} \in H}\left[R_{D_s}(\eta^*) + R_{D_t}(\eta^*)\right]$$

(11-4)

并且

$$R_s(\eta) = \frac{1}{n}\sum_{i=1}^{m} I[\eta(x_i) \neq y_i]$$

(11-5)

11.3.3 迁移学习的适用性

既然迁移学习是必要且可行的，那么在哪些情况下可以进行迁移学习？

首先，进行迁移学习的两个领域之间要存在相似性。其次，通过度量领域相似性来确定迁移学习是否适用。如果两个邻域间的度量距离太大，则不建议进行迁移学习；反之，迁移学习才是适用的[6]。

一句话总结：相似性是核心，度量准则是重要手段。

1. 领域相似性

迁移学习的核心是找到源领域和目标领域之间的相似性，并加以合理利用。这种相似性非常普遍。例如，在天气问题中，北半球的天气之所以相似，是因为它们的地理位置相似；而南北半球的天气之所以有差异，是因为地理位置不同。

2. 度量准则

找到源领域和目标领域之间的相似性后，下一步就是度量和利用领域相似性。度量工作的目标有两点：一是度量两个领域的相似性，并定量地给出相似程度；二是以度量为准则，通过所要采用的学习手段，增大两个领域之间的相似性，从而完成迁移学习。下面介绍两种常用的度量方法。

💡 **KL 散度与 JS 距离**

在迁移学习中，KL 散度和 JS 距离是被广泛应用的度量手段。

（1）KL 散度

KL 散度（Kullback-Leibler Divergence），又称为相对熵，用来衡量源域数据概率分布 $P(x)$ 和目标域数据概率分布 $Q(x)$ 的距离：

$$D_{KL}(P \parallel Q) = \sum_{i=1} P(x)\log\frac{P(x)}{Q(x)}$$

(11-6)

这是一个非对称距离：$D_{KL}(P\parallel Q) \neq D_{KL}(Q\parallel P)$。

（2）JS 距离

JS 距离（Jensen-Shannon Divergence）基于 KL 散度发展而来，是对称度量：

$$\mathrm{JSD}(P||Q) = \frac{1}{2}D_{\mathrm{KL}}(P||M) + \frac{1}{2}D_{\mathrm{KL}}(Q||M) \tag{11-7}$$

其中，$M = \frac{1}{2}(P+Q)$。

💡 最大均值差异

最大均值差异（Maximum Mean Discrepancy，MMD）是迁移学习中使用频率最高的度量。MMD 是一种核学习方法，用于度量再生希尔伯特空间中两个分布的距离。两个随机变量的 MMD 平方距离为

$$\mathrm{MMD}^2(X,Y) = |\sum_{i=1}^{n_i} \phi(x_i) - \sum_{j=1}^{m_i} \phi(y_j)|_H^2 \tag{11-8}$$

其中，$\phi(\cdot)$ 是映射，用于把原变量映射到再生核希尔伯特空间（Reproducing Kernel Hilbert Space，RKHS）中[7]。

现有的 MMD 基于单核变换，而多核 MDD（Multiple-kernel MMD，MK-MMD）假设最优的核可以由多个核线性组合得到[8]。

11.3.4　迁移学习的架构与思路

由于迁移学习的分类方式多种多样，这里只给出迁移学习的基本框架，如图 11-2 所示。

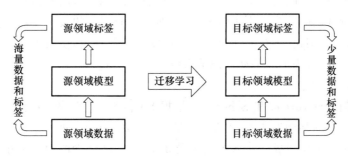

图 11-2　迁移学习的基本框架

11.4　基于样本的迁移学习的实现

以基于样本的迁移学习为例，介绍一种用于移动激光雷达数据分类的多类 TrAdaBoost 迁移学习算法。

11.4.1　问题描述

将最先进的深度学习方法应用于移动激光雷达数据分类的一个主要挑战是缺乏针

对不同对象类别的足够训练样本。基于预训练网络的迁移学习技术广泛应用于深度学习的图像分类中,但并不直接适用于点云,因为多个来源的大量样本训练的预训练网络是不可用的。为了解决这个问题,He 等人[9]结合 VoxNet(一个最先进的深度学习网络)设计了一个框架,并以 TrAdaBoost 算法为基础提出了一个扩展的多类 TrAdaBoost 算法。该算法可以用来自其他源数据集的互补训练样本来训练,以提高目标域的分类精度。

11.4.2　解决办法

这部分介绍了一种新的点云分类框架——基于 Voxnet 的多类 TrAdaBoost,分别使用 VoxNet 和 boosting 进行特征学习与迁移学习。首先,对源数据集和目标数据集进行数据预处理;然后,通过 VoxNet 网络从点段中提取特征;最后,使用一种新的多类 TrAdaBoost 算法进行迁移学习。

1. 数据预处理

多层螺旋扫描数据包括附加信息,如扫描线、扫描角度、回波数量和强度,但是此类信息可能不可用,因此建议框架仅基于 3D 点坐标。遵循基于片段的方法,首先从原始点云中提取代表潜在对象的 3D 点片段,然后通过应用分类方法来标记这些片段[10,11]。为了实现完整的分割,需要遵循 Golovinskiy 等人[12]提出的流水线。第一步,移除被识别为属于大水平面的接地点。第二步,应用连通分量分割将点分组为单个假设,以获得潜在对象的位置。由于研究问题的重点是提取与交通相关的对象,因此移除了地面建筑物和树冠。连通分量分割的性能取决于两个阈值,即一个分割中的最小点数和点之间的最大距离。第三步,为了细化,将对象连接到背景过度生长的分段,使用不同参数的应用连接组件分段两次。最后,为训练手动标记结果段。

2. VoxNet

VoxNet 是由 Maturana 和 Scherer[13]根据 ShapeNet 改编的,用于从激光雷达数据中检测着陆区。它的结构如图 11-3 所示。VoxNet 由输入层、两个卷积层、一个汇集层、一个全连接层和输出层组成。输入图层接受 $32 \times 32 \times 32$ 体素的固定大小网格。每个网格单元的值根据占用模式进行更新:1 表示已占用,否则为 0。卷积层接受四维输入,其中 3 个维度是空间的,第四个维度包含特征值。卷积层通过用每层中的 32 个滤波器卷积输入来创建新的特征值。汇集层以 $2 \times 2 \times 2$ 单位的大小对卷积层之后的输入进行下采样。完全连接层由 128 个输出神经元组成,作为汇集层所有输出的学习线性组合。在输出层,应用 ReLU 函数和 Softmax 非线性模型来生成概率输出,其中输出的数量对应于类标签 K 的数量。

3. TrAdaBoost

传统的机器学习做了一个基本假设:训练和测试数据应该在同一个分布下。然而,在许多情况下,这种同分布假设并不成立。当来自一个新域的任务到来,而只有来自一个相似旧域的标记数据时,这种假设可能会不成立。标记新数据的成本很高,扔掉所有旧数据也是一种浪费。因此,Dai 等人[14]提出了一个新的迁移学习框架,称为

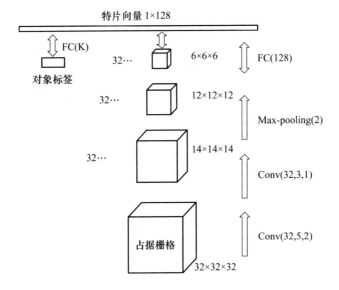

图 11-3　VoxNet 的体系结构

TrAdaBoost。TrAdaBoost 允许用户利用少量新标记的数据和旧数据为新数据构建高质量的分类模型。该方法不仅允许使用少量新数据和大量旧数据来学习准确的模型,而且允许知识从旧数据有效地转移到新数据。

为了使迁移学习成为可能,TrAdaBoost 在建立分类模型时使用与测试数据具有相同分布的部分标记训练数据。这些训练数据被称为同分布训练数据。同分布训练数据的数量通常不足以为测试数据训练一个好的分类器。训练数据可能由于已经过时,从而分布不同于测试数据,这种数据被称为差异分布训练数据。差异分布训练数据被认为是丰富的,但是从这些数据中学习的分类器由于不同的数据分布而不能很好地对测试数据进行分类。

假设 X_s 是同分布实例空间,X_d 是差异分布实例空间,$Y=\{0,1\}$ 是类别标签集。一个概念是从 X 到 Y 的布尔函数 c 映射,其中 $X=X_s\bigcup X_d$。测试数据集用 $S=\{(x_i^t)\}$ 表示,其中 $x_i^t\in X_s(i=1,\cdots,k)$。这里,$k$ 是未标记的测试集 S 的大小。训练数据集 $T\subseteq\{X\times Y\}$ 被分成两个标记数据集 T_d 和 T_s。T_d 表示差异分布训练数据,$T_d=\{(x_i^d,c(x_i^d)\}$,其中 $x_i^d\in X_d(i=1,\cdots,n)$。$T_s$ 代表与 $T_s=\{(x_j^s),c(x_j^s)\}$ 相同的分布训练数据,其中 $x_j^s\in X_s(j=1,\cdots,m)$。$n$ 和 m 分别是 T_d 和 T_s 的大小。$c(x)$ 返回数据实例 x 的标签。组合训练集 $T=\{(x_i,c(x_i))\}$ 定义如下:

$$x_i=\begin{cases}x_i^d, & i=1,\cdots,n\\ x_i^s, & i=n+1,\cdots,n+m\end{cases} \tag{11-9}$$

其中,T_d 对应的是来自旧领域的一些标记数据,应该尽可能地被重复使用。由于不知道 T_d 的哪一部分有用,所以从新域中标注少量数据称之为 T_s,然后利用 T_s 找出 T_d 的有用部分。试图解决的问题是:给定少量的标记同分布训练数据 T_s、许多不同分布训练数据 T_d 和一些未标记的测试数据 S,目标是训练一个分类器 $c:X\rightarrow Y$,使未标记数据集 S 上的预测误差最小。

TrAdaBoost 在 AdaBoost[15] 基础上进行了扩展。AdaBoost 也是一种迁移学习框架，旨在通过仔细调整训练实例的权重来提高弱学习者的准确性，并相应地学习分类器。然而，AdaBoost 类似于大多数传统的机器学习方法，假设训练和测试数据的分布是相同的。在对 AdaBoost 的扩展中，AdaBoost 仍然使用同分布训练数据，以构建模型的基础。但是，不同分布的训练实例可能会由于学习模型的分布变化而被错误地预测。因此，TrAdaBoost 添加了一个机制来降低这些实例的权重，以削弱它们的影响。

图 11-4 展示了 TrAdaBoost 算法的机制。

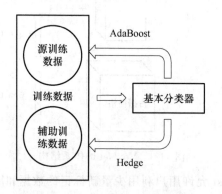

图 11-4　TrAdaBoost 算法的机制

4. 多类 TrAdaBoost

与一对多方法相比，多类 TrAdaBoost 算法具有较低的计算复杂度。TrAdaBoost 的关键思想是分别更新目标域和源域的样本权重。TrAdaBoost 的假设是错误预测的来自源域的实例是那些与目标数据分布最不相似的实例，而正确预测的实例与目标数据有更多的相似性。对于目标数据，TrAdaBoost 保持与 AdaBoost 相同的权重更新机制，但对于来自源域的训练数据，它通过应用固定的乘数为错误预测的实例分配较小的权重：

$$w_i^{t+1} = \begin{cases} w_i^t \cdot \beta^{I(h_t(x_i) \neq y(x_i))}, & 1 \leqslant i \leqslant m \\ w_i^t \cdot \beta_t \, I(h_t(x_i) \neq y(x_i)), & m+1 \leqslant i \leqslant m+n \end{cases} \tag{11-10}$$

其中，I 是指标函数，定义为：

$$I(h_t(x_i) \neq y(x_i)) = \begin{cases} 1, & h_t(x_i) \neq y(x_i) \\ 0, & h_t(x_i) = y(x_i) \end{cases} \tag{11-11}$$

其中，m 是源样本的数量，n 是目标样本的数量，w_i^t 是样本 i 在迭代 t 时的权重，x_i 是从训练好的 VoxNet 模型中提取的样本 i 的特征向量，$h_t(x_i)$ 表示预测标签，$y(x_i)$ 是地面真实标签。源样本的乘数定义为 $\beta = 1/(1 + \sqrt{2 \ln m/N})$，其中 N 为最大迭代次数。对于目标样本，乘数被定义为 $\beta_t = \varepsilon_t/(1 - \varepsilon_t)$，其中 ε_t 是 h_t 在迭代 t 时对所有目标样本的总误差。由于这些乘数被定义为二进制分类，其中最大总误差为 0.5，它们有效地增加了错误预测的目标样本的权重，并降低了错误预测的源样本的权重，同时保持正确预测的源样本和目标样本的权重不变。为了将这种权重更新机制扩展到多类 TrAdaBoost，采用 Hastie 等人[16]提出的 SAMME 前向阶段加法模型，该模型使用指数损失函数：

$$w_i^{t+1} = \begin{cases} w_i^t \cdot e^{-\frac{K-1}{K}\alpha_t}, & h_t(x_i) = y(x_i) \\ w_i^t \cdot e^{\frac{1}{K}\alpha_t}, & h_t(x_i) \neq y(x_i) \end{cases} \tag{11-12}$$

其中, α_t 是基于多类损失的权重更新参数, 定义为 $\alpha_t = \log(1-\varepsilon_t)/\varepsilon_t + \log(K-1)$, K 是类的数量, ε_t 是迭代 t 时所有样本上 h_t 的总误差。式(11-12)导致正确预测的源样本的权重快速下降。为了避免这种权重漂移效应, 采用 Al-Stouhi 和 Reddy[17] 提出的迁移学习自适应 Boosting 方法来保持整个源数据与整个目标数据的权重比不变。这是通过应用针对 K 类扩展的校正系数 C_t 来实现的:

$$C_t = K(1-\varepsilon_t) \cdot e^{-\frac{K-1}{K}\alpha_t} \tag{11-13}$$

其中, ε_t 是迭代 t 时所有目标样本 h_t 的总误差。通过结合式(11-12)中目标样本的权重乘数和式(11-10)中源样本的权重乘数, 并通过式(11-13)中的校正因子进行校正, 就获得了完整的权重更新机制, 如下所示:

$$w_i^{t+1} = \begin{cases} w_i^t \cdot K(1-\varepsilon_t) \cdot e^{-\frac{K-1}{K}\alpha_t}, & h_t(x_i) = y(x_i) & 1 \leqslant i \leqslant m \\ w_i^t \cdot K(1-\varepsilon_t) \cdot e^{\alpha} \cdot e^{-\frac{K-1}{K}\alpha_t}, & h_t(x_i) \neq y(x_i) & 1 \leqslant i \leqslant m \\ w_i^t \cdot e^{-\frac{K-1}{K}\alpha_t}, & h_t(x_i) = y(x_i) & m+1 \leqslant i \leqslant n+m \\ w_i^t \cdot e^{\frac{1}{K}\alpha_t}, & h_t(x_i) \neq y(x_i) & m+1 \leqslant i \leqslant n+m \end{cases} \tag{11-14}$$

其中, $\alpha = \log(1/(1+\sqrt{2 \ln m/N}))$ 和 $e^{\alpha} = \beta$。将式(11-14)中的 4 个等式除以 $e^{-\frac{K-1}{K}\alpha_t}$, 并使用指示函数 I, 这些等式可以进一步简化, 并以更紧凑的形式表示如下:

$$w_i^{t+1} = \begin{cases} w_i^t \cdot K(1-\varepsilon_t) \cdot e^{\alpha \cdot I(h_t(x_i) \neq y(x_i))}, & 1 \leqslant i \leqslant m \\ w_i^t \cdot e^{\alpha_t \cdot I(h_t(x_i) \neq y(x_i))}, & m+1 \leqslant i \leqslant n+m \end{cases} \tag{11-15}$$

该权重更新机制保持正确预测的目标样本的权重不变, 但根据 AdaBoost 在训练过程中更关注错误样本的原则, 增加了错误预测的目标样本的权重。然而, 相比于源数据, 错误预测的样本的权重显著降低。因为这些样本被识别为具有与目标样本不同的分布, 并且正确预测的源样本的权重略微降低, 使得与目标样本相比, 它们对训练的贡献较小。

理论上, 源域中的单个有用样本与目标域中的单个正确分类样本的权重比可能会有很大差异。虽然整个目标数据集和整个源数据集的相对权重比保持不变, 但是在每次迭代中, 源域中的正实例的权重调整比目标域中正确分类的样本的权重调整快 K 倍。经过几次迭代, 错误预测的目标样本将具有最大的权重, 其次是正确预测的源样本。正确预测的目标样本将具有较小的权重, 而错误预测的源样本将具有最小的权重。因此, 正确预测的源样本的权重会变得明显大于正确预测的目标样本的权重。原则上, 目标数据应该总是比源数据具有更大的权重。然而, 在实践中, 为了避免这种所谓的权重不平衡问题, 可以将式(11-14)中的校正因子 $K(1-\varepsilon_t)$ 设置为 $2(1-\varepsilon_t)$, 以减缓正确预测的源样本的权重增加速率。在这种设置下, 既可以避免负迁移学习, 同时又减缓对目标数据的权重漂移。

5. 迁移学习框架

移动激光雷达数据中目标识别的主要挑战是训练样本的限制。在迁移学习分类中, 利用互补数据集来提高分类性能。在这种情况下, 原始任务中可用的数据集被命名为目标数据集,与原始数据相关的补充数据集被命名为源数据集。为了从不同环境下的不同传感器收集的可用数据集中获益,同时最小化分布差异的负面影响,设计了一个框架来将源数据集合并到分类模型的训练中,如图 11-5 所示。数据集 B 是源域中的数据集。目标域中的数据集 C 被分成训练数据集 C1 和测试数据集 C2。迁移学习的两个主要步骤是 VoxNet 和 Multiclass TrAdaBoost。在 VoxNet 网络的训练中,目标域和源域中的样本被体素化为 $32 \times 32 \times 32$ 单元的网格,以实现相等的输入大小。然后,通过从训练的体素网模型中提取数据集 B 和 C1 的特征向量来训练多类体素网,多类 TrAdaBoost 算法调整从源域和目标域中提取的特征向量的权重。

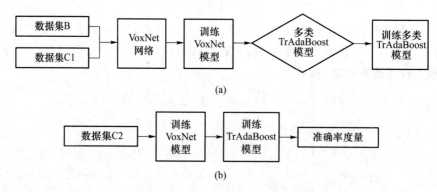

(a)

(b)

图 11-5 多类 TrAdaBoost 迁移学习框架

在训练阶段(a),使用来自源域和目标域(B+C1)的样本来训练体素网,并且所提取的特征向量被用于训练多类传统盲算法。在分类阶段(b),使用来自目标域(C2)的样本来评估训练的分类器。

6. 伪码

在多类 TrAdaBoost 算法中,基本分类学习器可以是任何简单的多类分类器。实验中采用决策树作为基础分类学习器。(扫描封底二维码获取相关代码。)

迁移学习

输入:用 m 个采样标记的源数据集 T_{src}

用 n 个采样标记的目标数据集 T_{tar}

未标记测试集 S,最大迭代次数 N

一个基础分类学习器

输出:如下假设

$$H(x) = \arg\max_k \sum_{t=1}^{N} \alpha_t \cdot I(h_t(x) = k)$$

过程:

初始化权值矩阵:$w^1 = (w_1^1, \cdots, w_{n+m}^1)$. 用户可以根据两个数据集的采样率自行指定初始值 w^1

for $t = 1, \cdots, N$

设置 $p^t = w^t / (\sum_{i=1}^{n+m} w_i^t)$.

使用组合训练集 $T_c = T_{src} \bigcup T_{tar}$ 调用学习器,组合训练集的权重由 p^t 和未标记测试集 S 确定,进而获得假设:$h_t : X \rightarrow Y$

计算目标数据集上的错误假设:

$$\varepsilon_t = \sum_{i=1}^{n} \frac{w_i^t \cdot I(h_t(x_i) \neq y(x_i))}{\sum_{i=1}^{n} w_i^t}$$

设置 $\alpha_t = \log(1 - \varepsilon_t) / \varepsilon_t + \log(K - 1)$,$\alpha = \log(1 / (1 + \sqrt{2\ln n / N}))$.

根据式(11-15)更新权值向量。

11.5 习题与实例精讲

11.5.1 习题

【习题一】

分析基于样本的迁移学习的特点,与其他方法的不同。

【习题二】

分析基于样本的迁移学习中负迁移产生的条件。

【习题三】

举例实现 MMD 度量,并写出详细过程。

【习题四】

提出针对 Finetune 的改进方法。

【习题五】

迁移学习和深度学习中的预训练有什么区别?

11.5.2 案例实战

1. 室内无线定位

💡 案例背景

在室内 WiFi 定位中,在大规模环境下校准一个定位模型是非常昂贵的。然而,无线信号强度可能是时间、设备或空间的函数,这取决于动态因素。为了减少重新校准的工作量,希望可以将在一个时间段(源域)中训练的定位模型调整为新的时间段(目标域),或者将在一个移动设备(源域)上训练的定位模型调整为新的移动设备(目标域)。然而,按时间收集或跨设备收集的 WiFi 数据的分布可能非常不同,因此需要域自适应[6]。

💡 解题思路

领域自适应中的一个主要计算问题是如何减小源和目标领域数据分布之间的差异。直观地说,发现跨领域的良好特征表示是至关重要的。一个好的特征表示应该能够尽可能地减少域间分布的差异,同时保留原始数据的重要(几何或统计)属性。

Pan 等人[18]通过一种新的学习方法——迁移分量分析(TCA)来找到这样一种表示,用于领域自适应。TCA 试图使用最大平均偏差在再生核希尔伯特空间中学习一些跨域的传递分量。在这些传递分量所跨越的子空间中,不同域中的数据分布彼此接近。因此,利用这个子空间中的新表示,可以应用标准的机器学习方法来训练源域中的分类器或回归模型,以便在目标域中使用。

TCA 算法精炼:

TCA 主要进行边缘分布自适应。通过整理化简,TCA 最终的求解目标是:

$$(\boldsymbol{XMX}^{\mathrm{T}}+\lambda\boldsymbol{I})\boldsymbol{A}=\boldsymbol{XHX}^{\mathrm{T}}\boldsymbol{A}\boldsymbol{\Phi} \tag{11-16}$$

上述表达式可以通过 MATLAB 自带的 eigs( )函数直接求解。$\boldsymbol{A}$ 就是要求解的变换矩阵。以下是需要明确的各个变量及含义。

- $\boldsymbol{X}$:由源域和目标域数据共同构成的数据矩阵。
- C:总的类别个数。
- $\boldsymbol{M}_c$:MMD 矩阵。当 $c=0$ 时为全 MMD 矩阵;当 $c>1$ 时对应为每个类别的矩阵。
- $\boldsymbol{I}$:单位矩阵。
- λ:平衡参数。
- $\boldsymbol{H}$:中心矩阵。
- $\boldsymbol{\Phi}$:拉格朗日因子。

2. 猫狗图像识别

💡 案例背景

猫狗大战是深度学习图像分类的经典案例之一。猫和狗在外观上的差别是很明显的,无论是体型、四肢,还是脸庞、毛发,都是能通过肉眼很容易区分的。那么如何利用迁移学习来实现猫狗图像识别呢?

💡 解题思路

深度网络的 Finetune 也许是最简单的深度网络迁移方法。Finetune 也叫微调,是深度学习中的一个重要概念。简而言之,Finetune 就是利用别人已经训练好的网络,针对自己的任务再进行调整。

之所以需要训练好的网络,是因为在实际的应用中,通常不会针对一个新任务,就去从头开始训练一个神经网络。这样的操作显然是非常耗时的。尤其是,一般的训练数据不可能像 ImageNet 那么大,可以训练出泛化能力足够强的深度神经网络。即使有如此之多的训练数据,从头开始训练,其代价也是不可承受的。

若训练一个猫狗图像二分类的神经网络,则具有参考价值的就是在 CIFAR-100 上训练好的神经网络。但是 CIFAR-100 有 100 个类别,我们只需要 2 个类别。此时,针对自己的任务,固定原始网络的相关层,修改网络的输出层,以使结果更符合需要。

3. 文本分类

💡 案例背景

由于文本数据有其领域特殊性,因此,在一个领域上训练的分类器,不能直接拿来作用到另一个领域上。例如,在电影评论文本数据集上训练好的分类器,不能直接用于图书评论的预测。这就需要进行迁移学习。

💡 解题思路

深度网络的 Finetune 虽然可以节省训练时间、提高学习精度,但是它无法处理训练数据和测试数据分布不同的情况。而这一现象在实际应用中比比皆是。Finetune 的基本假设是训练数据和测试数据服从相同的数据分布,而这在迁移学习中是不成立的。因此,需要更进一步针对深度网络开发出更好的方法使之更好地完成迁移学习任务。

Tzeng 等人[19]首先提出了一个 DDC(Deep Domain Confusion)方法解决深度网络的自适应问题。DDC 采用了在 ImageNet 数据集上训练好的 AlexNet 网络[20]进行自适应学习。

DDC 方法的框架如图 11-6 所示。DDC 架构优化了深层 CNN 的分类损失和域不变性。当有少量目标标签可用时,可以训练该模型用于监督自适应,或者当没有目标标签可用时,可以训练该模型用于无监督自适应。通过域混淆引导适配层深度和宽度的选择,引入域不变性,以及在微调期间直接最小化源和目标表示之间距离的附加域损失项。Tzeng 等人经过了多次实验,在不同的层进行了尝试,最终得出结论,在分类器前一层加入自适应可以达到最好的效果。通常来说,分类器前一层即特征,在特征上加入自适应,也正是迁移学习要完成的工作。DDC 固定了 AlexNet 的前 7 层,在第 8 层(分类器前一层)上加入了自适应的度量。自适应度量方法采用了被广泛使用的 MMD 准则。DDC 方法的损失函数表示为

$$l = l_c(D_s, y_s) + \lambda \text{MMD}^2(D_s, D_t) \tag{11-17}$$

其中,$l_c(D_s, y_s)$是分类损失函数,$\text{MMD}(D_s, D_t)$衡量了源域与目标域之间的距离。

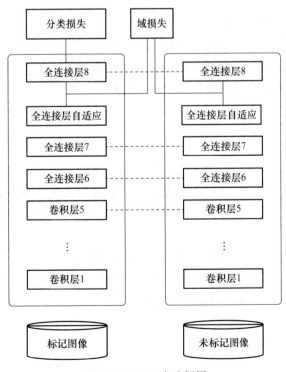

图 11-6　DDC 方法框图

11.6　结　束　语

随着机器学习领域的发展,神经网络设计变得愈加复杂,训练愈加费时。但是如果能运用已有的资源,站在巨人的肩膀上,这将会大大提高学习的效率。由此,迁移学习应运而生。

本章简明地介绍了迁移学习的定义、必要性、可行性、适用性及架构,并以基于样本的迁移学习为例介绍了迁移学习的实现过程。除此之外,我们还提供了迁移学习的相关案例,读者可以更加了解迁移学习的应用。

实际上,迁移学习并不局限应用于特定的领域。凡是满足迁移学习问题情景的应用,迁移学习都可以发挥作用。这些领域包括计算机视觉、文本分类、行为识别、自然语言处理、室内定位、视频监控、舆情分析、人机交互等。尤其是对于那些不易获取标注数据的领域,迁移学习将会发挥越来越重要的作用。

11.7　阅读材料

11.7.1　推荐书籍

《迁移学习简明手册》(王晋东著)

本手册是很好的迁移学习入门读物,可以帮助迁移学习领域的初学者快速入门并掌握基本方法,为自己的研究和应用工作打下良好基础。为了最大限度地方便初学者,还加有上手实践章节,直接分享实现代码和心得体会。

11.7.2　推荐论文

(1) "A Survey on Transfer Learning"

该论文的重点是对分类、回归和聚类问题的迁移学习进行分类,并且论证了迁移学习和其他机器学习技术的关系,如领域适应、多任务学习和样本选择偏差以及协变量偏移等。

(2) "A Survey of Multi-source Domain Adaptation"

该论文关注的是多源域适配问题,回顾了多源域自适应问题的一些理论结果和发展良好的算法,还讨论了一些有待进一步研究的问题。

本章参考文献

[1] 杨强,张宇,戴文渊,等.迁移学习[M].北京:机械工业出版社,2020:152.

[2] 汉无为.迁移学习简明手册[EB/OL].(2020-02-04)[2021-01-21].http://www.360doc.com/content/20/0204/00/99071_889550192.shtml.

[3] Ben-David S,Blitzer J,Crammer K,et al.A theory of learning from different domains[J].Machine learning,79(1-2):151-175.

[4] Bernhard Schölkopf,John Platt,Thomas Hofmann.Analysis of Representations for Domain Adaptation[C].Massachusetts:MIT Press,2007:137-144.

[5] Blitzer J,Crammer K,Kulesza A,et al.Learning Bounds for Domain Adaptation[C].New York:Curran Associates,Inc,2008:129-136.

[6] Pan S J,Yang Q.A Survey on Transfer Learning[J].IEEE Transactions on Knowledge and Data Engineering,2010,22(10):1345-1359.

[7] Borgwardt Karsten M,Gretton Arthur,Rasch Malte J,et al.Integrating structured biological data by Kernel Maximum Mean Discrepancy[C].Bioinformatics.England:Oxford University Press,2006:49-57.

[8] Gretton A,Sejdinovic D,Strathmann H,Balakrishnan S,Pontil M,Fukumizu K.Optimal kernel choice for large-scale two-sample tests[C].P Bartlett,F Pereira,C Burges,L Bottou,K Weinberger.Advances in Neural Information Processing Systems 25.San Francisco:Morgan Kaufmann,2012:1214-1222.

[9] He H,Khoshelham K,Fraser C.A multiclass TrAdaBoost transfer learning algorithm for the classification of mobile lidar data[J].ISPRS Journal of Photogrammetry and Remote Sensing,2020,166:118-127.

[10] He H,Khoshelham K,Fraser C.A two-step classification approach to distinguishing similar objects in mobile LiDAR point clouds[J].SPRS Annals of the Photogrammetry,Remote Sensing and Spatial Information Sciences,2017,IV-2(W4):67-74.

[11] Khoshelham K,Oude Elberink S,Xu S.Segment-Based Classification of Damaged Building Roofs in Aerial Laser Scanning Data[J].IEEE Geoscience & Remote Sensing Letters,2013,10(5):1258-1262.

[12] Golovinskiy A,Kim V.G,Funkhouser T.Shape-based recognition of 3D point clouds in urban environments[C].IEEE.2009 IEEE 12th International Conference on Computer Vision (ICCV).New York:IEEE,2009:2154-2161.

[13] Maturana D,Scherer S.3D Convolutional Neural Networks for Landing Zone Detection from LiDAR[C].IEEE.2015 IEEE International Conference on Robotic and Automation (ICRA).USA:IEEE Computer SOC,2015:3471-3478.

[14] Dai W，Qiang Y，Xue G，et al. Boosting for transfer learning[C]. New York：ACM Press，2007：193-200.

[15] Freund Y，Schapire R E. A desicion-theoretic generalization of on-line learning and an application to boosting[J]. Journal of Computer and System Sciences，1995，55：119-139.

[16] Zhu J，Arbor A，Hastie T. Multi-class AdaBoost[J]. Statistics & Its Interface，2006，2(3)：349-360.

[17] Al-Stouhi S，Reddy C. K. Adaptive boosting for transfer learning using dynamic updates[J]. Lecture Notes in Artificial Intelligence，2011，6911：60-75.

[18] Pan S J，Tsang I W，Kwok J T，Yang Q. Domain Adaptation via Transfer Component Analysis[J]. IEEE Transactions on Neural Networks，2011，22(2)：199-210.

[19] Tzeng E，Hoffman J，Zhang N，et al. Deep Domain Confusion：Maximizing for Domain Invariance[J]. Computer Science，2014.

[20] Krizhevsky A，Sutskever I，Hinton GE. ImageNet Classification with Deep Convolutional Neural Networks[J]. Communications of the ACM，2017，60(6)：84-90.

附　录　一

附表1给出了 TSP 问题的一些常用测试集。

附表1

测试集	使用场景
a280. tsp	Drilling problem (Ludwig)
berlin52. tsp	52 locations in Berlin (Germany) (Groetschel)
eil101. tsp	101-city problem (Christofides/Eilon)
eil51. tsp	51-city problem (Christofides/Eilon)
eil76. tsp	76-city problem (Christofides/Eilon)
gr137. tsp	America-Subproblem of 666-city TSP (Groetschel)
lin105. tsp	105-city problem (Subproblem of lin318)
bier127. tsp	127 beergardens in the Augsburg (Germany) area (Juenger/Reinelt)
ch130. tsp	130 city problem (Churritz)
ch150. tsp	150 city problem (Churritz)
d198. tsp	Drilling problem (Reinelt)
d493. tsp	Drilling problem (Reinelt)
d657. tsp	Drilling problem (Reinelt)
vm1084. tsp	1084-city problem (Reinelt)
usa13509. tsp	Cities with population at least 500 in the continental US (David Applegate and Andre Rohe)

附　录　二

　　我们在此附录中给出了经典的 CEC13 测试函数集,这些测试集被分为单模测试函数和多模测试函数,所有的测试套件可以从 http://www.ntu.edu.sg/home/EPNSugan/index_files/CEC2013/CEC2013.htm 下载。这些测试函数是最小化问题,可以定义为

$$\text{Min } f(x), \quad \boldsymbol{x}=[x_1,x_2,\cdots,x_D]^{\mathrm{T}}$$

其中:

D:表示问题的维度。

$\boldsymbol{o}=[o_1,o_2,\cdots,o_D]^{\mathrm{T}}$:转移的全局最优,随机分布在域$[-80,80]^D$中。

搜索范围:$[-100,100]^D$。

$\boldsymbol{M}_1,\boldsymbol{M}_2,\cdots,\boldsymbol{M}_{10}$:由标准正态分布项 Gram-Schmidt 标准正规化生成的正交(旋转)矩阵。

$\boldsymbol{\Lambda}^\alpha$:$D$ 维的对角矩阵,第 i 个对角元素为 $\lambda_{ii}=\alpha^{\frac{i-1}{2(D-1)}},i=1,2,\cdots,D$。

T_{asy}^β:如果 $x_i>0$,那么 $x_i=x_i^{1+\beta\frac{i-1}{D-1}\sqrt{x_i}},i=1,2,\cdots,D$。

T_{osz}:对于 $x_i=\text{sign}(x_i)\exp(\hat{x}_i+0.049(\sin(c_1\hat{x}_i)+\sin(c_2\hat{x}_i)))$, $i=1,2,\cdots,D$,

其中,

$$\hat{x}_i=\begin{cases} \log(|x_i|), & x_i\neq 0 \\ 0, & \text{其他} \end{cases}$$

$$\text{sign}(x_i)=\begin{cases} -1, & x_i<0 \\ 0, & x_i=0 \\ 1, & \text{其他} \end{cases}$$

$$c_1=\begin{cases} 10, & x_i>0 \\ 5.5, & \text{其他} \end{cases}$$

$$c_2=\begin{cases} 7.9, & x_i>0 \\ 3.1, & \text{其他} \end{cases}$$

　　附表 2 给出了一些单模测试函数。

附表 2

No.	函数名	函数表达式	最优值
F1	Sphere Function	$f_1(x) = \sum\limits_{i=1}^{D} z_i^2 - 1\,400, \quad z = x - o$	$-1\,400$
F2	Rotated High Conditioned Elliptic Function	$f_2(x) = \sum\limits_{i=1}^{D} (10^6)^{\frac{i-1}{D-1}} z_i^2 - 1\,300, \quad z = T_{osz}(\boldsymbol{M}_1(\boldsymbol{x} - \boldsymbol{o}))$	$-1\,300$
F3	Rotated Bent Cigar Function	$f_3(x) = z_1^2 + 10^6 \sum\limits_{i=2}^{D} z_i^2 - 1\,200, \quad z = \boldsymbol{M}_2 T_{asy}^{0.5}(\boldsymbol{M}_1(\boldsymbol{x} - \boldsymbol{o}))$	$-1\,200$
F4	Rotated Discus Function	$f_4(x) = 10^6 z_1^2 + \sum\limits_{i=2}^{D} z_i^2 - 1\,100, \quad z = T_{osz}(\boldsymbol{M}_1(\boldsymbol{x} - \boldsymbol{o}))$	$-1\,100$
F5	Different Powers Function	$f_5(x) = \sqrt{\sum\limits_{i=1}^{D} \lvert z_i \rvert^{2+4\frac{i-1}{D-1}}} - 1\,000, \quad z = x - o$	$-1\,000$

附表 3 给出了一些多模测试函数。

附表 3

No.	函数名	函数表达式	最优值
F6	Rotated Rosenbrock's Function	$f_6(x) = \sum\limits_{i=1}^{D-1} (100(z_i^2 - z_{i+1})^2 + (z_i - 1)^2) - 900$ $z = M_1\left(\dfrac{2.048(x-o)}{100}\right) + 1$	-900
F7	Rotated Schaffers F7 Function	$f_7(x) = (\dfrac{1}{D-1} \sum\limits_{i=1}^{D-1} (\sqrt{z_i} + \sqrt{z_i}\sin^2(50 I_i^{0.2})))^2 - 800$ $z_i = \sqrt{y_i^2 + y_{i+1}^2} \quad i = 1, \cdots, D, \quad y = \Lambda^{10} M_2 T_{asy}^{0.5}(M_1(x-o))$	-800
F8	Rotated Ackley's Function	$f_8(x) = -20\exp\left(-0.2\sqrt{\dfrac{1}{D}\sum\limits_{i=1}^{D} z_i^2}\right) -$ $\exp\left(\dfrac{1}{D}\sum\limits_{i=1}^{D}\cos(2\pi z_i)\right) + 20 + e - 700$ $z = \Lambda^{10} M_2 T_{asy}^{0.5}(M_1(x-o))$	-700
F9	Rotated Weierstrass Function	$f_9(x) = \sum\limits_{i=1}^{D}(\sum\limits_{k=0}^{kmax}[a^k\cos(2\pi b^k(z_i + 0.5))]) -$ $D\sum\limits_{k=0}^{kmax}[a^k\cos(2\pi b^k 0.5)] - 600$ $a = 0.5, b = 3, kmax = 20, z = \Lambda^{10} M_2 T_{asy}^{0.5}\left(M_1 \dfrac{0.5(x-o)}{100}\right)$	-600
F10	Rotated Griewank's Function	$f_{10}(x) = \sum\limits_{i=1}^{D} \dfrac{z_i^2}{4\,000} - \prod\limits_{i=1}^{D}\cos\left(\dfrac{z_i}{\sqrt{i}}\right) + 1 - 500,$ $z = \Lambda^{100} M_1 \dfrac{600(x-o)}{100}$	-500

No.	函数名	函数表达式	最优值
F11	Rastrigin's Function	$f_{11}(x) = \sum_{i=1}^{D}(z_i^2 - 10\cos(2\pi z_i) + 10) - 400$ $z = \Lambda^{10} T_{asy}^{0.2}\left(T_{osz}\left(\frac{5.12(x-o)}{100}\right)\right)$	-400
F12	Rotated Rastrigin's Function	$f_{12}(x) = \sum_{i=1}^{D}(z_i^2 - 10\cos(2\pi z_i) + 10) - 300$ $z = M_1 \Lambda^{10} M_2\, T_{asy}^{0.2}\left(T_{osz}\left(M_1 \frac{5.12(x-o)}{100}\right)\right)$	-300
F13	Non-Continuous Rotated Rastrigin's Function	$f_{13}(x) = \sum_{i=1}^{D}(z_i^2 - 10\cos(2\pi z_i) + 10) - 200$ $\hat{x} = M_1 \frac{5.12(x-o)}{100},$ $y_i = \begin{cases} \hat{x}_i, & |\hat{x}_i| \leqslant 0.5 \\ \text{round}(2\hat{x}_i)/2, & |\hat{x}_i| > 0.5 \end{cases} \quad i = 1,2,\cdots,D$ $z = M_1 \Lambda^{10} M_2 T_{asy}^{0.2}(T_{osz}(y))$	-200
F14	Schwefel's Function	$f_{14}(x) = 418.982\,9 \times D - \sum_{i=1}^{D} g(z_i) - 100$ $z = \Lambda^{10}(1\,000(x-o)/100) + 4.209\,687\,462\,275\,036e + 002$ $g(z_i) =$ $\begin{cases} z_i\sin(|z_i|^{1/2}) & |z_i| \leqslant 500 \\ (500 - \text{mod}(z_i,500))\sin(\sqrt{|500 - \text{mod}(z_i,500)|}) - \frac{(z_i-500)^2}{10\,000D} & z_i > 500 \\ (\text{mod}(|z_i|,500) - 500)\sin(\sqrt{|\text{mod}(|z_i|,500) - 500|}) - \frac{(z_i+500)^2}{10\,000D} & z_i < -500 \end{cases}$	-100
F15	Rotated Schwefel's Function	$f_{15}(x) = 418.982\,9 \times D - \sum_{i=1}^{D} g(z_i) + 100$ $z = \Lambda^{10} M_1(1\,000(x-o)/100) + 4.209\,687\,462\,275\,036e + 002$ $g(z_i) =$ $\begin{cases} z_i\sin(|z_i|^{1/2}) & |z_i| \leqslant 500 \\ (500 - \text{mod}(z_i,500))\sin(\sqrt{|500 - \text{mod}(z_i,500)|}) + \frac{(z_i-500)^2}{10\,000D} & z_i > 500 \\ (\text{mod}(|z_i|,500) - 500)\sin(\sqrt{|\text{mod}(|z_i|,500) - 500|}) + \frac{(z_i+500)^2}{10\,000D} & z_i < -500 \end{cases}$	100
F16	Rotated Katsuura Function	$f_{16}(x) = \frac{10}{D^2} \prod_{i=1}^{D}(1 + i\sum_{j=1}^{32}\frac{|2^j z_i - \text{round}(2^j z_i)|}{2^j})^{\frac{10}{D^{1.2}}} - \frac{10}{D^2} + 200$ $z = M_2 \Lambda^{100}(M_1 \frac{5(x-o)}{100})$	200

No.	函数名	函数表达式	最优值
F17	Lunacek Bi_Rastrigin Function	$f_{17}(x) = \min\left(\sum_{i=1}^{D}(\hat{x}_i - \mu_0)^2, dD + s\sum_{i=1}^{D}(\hat{x}_i - \mu_1)^2\right) +$ $10\left(D - \sum_{i=1}^{D}\cos(2\pi\hat{z}_i)\right) + 300$ $\mu_0 = 2.5, \mu_1 = -\sqrt{\dfrac{\mu_0^2 - d}{s}}, s = 1 - \dfrac{1}{2\sqrt{D+20} - 8.2}, d = 1$ $y = \dfrac{10(x-o)}{100}, \hat{x}_i = 2\,\text{sign}(x_i^*)y_i + \mu_0, \quad i = 1,2,\cdots,D$ $z = \Lambda^{100}(\hat{x} - \mu_0)$	300
F18	Rotated Lunacek Bi_Rastrigin Function	$f_{18}(x) = \min\left(\sum_{i=1}^{D}(\hat{x}_i - \mu_0)^2, dD + s\sum_{i=1}^{D}(\hat{x}_i - \mu_1)^2\right) +$ $10\left(D - \sum_{i=1}^{D}\cos(2\pi\hat{z}_i)\right) + 400$ $\mu_0 = 2.5, \mu_1 = -\sqrt{\dfrac{\mu_0^2 - d}{s}}, s = 1 - \dfrac{1}{2\sqrt{D+20} - 8.2}, d = 1$ $y = \dfrac{10(x-o)}{100}, \hat{x}_i = 2\,\text{sign}(y_i^*)y_i + \mu_0, \quad i = 1,2,\cdots,D,$ $z = M_2\Lambda^{100}(M_1(\hat{x} - \mu_0))$	400
F19	Expanded Griewank's plus Rosenbrock's Function	Basic Griewank's Function：$g_1(x) = \sum_{i=1}^{D}\dfrac{x_i^2}{4\,000} - \prod_{i=1}^{D}\cos\left(\dfrac{x_i}{\sqrt{i}}\right) + 1$ Basic Rosenbrock's Function：$g_2(x) = \sum_{i=1}^{D-1}(100(x_i^2 - x_{i+1})^2 + (x_i - 1)^2)$ $f_{19}(x) = g_1(g_2(z_1,z_2)) + g_1(g_2(z_2,z_3)) + \cdots + g_1(g_2(z_{D-1},z_D)) +$ $g_1(g_2(z_D,z_1)) + 500$ $z = M_1\left(\dfrac{5(x-o)}{100}\right) + 1$	500
F20	Expanded Scaffer's F6 Function	Scaffer's F6 Function：$g(x,y) = 0.5 + \dfrac{(\sin^2(\sqrt{x^2+y^2}) - 0.5)}{(1 + 0.001(x^2+y^2))^2}$ $f_{20}(x) = g(z_1,z_2) + g(z_2,z_3) + \cdots + g(z_{D-1},z_D) + g(z_D,z_1) + 600$ $z = M_2 T_{asy}^{0.5}(M_1(x-o))$	600

附表 4 给出了一些组合问题测试函数。

附表 4

No.	函数名	函数表达式	最优值
F21	10_Cliffy_Peaks_F1 function	The number of peaks：10； Height of Peaks：$H(k)_{k=1}^{10} = 200$； Steepness of Peaks：$W(k)_{k=1}^{10} = \{0.1, 0.5, 0.25, 0.25, 0.1, 0.5, 1, 2, 0.5, 0.3\}$；	200
F22	20_Cliffy_Peaks_F1 function	The number of peaks：20； Height of Peaks：$H(k)_{k=1}^{20} = 200$； Steepness of Peaks：$W(k)_{k=1}^{20} = \{1, 1, 1, 1, 1, 1, 1, 1, 1, 0.75, 1.5, 1, 1, 1, 2,$ $1, 1, 1, 0.75, 0.25\}$；	200

No.	函数名	函数表达式	最优值
F23	20_Smooth_Peaks_F1 function	The number of peaks：20； Height of Peaks：$H(k)_{k=1}^{20}=400$； Steepness of Peaks：$W(k)_{k=1}^{20}=0.10$；	400
F24	12_Smooth_Peaks_F1 function	The number of peaks：12； Height of Peaks：$H(k)_{k=1}^{12}=600$； Steepness of Peaks：$W(k)_{k=1}^{12}=0.05$；	600
F25	10_Cliffy_Peaks_F2 function	The number of peaks：10； Height of Peaks：$H(k)_{k=1}^{10}=200$； Steepness of Peaks：$W(k)_{k=1}^{10}=\{0.1,0.5,0.5,0.25,1,0.5,0.1,0.09,$ $0.5,0.3\}$；	200
F26	20_Cliffy_Peaks_F2 function	The number of peaks：20； Height of Peaks：$H(k)_{k=1}^{20}=200$； Steepness of Peaks： $W(k)_{k=1}^{10}=\{0.12,0.1,0.15,0.15,0.1,0.1,0.2,0.1,0.1,0.75\}$ $W(k)_{k=11}^{20}=\{0.15,0.1,0.1,0.1,0.2,0.1,0.1,0.1,0.1,0.25\}$；	200
F27	20_Smooth_Peaks_F2 function	The number of peaks：20； Height of Peaks：$H(k)_{k=1}^{20}=400$； Steepness of Peaks： $W(k)_{k=1}^{10}=\{0.05,0.1,0.1,0.1,0.1,0.1,0.05,0.1,0.1,0.1\}$ $W(k)_{k=11}^{20}=\{0.1,0.05,0.1,0.1,0.1,0.1,0.05,0.1,0.1,0.05\}$；	400
F28	12_Smooth_Peaks_F2 function	The number of peaks：12； Height of Peaks：$H(k)_{k=1}^{12}=600$； Steepness of Peaks： $W(k)_{k=1}^{6}=\{0.15,0.05,0.15,0.1,0.15,0.05\}$ $W(k)_{k=7}^{12}=\{0.15,0.15,0.15,0.15,0.1,0.15\}$；	600

Yu 等人提出了多最优解和单最优解多模态问题是 P 峰问题（P-Peaks Problems）。这些测试函数是最大化问题，定义为

$$f(x)=\text{Max}\{f_1(x),f_2(x),\cdots,f_m(x),\cdots f_M(x)\}, \quad x=[x_1,x_2,\cdots,x_D]^{\text{T}}$$

$$f_m(x)=H_m/(1+W_m\sqrt{\frac{\|x-\text{Peak}_m\|^2}{D}}), \quad m=1,2,\cdots,M$$

其中，M 为峰的数量，D 为维数。搜索范围为 $[-100,100]^D$。Peak_m 是 D 维向量，表示第 m 个峰的位置。H_m 是第 m 个峰的高度。此外，$H=\{H_1,H_2,\cdots,H_m,\cdots,H_M\}$ 为 M 维向量。W_m 是第 m 个峰的宽度，$W=\{W_1,W_2,\cdots,W_m,\cdots,W_M\}$。P 峰问题的更多细节在附表 5 和附表 6 中给出。

多最优解多模态问题见附表 5。

附表 5

No.	M	Optimal value	W
F21	10	200	$W=\{0.1,0.5,0.25,0.25,0.1,0.5,1,2,0.5,0.3\}$
F22	20	200	$W=\{1,1,1,1,1,1,1,1,0.75,1.5,1,1,1,2,1,1,1,0.75,0.25\}$
F23	20	400	$W=0.10$
F24	12	600	$W=0.05$
F25	10	200	$W=\{0.1,0.5,0.5,0.25,1,0.5,0.1,0.09,0.5,0.3\}$
F26	20	200	$W=\{0.12,0.1,0.15,0.15,0.1,0.1,0.2,0.1,0.1,0.75,0.15,0.1,0.1,0.1,0.2,$ $0.1,0.1,0.1,0.1,0.25\}$
F27	20	400	$W=\{0.05,0.10,0.10,0.10,0.10,0.10,0.05,0.10,0.10,0.10,0.10,0.05,0.10,$ $0.10,0.10,0.10,0.05,0.10,0.10,0.05\}$
F28	12	600	$W=\{0.15,0.05,0.15,0.10,0.15,0.05,0.15,0.15,0.15,0.15,0.10,0.15\}$

单最优解多模态问题见附表 6。

附表 6

No.	M	Function parameters	Optimal value	Second optimal value
F29	10	$H=\{200,190,170,180,185,150,180,174,181,140\}$ $W=\{0.1,0.1,0.15,0.15,0.1,0.15,0.1,0.1,0.15,0.13\}$	200	190
F30	20	$H=\{181,180,159,170,177,187,165,178,175,186,180,172,169,184,$ $175,180,170,200,190,180\}$ $W=0.10$	200	190
F31	20	$H=\{280,280,280,280,280,320,360,380,400,280,280,280,280,280,$ $280,280,280,280,280,280\}$ $W=0.10$	400	380
F32	12	$H=\{600,420,540,420,420,480,480,300,420,420,360,420\}$ $W=0.05$	600	540
F33	10	$H=\{159,176,165,175,200,180,150,160,158,170\}$ $W=\{0.1,0.05,0.05,0.15,0.1,0.05,0.1,0.12,0.05,0.13\}$	200	180
F34	20	$H=\{170,165,140,150,155,149,137,128,150,165,200,151,136,140,$ $150,153,162,167,144,156\}$ $W=0.10$	200	170
F35	20	$H=\{280,280,280,280,280,320,340,340,400,280,280,280,280,280,$ $240,280,280,280,280,280\}$ $W=0.10$	400	340
F36	12	$H=\{420,420,510,420,420,480,420,480,600,420,420,510\}$ $W=\{0.05,0.05,0.05,0.05,0.05,0.05,0.05,0.10,0.05,0.05,0.05,$ $0.05\}$	600	510

附 录 三

机器学习相关期刊和会议见附表 7。

附表 7

序　号	简　称	全　称	领　域
		国际期刊	
1	JMLR	Journal of Machine Learning Research	机器学习
2	MLJ	Machine Learning Journal	机器学习
3	AIJ	Artificial Intelligence Journal	人工智能
4	PR	Pattern Recognition	模式识别
5	PRL	Pattern Recognition Letters	模式识别
6	TPAMI	IEEE Trans on Pattern Analysis and Machine Intelligence	模式识别
7	IJCA	International Journal of Computer Vision	计算机视觉
8	AIM	Artificial Intelligence in Medicine	人工智能
		国际会议	
1	ICML	International Conference on Machine Learning	机器学习
2	NIPS	Annual Conference on Neural Information Processing System	机器学习
3	IJCAI	International Joint Conference on Artificial Intelligence	人工智能
4	AAAI	AAAI conference on Artificial Intelligence	人工智能
5	UAI	International Conference on Uncertainty in Artificial Intelligence	人工智能
6	ECML	European Conference on Machine Learning	机器学习
7	ECAI	European Conference on Artificial Intelligence	人工智能
8	ICTAI	IEEE International Conference on Tools with Artificial Intelligence	人工智能
9	ICPR	International Conference on Pattern Recognition	模式识别
10	PRICAI	Pacific—Rim International Conference on Artificial Intelligence	人工智能

机器学习的一些公开数据集见附表 8。

附表 8

序 号	数据集	类型	样本数
1	PubFig	人脸识别	200
2	CelebA	人脸识别	202 599
3	Colorferet	人脸识别	10 000＋
4	MTFL	人脸识别	13 000
5	BioID	人脸识别	1 521
6	LFW	人脸识别	13 000
7	CMVUASC	人脸识别	40 000
8	CASIA	人脸识别	2 500
9	CNBC	人脸识别	200
10	IMDB－WIKI	人脸识别	460 723
11	FDDB	人脸识别	5 171
12	Caltech	人脸识别	10 524
13	JAFFE	人脸识别	213
14	MNIST	图像分类	60 000
15	Animals	图像分类	3 000
16	CIFAR	图像分类	60 000
17	SMILES	图像分类	13 165
18	Kaggle	图像分类	25 000
19	Flowers	图像分类	1 360
20	Tiny ImageNet	图像分类	200
21	Adience	图像分类	26 580
22	ILSVRC	图像分类	1 200 000
23	Standard Cars	图像分类	16 185
24	CTW data	字符识别	32 285
25	USPS	字符识别	1 800
26	MNIST	字符识别	2 000
27	Amazon Reviews Dataset	文本分类	
28	Enron Email Dataset	文本分类	500 000
29	Goodreads Book Reviews	文本分类	1 561 465
30	IMDB	文本分类	25 000
31	MovieLens	文本分类	27 000 000
32	OpinRank	文本分类	259 000
33	SMS Spam Collection	文本分类	5 574
34	The Blog Authorship Corpus	文本分类	681 288
35	WordNet	文本分类	117 000
36	Yelp	文本分类	

附 录 四

附表 9 列出了神经网络的重要协会。

附表 9

重要协会	简　介
国际神经网络协会 International Neural Network Society (INNS)	国际神经网络协会(INNS)是一个首屈一指的组织,专门针对对大脑的理论和计算理解感兴趣的个人,并将这些知识应用于开发新的、更有效的机器智能形式。INNS 的目标是更好地理解人类的大脑/大脑,并创造出更强大的大脑/受思维启发的智能机器,以解决 21 世纪社会面临的复杂问题。http://www.inns.org/
欧洲神经网络学会 European Neural Network Society (ENNS)	欧洲神经网络协会(ENNS)是一个由科学家、工程师、学生和其他人组成的协会,他们致力于学习和促进我们对行为和大脑过程建模的理解,开发神经算法,并将神经建模概念应用于许多不同领域的相关问题。http://www.snn.kun.nl/enns/
亚太神经网络学会 Asia－Pacific Neural Network Society (APNNS)	前身,亚太神经网络大会(APNNA)于 1993 年在名古屋 IJCNN93 之后在 Shunichi Amari 教授的领导下成立。APNNA 的任务是促进在亚太地区从事神经网络和相关领域工作的研究人员、科学家和行业专业人员之间的积极互动。年度会议是国际神经信息处理会议(ICONIP)。2014 年,亚太核方案决定从一个大会转向一个以成员为基础的社会,即亚太网络。亚太国家网络于 2015 年 11 月正式成立。https://www.apnns.org/
日本神经网络学会 Japanese Neural Network Society (JNNS)	http://www.jnns.org
中国神经网络委员会 China Neural Networks Council (CNNC)	中国神经网络委员会创建于 1990 年,当时国际上神经网络学术研究迅猛发展。由中国电子学会、中国计算机学会、中国自动化学会、中国人工智能学会、中国生物物理学会和中国心理学会等 15 个国家一级学会成立了中国神经网络委员会联合体。挂靠在中国电子学会。

附表 10 列出了神经网路的主要国际学术会议。

附表 10

主要国际学术会议	简　　介
国际神经信息处理系统会议 Conference and Workshop on Neural Information Processing Systems（NIPS）	NIPS 是一个关于机器学习和计算神经科学的国际会议。该会议固定在每年的 12 月举行，由 NIPS 基金会主办。NIPS 是机器学习领域的顶级会议。在中国计算机学会的国际学术会议排名中，NIPS 为人工智能领域的 A 类会议。
国际神经网络联合会议 International Joint Conference on Neural Networks（IJCNN）	IJCNN（国际神经网络联合大会）是由国际神经网络协会及 IEEE 计算智能协会联合主办的神经网络领域的国际学术会议，迄今已有 30 多年历史，目前是业内 A 类会议。
区域性国际会议	简　　介
欧洲神经网络会议 International Conference on Artificial Neural Networks（ICANN）	欧洲的神经网络会议
亚太神经网络会议（ICONIP）	ICONIP 会议是由亚太神经网络协会 APNNS（Asia-Pacific Neural Network Society）主办的人工智能神经网络领域最重要的会议之一。

除此之外，我们还给出一些有关神经网络的论坛。

⬇ 人工神经网络论坛

http://www.youngfan.com/forum/index.php

http://www.youngfan.com/nn/index.html

⬇ 国际电气工程师协会神经网络分会 http://www.ieee-nns.org/

⬇ 研学论坛神经网络 http://bbs.matwav.com/post/page? bid=8&sty=1&age=0

⬇ 人工智能研究者俱乐部 http://www.souwu.com/

⬇ 2nsoft 人工神经网络中文站 http://211.156.161.210:8888/2nsoft/index.jsp

附表 11 列出了神经网络的主流学术期刊。

附表 11

主流学术期刊	简　　介
Neural Computation	神经计算在神经科学的理论、建模、计算和统计学以及神经启发的信息处理系统的设计和构建中传播重要的、多学科的研究。这一领域吸引了心理学家、物理学家、计算机科学家、神经科学家和人工智能研究人员，他们致力于研究感知、情绪、认知和行为背后的神经系统，以及具有类似能力的人工神经系统。

续 表

主流学术期刊	简 介
Neural Networks	神经网络(Neural Networks)是世界上 3 个最古老的神经建模学会的档案期刊:国际神经网络学会(INNS)、欧洲神经网络学会(ENNS)和日本神经网络学会(JNNS)。神经网络提供了一个论坛,以发展和培育一个国际社会的学者和实践者感兴趣的所有方面的神经网络和相关方法的计算智能。http://dblp.uni-trier.de/db/journals/nn/
IEEE Transactions on Neural Networks and Learning Systems	IEEE 神经网络和学习系统汇刊出版技术文章,涉及神经网络和相关学习系统的理论、设计和应用。

除上述重点介绍了期刊外,我们还给出了一些有关神经网络的期刊,其中有一些是专门研究神经网络,而另一些则覆盖更广阔的领域,但对神经网络研究非常重视。

- 《应用光学》(Applied Optics)
- 《生物学控制论》(Biological Cybernetics)
- 《认识科学》(Cogniive Science)
- 《联系科学》(Connection Science)
- 《IEEE 电路与系统学报》(IEEE Transactions on Circuits and Systems)
- 《IEEE 神经网络学报》(IEEE Transactions on Neural Networks)
- 《IEE 系统、人类与控制论学报》(IEEE Transactions on Systems, Man, and Cybernetics)
- 《神经系统国际杂志》(International Journal of Neural Systems)
- 《人工神经网络杂志》(Journal of Artificial Neural Networks)
- 《认知神经科学杂志》(Journal of cognitive Neurosciences)
- 《神经科学杂志》(Journal of Neurosciences)
- 《机器学习》(Machine Learning)
- 《网络:神经系统计算》(Net works:Computation in Neural Systems)
- 《美国科学院进展》(Proceedings of the National Academy of Sciences)